Gordon · Anatomie und figürliches Zeichnen

Studie eines nackten Mannes von Michelangelo – **Teylers Museum, Haalem**

Louise Gordon

Anatomie und figürliches Zeichnen

AUGUSTUS VERLAG AUGSBURG

Die Deutsche Bibliothek – CIP-Einheitsaufnahme

Gordon, Louise:
Figuren zeichnen: Porträt und Anatomie des Menschen /
Louise Gordon.
[Übers. J. Walter White und Maximiliane von Meng]. – Augsburg:
Augustus-Verl., 1999
ISBN 3-8043-0596-2

Englische Originalausgabe
„Drawing the Human Head" und „Anatomy and Figure Drawing"
von Louise Gordon
Louise Gordon 1977
BT Batsford Ltd. London

Übersetzung: J.Walter White, London (Drawing the Human Head)
und Maximiliane von Meng (Anatomy and Figure Drawing)

AUGUSTUS VERLAG AUGSBURG 1999

Umschlaggestaltung: Christa Manner, München
Druck und Bindung: freiburger graphische betriebe
Gedruckt auf 115 g umweltfreundlich chlorfrei gebleichtes Papier.

ISBN 3-8043-0596-2

Printed in Germany

Vorwort

Die Kunst des Zeichnens ist eine geheimnisvolle Kunst des Schaffens einer Illusion, einer Form, die durch das Zusammenspiel von Licht und Schatten auf einem leeren Zeichenblatt entsteht. Für diejenigen, die die Form einer menschlichen Figur entwerfen wollen – sei es für eine Zeichnung, als vorbereitende Skizze für eine Skulptur oder als Grundlage für ein Gemälde –, ist der Ablauf ziemlich gleich, wenn dabei nur auf wirkliche Zeichenkunst und feine Ausführung Wert gelegt wird.
Die Künstler haben stets die Linie in vielfacher Art verwandt, um so in sehr persönlicher Weise ihren Gefühlen und Gedanken über das Gesehene und Erlebte Ausdruck zu verleihen. Da gibt es die durchgezogene festgelegte Linie, die zur Eingrenzung der Form präzise oder lose, mit starkem oder schwachem Druck ausgeführt werden kann. Es gibt aber auch gestrichelte, frei tastende oder fließend gewundene Linien sowie Linien, die in ihrem Verlauf von hell zu dunkel wechseln, je nach Bleistiftart oder Zeicheninstrument. Was in diesem Buch an Informationen gebracht wird, läßt sich mit jeder Zeichentechnik verwirklichen. Dieses Buch soll das Verständnis für das Gesehene vertiefen und lehren, noch mehr als bisher wahrzunehmen, um größere Vertrautheit mit der Materie und größere gestalterische Freiheit zu erlangen. Für diejenigen, die sich noch mehr engagieren wollen, sind darin Anknüpfungspunkte für die weitere Entwicklung enthalten. Allerdings bleibt die Interpretation ein individueller Vorgang, der sich zwischen dem Zeichner und dem vor ihm liegenden leeren Blatt vollzieht. Das anatomische Wissen läßt sich dazu verwenden, bei der Darstellung manches selektiv zu betonen, Zartheit oder Kraft auszudrücken, spielerisch, kapriziös oder realistisch zu verfahren. So viel wie möglich ist die anatomische Information der wahrnehmbaren Form gegenübergestellt, indem Text und Zeichnung unmittelbar nebeneinander liegen. Besondere Aufmerksamkeit wurde den verschiedenen Aspekten des Skelettbaus geschenkt, da sich hier sehr viele Orientierungshilfen für den Künstler ergeben. Der Kopf wird in diesem Buch nur als Teil der Gesamtfigur behandelt; wesentlichere Informationen und Techniken darüber sind in meinem Buch "Porträtzeichnen – anatomisch richtig" enthalten.

Danksagung

Ich möchte meinem Verlag und im besonderen Thelma M. Nye und Andrew Cooper für ihre großzügige Hilfe und Ermutigung meinen Dank aussprechen.

Ebenso gilt mein Dank den nachstehenden Lehrern:
Elwood O. Simpson, Maria T. Wishart, die den Kursus "Medizinisches Zeichnen" in Kanada einführte und mich als Studentin und Freundin ermutigte, Dr. J.C.B. Grant, Professor der Anatomie und Dr. A.W. Ham, Professor der Histologie, deren Kurse ich als Studentin an der Universität von Toronto besuchen durfte, sowie Fred Hagan vom Ontario College of Art.

Inhalt

Die Libysche Sibylle – Studie für die Decke der Sixtinischen Kapelle – von Michelangelo – **Ashmolean Museum, Oxford.**

Das Skelett

Das **Skelett** besteht aus Knochen, lebenden, von Blutgefäßen und Nerven versorgten Gebilden. Die Knochen können durch mangelnden Gebrauch schwächer und dünner werden, sich aber andererseits auch durch längere Beanspruchung kräftigen und an Gewicht zunehmen. Auch Faktoren wie vorübergehende Krankheiten und Unterernährung können zu Knochenveränderungen führen.

Die Knochen sind zunächst weich und biegsam und bereits im Embryo als winzige häutige, später meist knorpelige Phantome angelegt. Während des Wachstums werden anorganische Salze in die Grundsubstanz eingelagert. Dieser Verknöcherungsprozeß, der meistens nicht vor dem fünfundzwanzigsten Lebensjahr abgeschlossen ist, ergibt den uns bekannten harten Knochen.

Das Skelett ist das Gerüst unseres Körpers, dessen einzelne Knochen ihre ganz bestimmten Aufgaben haben. Beispielsweise wirken die Röhrenknochen der Arme und Beine als Hebel für die Muskeln und ermöglichen sowohl kräftige als auch feine Bewegungen. Die platten Knochen des Hirnschädels schützen das Gehirn; der von den Rippen gebildete Brustkorb schirmt Herz, Lungen und Leber ab. Die platten Beckenknochen sind nicht nur bis zu einem gewissen Grade ein Schutz für die Eingeweide, sondern sie tragen auch deren Gewicht. Die kleinen und zahlreichen Knochen der Handwurzel und des Fußgewölbes sind durch Bänder aus Bindegewebe, die sogenannten Ligamente, fest miteinander verbunden, sodaß die Wucht von Stößen gegen Hände und Füße durch dieses flexible Netz aufgefangen wird und es nicht so leicht zu Brüchen kommt. Dort, wo Muskeln und Sehnen an Knochen ansetzen, um sie bewegen zu können, befinden sich Vorsprünge, die **Kleiner Höcker** (Tuberculum), Auswuchs, Höcker oder **Vorsprung** (Tuberositas) oder **Fortsatz** (Processus) genannt werden.

Obwohl alle Menschen etwa gleich viele Knochen besitzen (über 200), können im Alter Verschmelzungen einzelner Knochen auftreten. Die Hauptbestandteile des Skeletts sind jedoch stets die gleichen: Schädel, Brustkorb, Becken usw., die jedoch von Mensch zu Mensch ziemliche Unterschiede in Form und Größe aufweisen. So kann ein Brustkorb lang und schmal oder breit und kurz, gerundet oder flach sein mit allen möglichen Varianten. Der Körperbau wird also vom Skelett geprägt, ganz abgesehen von den Muskeln und Fettpolstern.

Die hier über das Skelett zusammengetragenen Informationen sollen das Wissen über die Körperformen und die daraus abzuleitenden Bewegungen vermehren. Das beste Studium ist jedoch der eigene Körper, in Ruhe und Bewegung. Die einprägsamen Merkmale des Knochensystems sollten dazu beitragen, bei der Gestaltung nicht nur größere Korrektheit, sondern auch größere Lebensnähe zu erreichen.

Der Schädel

Die Kopfform wird in erster Linie vom Schädel mit seinen kennzeichnenden Merkmalen geprägt.

Die Knochen des **Hirnschädels** (Cranium) umhüllen das Gehirn. Es sind dies gebogene dünne Platten, die im Embryo jeweils separate Verknöcherungszentren aufweisen und schließlich zu harten, fest verbundenen Knochen werden, die das fast ganz geschlossene Schädeldach des Erwachsenen bilden. Die Kopfform wird zum größten Teil vom Hirnschädel bestimmt, was bei der Abschätzung der Proportionen des ganzen Kopfes besonders sorgfältig berücksichtigt werden sollte.

Die **Stirn** (Frons) verläuft von vorn zu den Seiten und zum Scheitel hin unter verschiedenen Neigungswinkeln, die vom Stirnbein bestimmt werden. Der Übergang von einer Fläche zur anderen läßt sich mit den Fingerspitzen tasten. Liegt eine dieser Ebenen im Licht, so befinden sich die übrigen im Schatten.

Die **Augen** liegen im Schutz zweier knochiger kegelförmiger Höhlungen, der Augenhöhlen, die sich in der vorderen Gesichtsebene befinden; ihre Ränder lassen sich am eigenen Gesicht leicht ertasten. Der obere Rand springt unter dem Augenbrauenbogen vor, während sich unterhalb des Unterlids, im weichen Gewebe eine ausgesprochen bewegte Fläche befindet.

Die **Nase** besteht aus Knochen und biegsamem Knorpel, der die Aufblähung der Nasenflügel ermöglicht. Wo Knochen und Knorpel unterhalb des Nasenbeins aneinander grenzen, befindet sich oft ein Höcker oder eine Verbreiterung der Nase.

Der **Unterkiefer** (Mandibula) ist der einzig bewegliche Knochen des Kopfes. Das Unterkiefergelenk befindet sich vor dem Ohr, wo der runde Gelenkfortsatz des Unterkieferknochens in eine Pfanne des knöchernen Schädels eingreift. Direkt hinter dem Gelenk befindet sich ein Loch, der Eingang zum äußeren Gehörgang, der zum Mittel- und Innenohr führt; er ist vom äußeren Ohr umgeben. Hinter dem Ohr liegt ein Knochenfortsatz, der sog. **Warzenfortsatz** (Processus mastoideus), an dem der große, als **Kopfwender** bezeichnete Halsmuskel (M. sternocleidomastoideus) ansetzt.

Schädel und Kopf im Profil

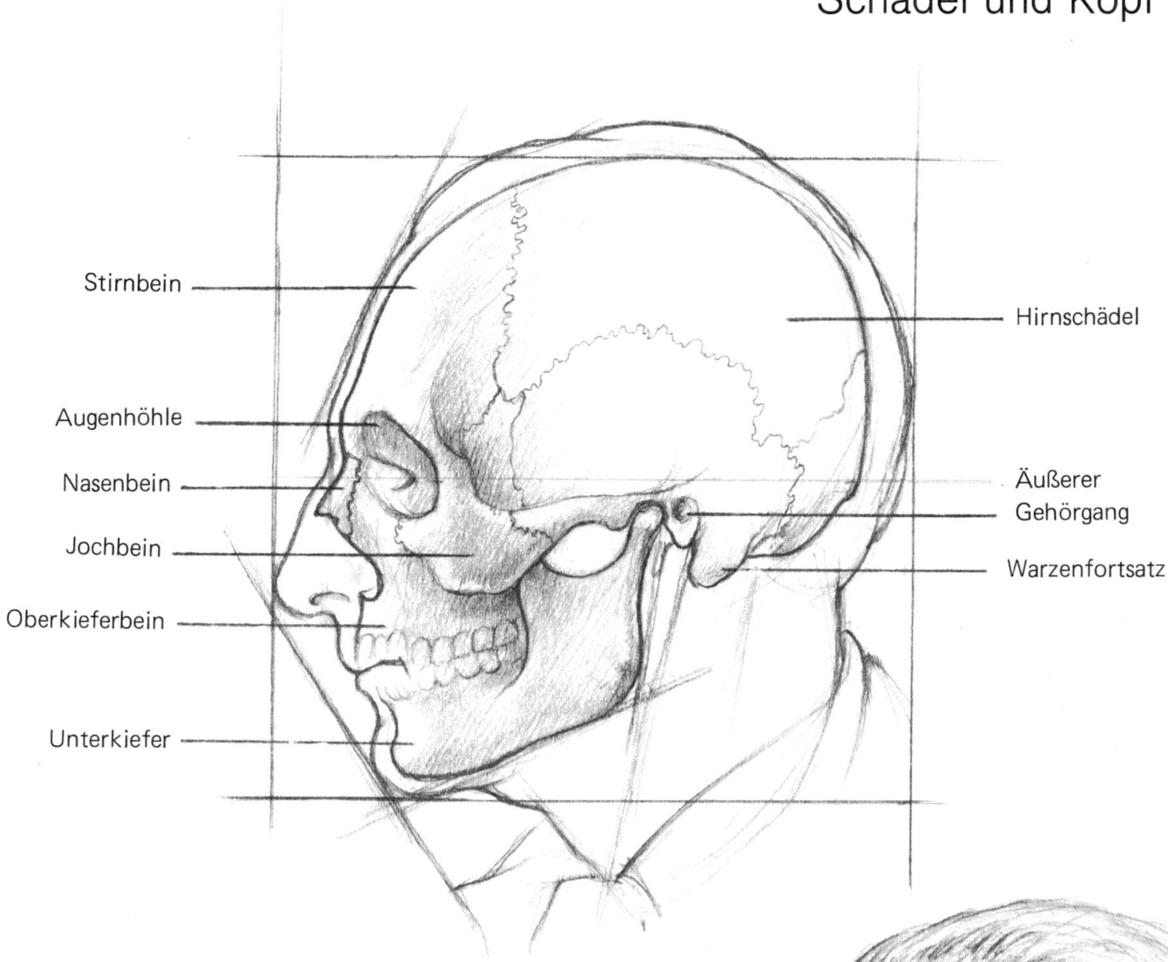

Die Knochen des Rumpfes

Die Knochen des Rumpfes bestehen aus den Rippen, die mit der Wirbelsäule in der Mittelachse des Körpers fest verbunden sind und zusammen mit dem Brustbein den Brustkorb bilden. Zu dieser Einheit kommt noch der Schultergürtel, der sich aus den beiden Schlüsselbeinen und Schulterblättern zusammensetzt, sowie der aus dem Becken bestehende Beckengürtel.

Die **Wirbelsäule** (Columna vertebralis) besteht aus dreiunddreißig Wirbeln, von denen die oberen vierundzwanzig einzelne Knochen sind, die sich dank der zwischengeschalteten, polsterähnlichen Zwischenwirbelscheiben bewegen können. Die sich anschließenden fünf Wirbel sind beim Erwachsenen miteinander verschmolzen und werden als Kreuzbein bezeichnet. Die letzten vier Wirbel verschmelzen erst in mittleren Jahren zum Steißbein. Zwischen dem obersten Wirbel und dem Schädel befindet sich ein Gelenk, während der vierundzwanzigste Wirbel durch eine Zwischenwirbelscheibe vom Kreuzbein getrennt ist.

Der **Brustkorb** (Thorax) besteht aus zwölf Rippenpaaren, von denen jedes mit einem oder zwei Wirbeln gelenkig verbunden ist. Die oberen zehn Paare sind vorn durch biegsame Knorpel mit dem Brustbein verbunden. Dadurch kann sich das Brustbein beim Einatmen heben und der Brustkorb kann sich weiten. Die untersten zwei Rippenpaare sind mit dem Brustbein nicht verbunden und werden daher freie Rippen genannt, obgleich sie durch Muskeln in ihrer Lage fixiert sind.

Der **Schultergürtel** besteht beiderseits aus dem Schlüsselbein, das an seinem vorderen Ende durch ein Gelenk mit dem Brustbein verbunden ist, und dem Schulterblatt, welches mit dem **seitlichen (lateralen)** Ende des Schlüsselbeins das Gelenk zwischen Schulterhöhe (Acromion) und Schlüsselbein bildet. Die Hauptfunktion des Schlüsselbeins besteht darin, das Schulterblatt zurückzuhalten. Das Schulterblatt gleitet frei über die Rippen und läßt sich leicht auf- und abwärts bewegen, wird dabei jedoch durch Schlüsselbein und Bänder (Ligamente) in seinen Bewegungen kontrolliert.

Das **Becken** (Pelvis) wird durch die beiden Hüftbeine gebildet, die mit der Wirbelsäule in dem Gelenk zwischen Kreuzbein und Hüftbein (Articulatio sacroiliaca) verbunden sind. Die beiden Hüftbeine treffen sich vorn in der Mittelebene des Körpers in der sogenannten Schamfuge (Symphysis pubica).

Der Rumpf

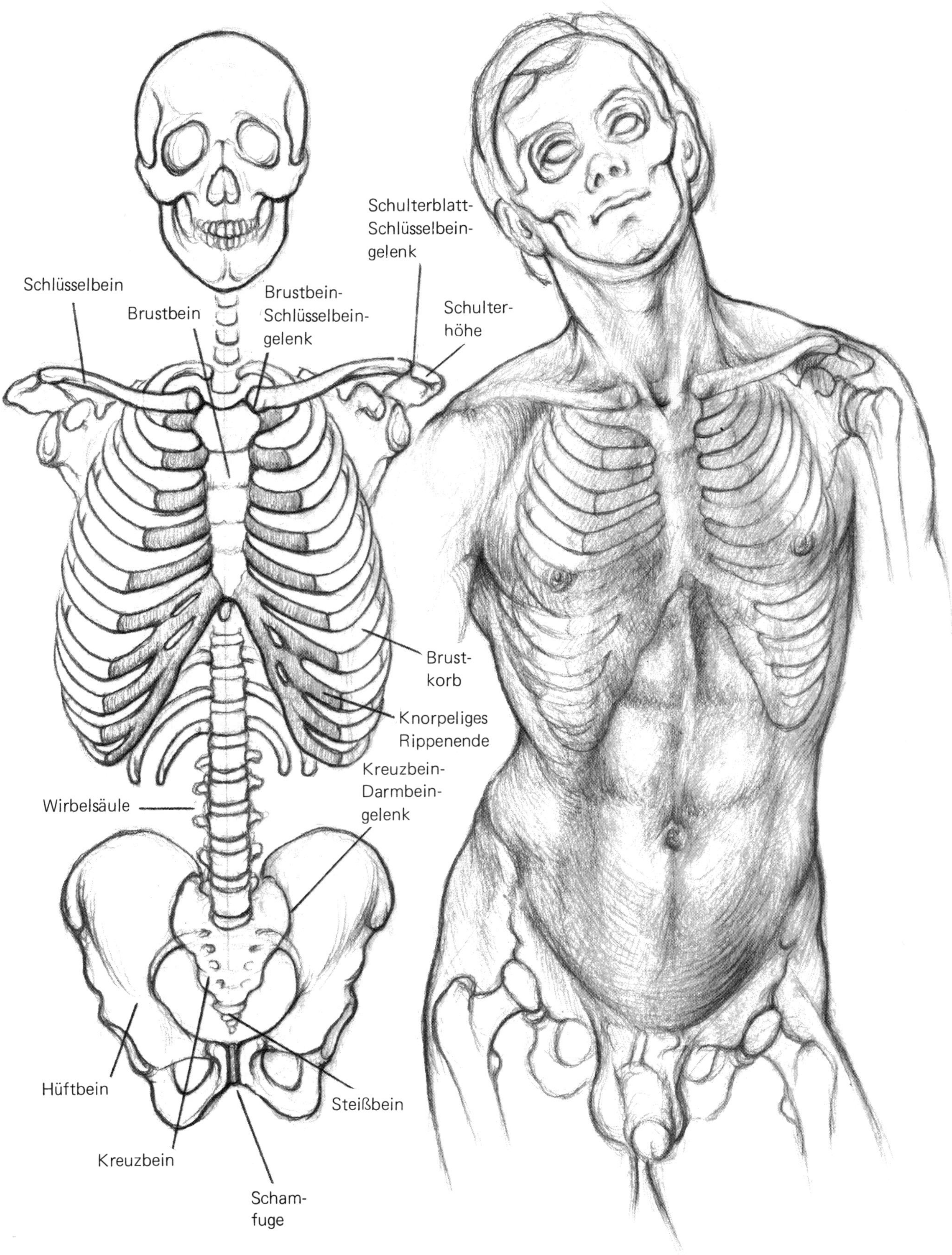
Schulterblatt-
Schlüsselbein-
gelenk
Schlüsselbein
Brustbein
Brustbein-
Schlüsselbein-
gelenk
Schulter-
höhe
Brust-
korb
Knorpeliges
Rippenende
Kreuzbein-
Darmbein-
gelenk
Wirbelsäule
Hüftbein
Steißbein
Kreuzbein
Scham-
fuge

Der Brustkorb oder knöcherne Thorax

Der Brustkorb ist jener Teil des Rumpfes, der zwischen Hals und Bauchraum liegt. Die Knochen des Brustkorbs sind das Brustbein, die zwölf Paar Rippen mit ihren knorpeligen Enden und die zwölf Brustwirbel. Lungen, Herz und innere Organe des Oberkörpers zwischen Hals und Bauchraum werden vom Brustkorb geschützt.

Das **Brustbein** (Sternum) hat drei Teile: den **Handgriff** (Manubrium), den **Körper** und den **Schwertfortsatz** (Processus xiphoideus). Als Handgriff wird der obere schwerere Teil des Brustbeins mit seinem verdickten oberen Rand bezeichnet. Das sternale Ende des Schlüsselbeins bildet mit dem Manubrium beiderseits das Brustbein-Schlüsselbeingelenk (Articulatio sternoclavicularis). Zwischen diesen beiden Gelenken liegt oberhalb des Brustbeins die Drosselgrube, die von außen gut sichtbar einen der wichtigsten Orientierungspunkte für die Gestaltung abgibt. Der Brustbeinkörper bildet sich in der Embryonalzeit aus verschiedenen Knochenkernen, die beim Erwachsenen verschmolzen sind. Die horizontalen Wülste dieser Verschmelzung sind oft sichtbar, besonders bei mageren Menschen. Zwischen Handgriff und Körper befindet sich ein Gelenk, welches dem Brustbeinkörper erlaubt, sich beim Einatmen zu heben, während das Manubrium unbewegt bleibt. Bei manchen Menschen zeichnet sich diese Gelenkstelle äußerlich deutlich ab, da hier ein Neigungswinkel vorhanden ist. Der Schwertfortsatz ist ein kleiner Knochen von unterschiedlicher Länge, der im Muskel eingebettet das untere Ende des Brustbeins bildet. Das Brustbein schafft eine feste, aber doch bewegliche Verankerung für die oberen zehn Rippenpaare. Auch die großen Brustmuskeln, die Brustwand und Oberarm verbinden, setzen teilweise am Brustbein an. Bei den Vögeln, deren Brustmuskeln aufgrund des Fliegens vergleichsweise relativ groß sind, ist auch das Brustbein wesentlich größer und hat einen ausgeprägten Kamm für deren Ansatz.

Alle zwölf **Rippenpaare** (Costae) sind hinten gelenkig mit der Wirbelsäule verbunden. Vorne haben die Rippen ein knorpeliges Endstück, mit dem sie – mit Ausnahme der untersten zwei Paare – am Brustbein befestigt sind. Infolge der Biegsamkeit des Knorpels können sich Brustbein und Rippen beim Atmen bewegen. Die obersten sieben Rippen sind durch ihren knorpeligen Teil direkt mit dem Brustbein verbunden, während die Knorpel der achten, neunten und zehnten Rippe sich jeweils an den Knorpel der vorhergehenden Rippe anlegen (Bogenrippen). Die elfte und zwölfte Rippe enden frei im Muskel. Der geschwungene Rippenbogen ergibt in Winkel und Verlauf eine für den Künstler wichtige Linie, die beim Einziehen der Bauchmuskeln deutlich hervortritt. Die "freien" Enden können ertastet werden, indem man mit den Fingerspitzen vom Schwertfortsatz aus seitlich abwärts fährt. Die Rippen nehmen von der ersten bis zur siebenten an Länge zu, sodaß die siebente Rippe und ihr knorpeliger Teil am längsten sind. Den größten Durchmesser erreicht der knöcherne Thorax in Höhe der achten Rippe. Die Rippen verlaufen von den Wirbeln aus in weitem Bogen nach vorne abwärts, während ihre knorpeligen Teile – außer bei den oberen und untersten Rippen – einen aufwärts führenden Winkel bilden. Manchmal zeichnen sich diese Formen sichtbar ab. Im allgemeinen ist jede Rippe mit zwei Wirbelkörpern und einem Querfortsatz (des dazugehörigen unteren Wirbels) gelenkig verbunden. Diese drei Gelenkfacetten ermöglichen die Rippenbewegung im Rücken. Alle Rippen sind untereinander durch die **inneren und äußeren Zwischenrippenmuskeln** (Musculi intercostales interni u. externi) verbunden, die die Zwischenräume ausfüllen. Die Muskelbündel dieser zwei Schichten verlaufen diagonal zueinander und dienen der Atmung.

Bei der Geburt verlaufen die Rippen noch horizontal, und der Brustkorb ist bei Neugeborenen und kleinen Kindern noch fast rund. Auch der weibliche Brustkorb ist stärker gerundet als der männliche. Ab dem siebenten Lebensjahr beginnt sich die spätere Abplattung von vorn nach hinten mit ausgeprägter Vorderfront, Seiten und Rücken abzuzeichnen. Schließlich bekommt der Brustkorb die Nierenform des Erwachsenen. Man beachte diese feinen Formveränderungen, weil sich bei ihrer Berücksichtigung das Volumen des Brustkorbs besser darstellen läßt. Größe und Form kann von Mensch zu Mensch außerordentlich verschieden sein, aber Manubrium, Brustbeinkörper und Rippenbogen sind Merkmale, von denen aus sich der Abstand von der Mittellinie und die Tiefe eines bestimmten Brustkorbs gut abschätzen lassen.

Der Brustkorb oder knöcherne Thorax

Die Knochen des Brustkorbs und der Oberarme

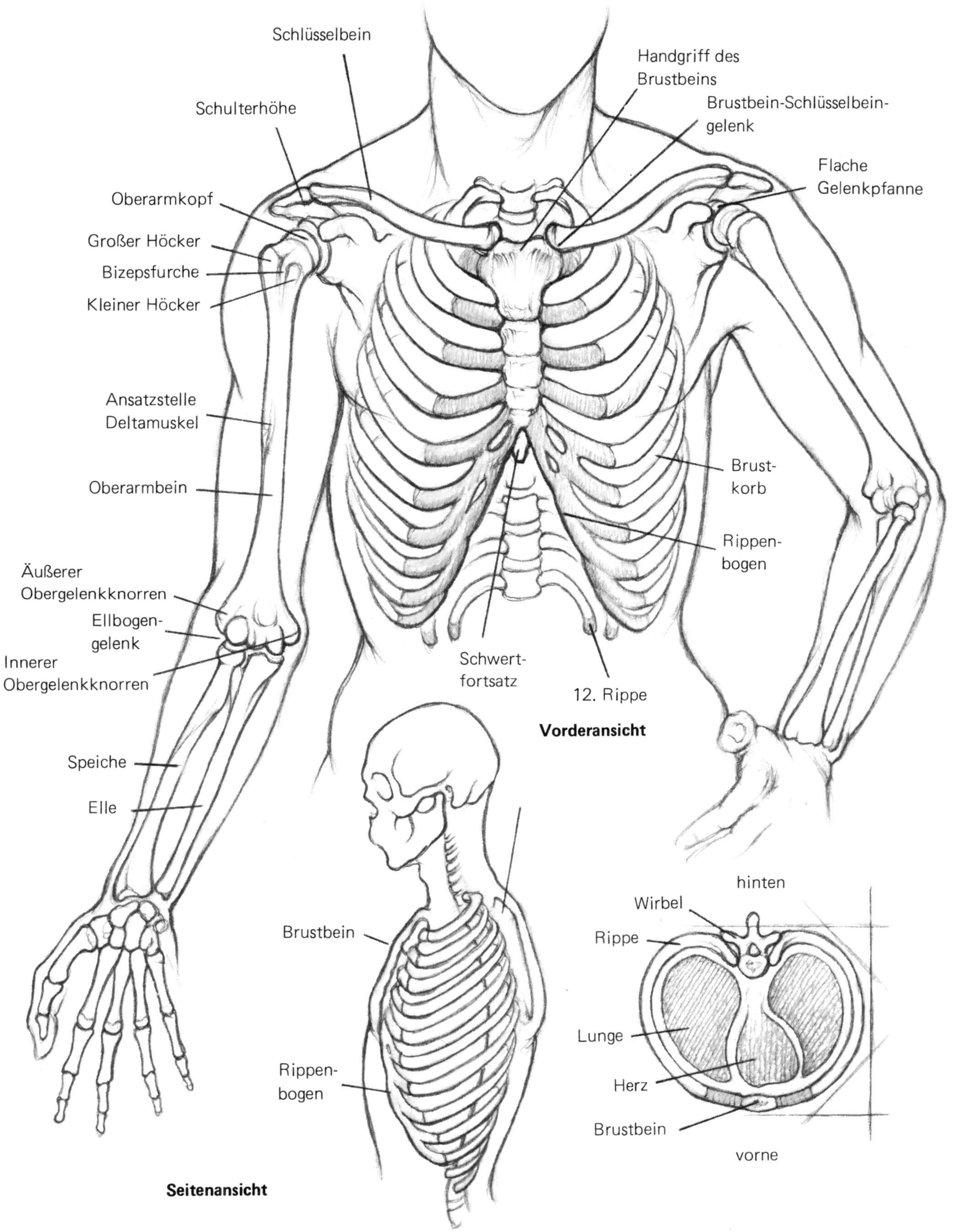

Vorderansicht

Seitenansicht

Das Oberarmbein

Das **Oberarmbein** (Humerus) wird hier behandelt, weil es die Ergänzung zum Schultergürtel darstellt, der wiederum eng mit dem knöchernen Thorax verbunden ist.

Das Oberarmbein ist ein langer Röhrenknochen mit Schaft und zwei Enden, die Gelenkflächen tragen. Das obere Ende trägt den gerundeten, überknorpelten Oberarmkopf, der aufwärts und leicht rückwärts gegen die nach innen gewölbte Gelenkfläche (Cavitas glenoidalis) des Schulterblattes geneigt ist, mit der er ein Gelenk bildet. Da der Oberarmkopf nur eine Drittelkugel darstellt und die Schulterblattpfanne nur flach vertieft ist, sind große Bewegungen in diesem Gelenk möglich. Unterhalb des Oberarmkopfes liegt der anatomische Hals des Humerus, an dem die Gelenkkapselbänder, die den Oberarmkopf in der Pfanne halten, befestigt sind. Es folgen zwei Höcker, von denen der größere, seitlich nach außen gerichtete, Tuberculum majus heißt. Er ragt noch über die Schulterhöhe (Acromion) hinaus, verleiht der Schulter ihre Rundung und kann durch den darüberliegenden dreieckigen Schultermuskel (Deltamuskel, Musculus deltoideus) hindurch ertastet werden. Der kleine Höcker heißt Tuberculum minus. Zwischen beiden Höckern verläuft eine Furche (Sulcus bicipitalis), in der sich die lange Sehne des Bizepsmuskels wie in einem Tunnel befindet. An diesen beiden Höckern setzen die Muskeln der Schulter an, die das Gelenk überspannen und den Oberarmknochen heben, vor- und rückwärts führen und rotieren lassen können.

Der Oberarmbeinschaft hat fast in der Mitte vorn eine Rauhigkeit, an der der große Deltamuskel (zur Hebung des Armes bis zur Waagrechten) ansetzt. Das untere Ende des Humerus hat zwei Gelenkflächen. Eine davon ist rund, wird Oberarmköpfchen (Capitulum) genannt und paßt in die flache Pfanne am oberen Ende der Speiche (Radius) des Unterarmes. Dadurch ist sowohl eine Rotation als auch eine Scharniergelenkbewegung im Ellbogen möglich. Die zweite Gelenkfläche ist von garnrollenähnlichem Aussehen (Trochlea humeri) und bildet mit der Elle (Ulna) des Unterarms ein Gelenk. Gelenkflächen dieser Art an den Enden von Knochen werden **Gelenkknorren oder Kondylen*** genannt. Sie sind mit unempfindlichem Knorpel überzogen, der für glatte Oberflächen im Gelenk sorgt. Oberhalb der **Knorren** trägt der Oberarmschaft zwei Vorsprünge, den der Mittellinie näheren inneren **Epicondylus* medialis** und den äußeren **Epicondylus* lateralis.** Der mediale Knorrenvorsprung kann an der Innenseite des Ellbogengelenks leicht ertastet werden, denn er liegt unter der Haut und zeichnet sich ziemlich scharf ab.

* **Condylus** = höckerartiger Fortsatz oder **Gelenkknorren** bei Röhrenknochen, der einer beweglichen Verbindung mit einem anderen Skeletteil dient.
Epicondylus = der dem Condylus am unteren Ende von Oberarm und Oberschenkel aufsitzende Knochenvorsprung oder **Obergelenkknorren,** der den Sehnen der Muskeln als Ansatz oder Ursprung dient.
Im folgenden werden einheitlich die Begriffe **„Gelenkknorren"** bzw. **„Obergelenkknorren"** verwendet.

Die **Schulterblätter** (Scapulae) sind dreieckige flache Knochen, die von oben nach unten leicht gewölbt sind, um sich dem Brustkorb anlagern zu können. Sie liegen oben an seiner Rückseite und ergeben zusammen mit den Schlüsselbeinen den Schultergürtel.

Die obere Ecke des Schulterblattes reicht an die zweite Rippe heran; das untere Ende ist ein entsprechend seiner Funktion als Ansatzfläche für Muskeln starker und verdickter Knochen, der gewöhnlich bis zur Höhe der siebenten Rippe reicht. Dieser untere Abschluß hat für den Künstler große Bedeutung, denn seine Form zeichnet sich bei Lageänderungen der Scapula ab. An der äußeren (lateralen) Ecke befindet sich eine flache Gelenkpfanne, die zusammen mit dem Oberarmkopf das Schultergelenk bildet.

Von den drei Knochenrändern des Schulterblattes ist der mediale, der Wirbelsäule zugewandte, für die Gestaltung durch den Künstler am wichtigsten.

Zwei Fortsätze gehen von dieser gekrümmten Knochenplatte aus. Die Schultergräte ist ein langer, diagonal verlaufender Fortsatz, der sich langsam höher werdend auf der Hinterfläche der Scapula erhebt und in einem starken, dicken Vorsprung, der Schulterhöhe (Acromion), endet. Das Acromion überwölbt den Oberarmknochen in seiner Pfanne. Es ist dies ein kräftiger Teil der Schultergräte, der Stößen seitens des Oberarmbeins ebenso widersteht wie dem Druck des Schlüsselbeins im Gelenk zwischen Schlüsselbein und Schulterhöhe. Bei nicht angespanntem Arm läßt sich die Schulterhöhe an der Schulter tasten. Man kann mit dem Finger ihre Spitze umfahren, die flache Oberfläche unter der Haut fühlen und dem Verlauf der Schultergräte auf der Hinterfläche des Schulterblattes folgen. Der Rabenschnabelfortsatz (Processus coracoideus) ist ein kleiner fingerähnlicher Fortsatz des Schulterblattes, der nach vorne gekrümmt ist.

Sowohl die Vorder- als auch die Hinterfläche des Schulterblattes, seine drei Ränder, drei Ecken und zwei Fortsätze bieten Ansatzmöglichkeiten für Muskeln. Das Schulterblatt liegt quasi wie ein Floß auf dem Rücken, das durch besonders gelagerte Seile in verschiedene Richtungen gezogen werden kann.

Das Schulterblatt gleitet längs dem Brustkorb auf und ab, vor und zurück, und bewegt sich vorwärts und aufwärts oder rückwärts und abwärts, je nachdem, welche Muskeln sich zusammenziehen. Diese große Bewegungsfreiheit ruft die sich verändernden Formen im oberen Teil des Rückens hervor.

Sind einem der Bau des Schulterblattes und die von ihm eingenommenen Stellungen einmal bewußt geworden, so werden dadurch auch sehr detaillierte Zeichnungen dieser Region an Geschlossenheit gewinnen.

Nach Größe und Form kann das Schulterblatt übrigens individuell sehr verschieden sein (kurz, lang, breit, schmal).

Das Schulterblatt

Der Schultergürtel – Schulterblatt und Schlüsselbein

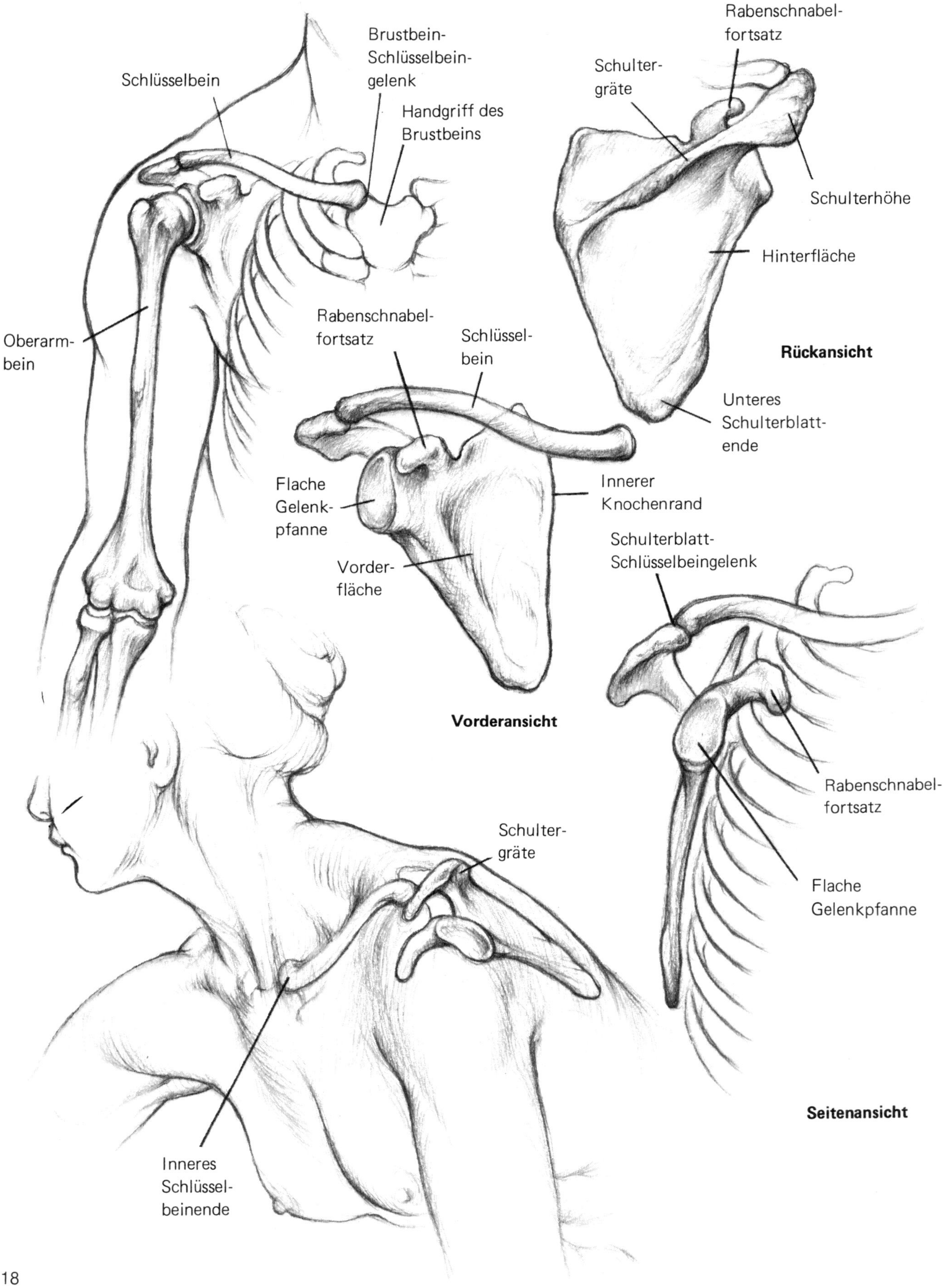

Die Schulterblätter

Der innere Knochenrand und das untere Schulterblattende sind vom Brustkorb abgespreizt.
Die Form der Schultergrätenwurzel ist äußerlich sichtbar.
Die Dornfortsätze des 7. Halswirbels und des 1. Brustwirbels zeichnen sich ab.

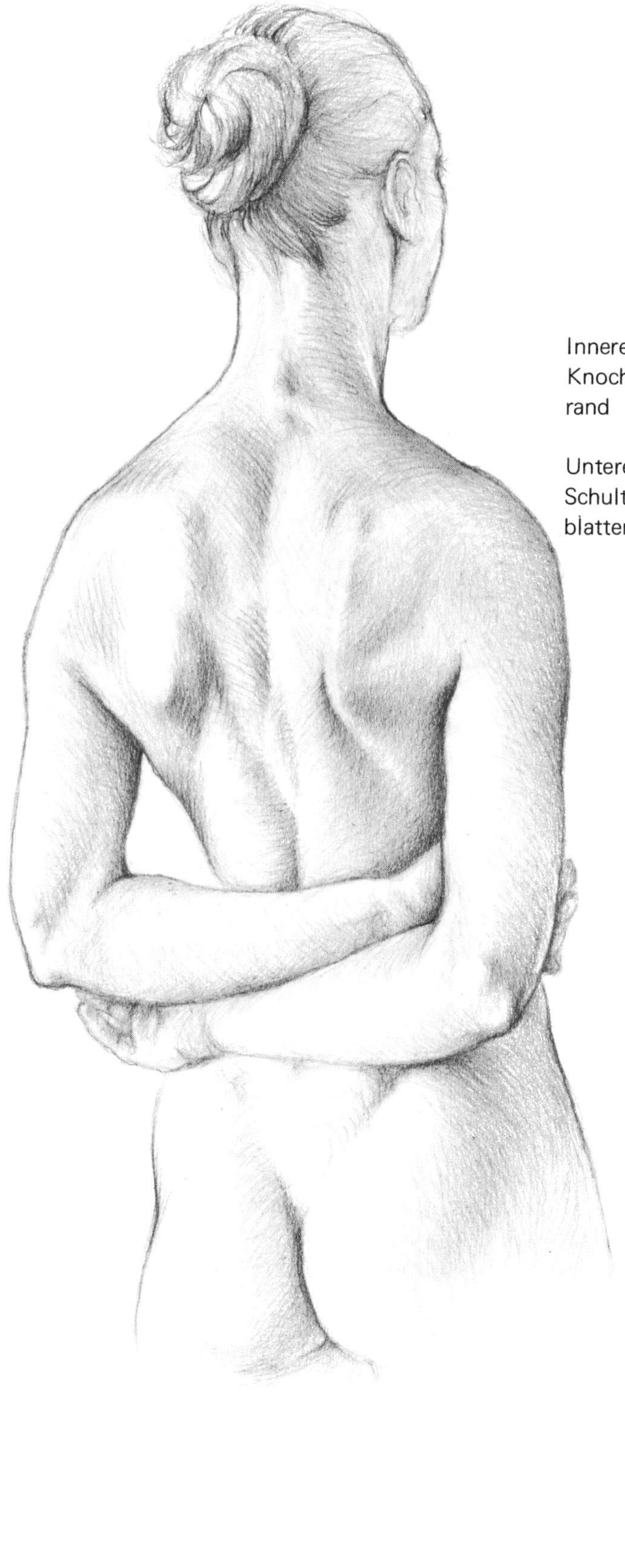

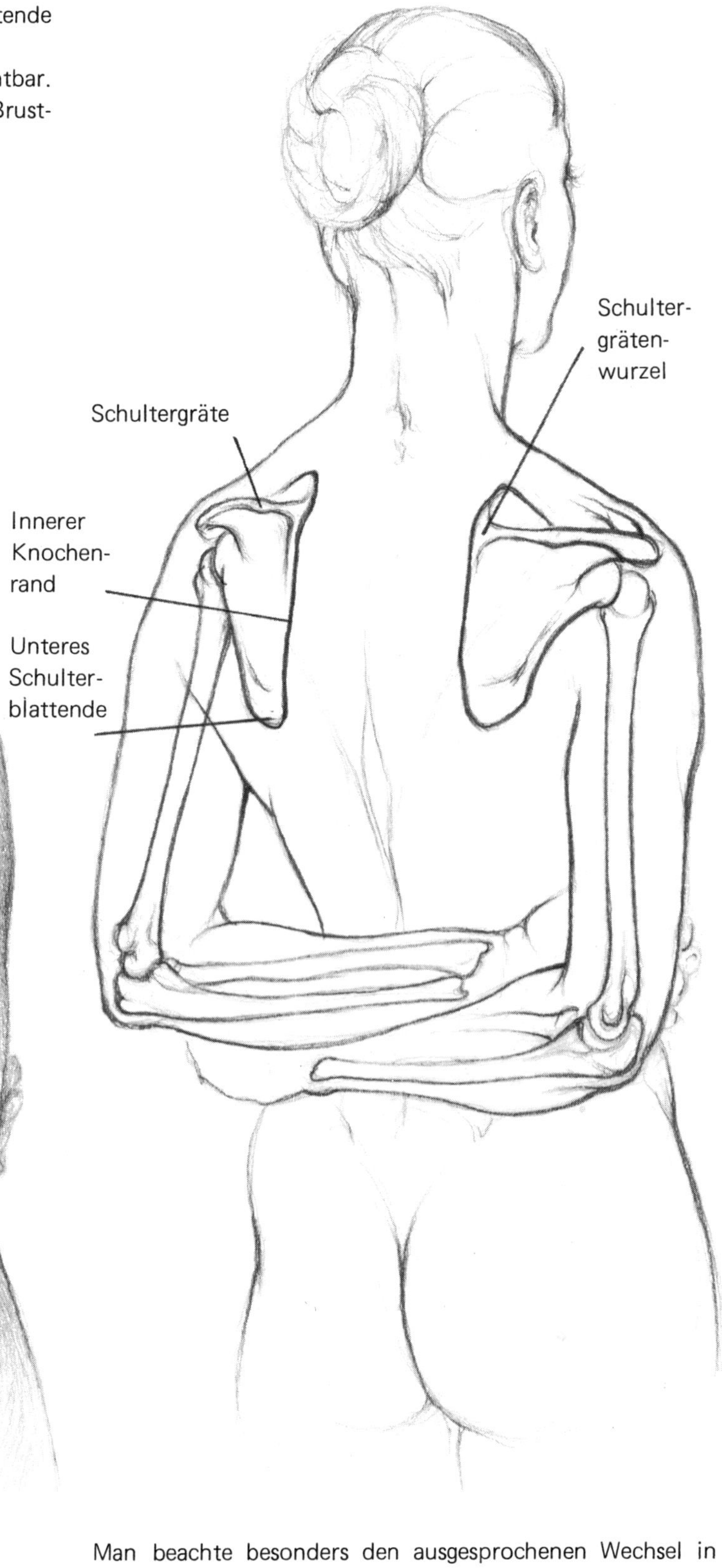

Man beachte besonders den ausgesprochenen Wechsel in der Oberflächenneigung vom oberen Teil der Schulter bis zur Schultergräte.

Das Schulterblatt

Einige Bewegungen des Schulterblattes

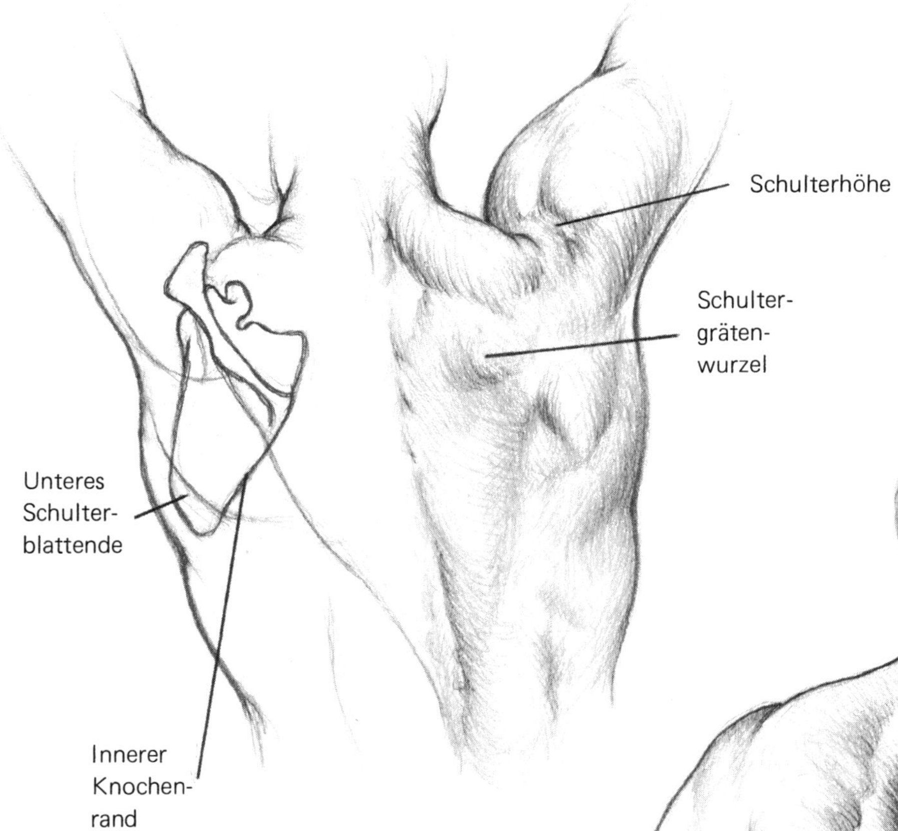

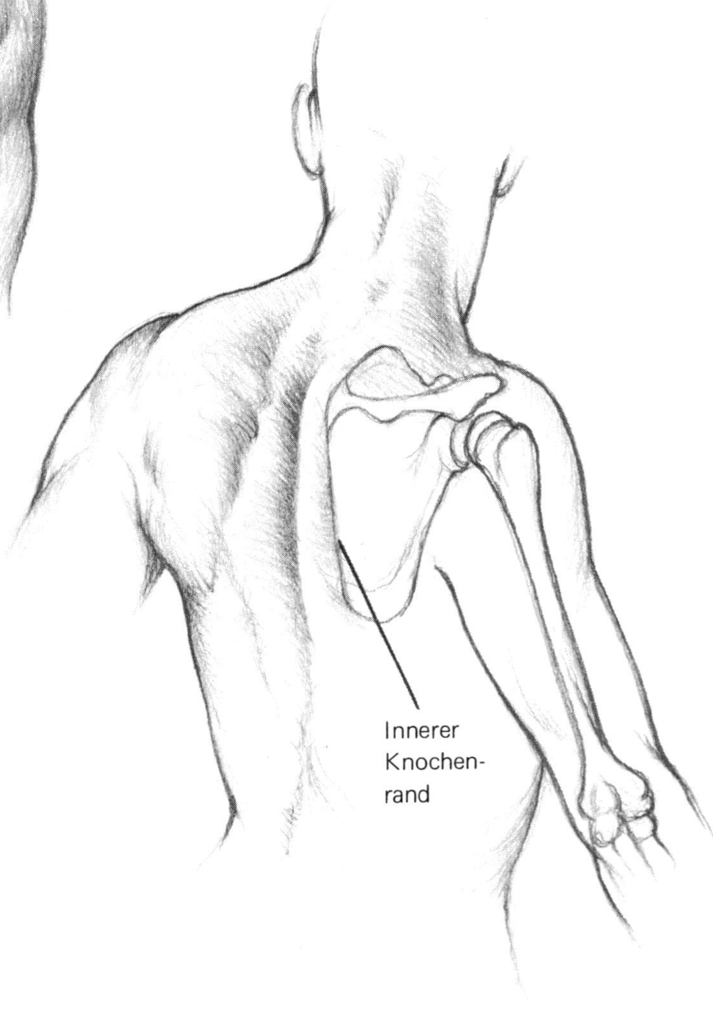

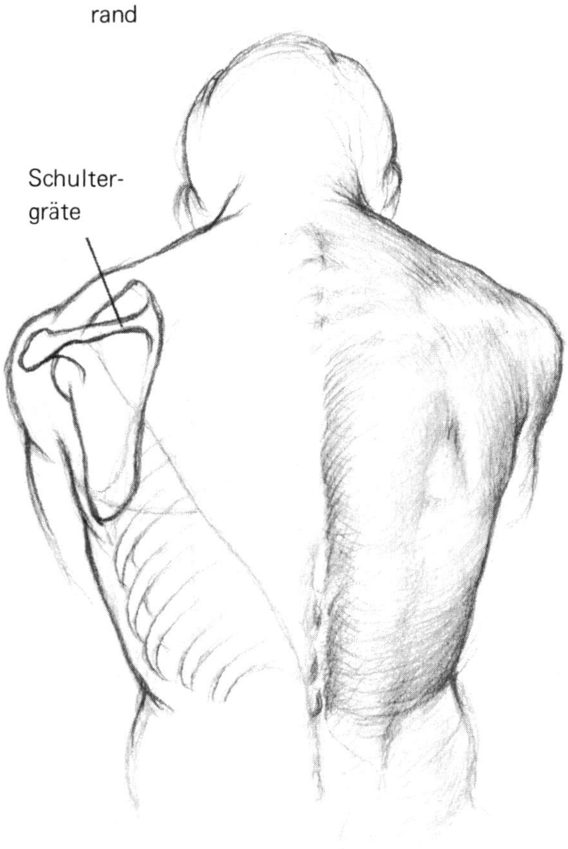

Der innere Knochenrand zeichnet sich hier als Einkerbung ab, da sich die daran befestigten Muskeln, die die Schulter zur Mittellinie zurückziehen, gerade zusammenziehen und dabei verdicken.

Das Schlüsselbein

Die beiden Schlüsselbeine werden zu den langen oder Röhrenknochen gerechnet; sie haben einen Schaft und zwei Enden. Zusammen mit den beiden Schulterblättern bilden sie den Schultergürtel.

Der mittlere Teil des S-förmig gebogenen **Schlüsselbeins** (Clavicula) ist im Querschnitt rund bis dreieckig, wobei das an das Brustbein gehende Ende vergrößert ist. Diese Enden sind in den Brustbein-Schlüsselbeingelenken (Articulatio sternoclavicularis) mit dem Manubrium verbunden und zeichnen sich oft als Köpfchen äußerlich ab. Das äußere nach vorn konkave Ende des Schlüsselbeins ist abgeflacht und bildet im Schulterhöhe-Schlüsselbeingelenk (Articulatio acromioclavicularis) die Verbindung mit dem Schulterblatt. Wegen der unterschiedlichen Form von Schaft und Enden wird das Licht von ihnen verschieden reflektiert.

Bei Männern verläuft der Knochen meist horizontal oder leicht ansteigend; bei Frauen liegt dieses Ende meist etwas tiefer. Das seitliche Ende des Schlüsselbeins bewegt sich wegen seiner gelenkigen Verbindung mit dem Schulterblatt auf und ab sowie vor- und rückwärts, wenn man die Arme bewegt. Die Lageänderungen lassen sich vor dem Spiegel gut am eigenen Körper verfolgen, wenn man die Finger einer Hand auf das gegenüberliegende Schlüsselbein legt und den dazugehörigen Arm bewegt. Das Schulterblatt-Schlüsselbeingelenk bildet auf der Schulter eine erhabene Stelle. Direkt seitlich daneben befindet sich die abgeplattete Oberfläche der Schulterhöhe.

Das Schlüsselbein dient dazu, die Schulter vom Rumpf abzuspreizen und bietet Ansatzflächen für Hals-, Arm- und Brustmuskeln. Es ist von einer dünnen Muskellage überdeckt, die zwischen ihm und der Haut liegt und der Haut bei Schulterbewegungen ein ungehindertes Gleiten gestattet. Das Schlüsselbein läßt sich in seiner ganzen Länge tasten.

Die **Drosselgrube** wird dort von den beiden Schlüsselbeinen gebildet, wo ihre Gelenkköpfe in die Gelenkpfannen des Brustbeins greifen. Sie gilt als wichtiger Orientierungspunkt für Größenabmessungen, da sie unveränderlich immer sichtbar ist. Bei der nebenstehenden Zeichnung einer Frau mit leicht zurückgeworfenem Kopf und etwas gedrehtem Rumpf ist die Entfernung der Drosselgrube zur linken Schulter genauso groß wie die von der Kinnspitze zur Augenbraue; zur rechten Schulter entspricht sie der Entfernung von der Kinnspitze zum Haaransatz. Die richtigen Proportionen lassen sich also sofort ermitteln, wenn man die Maße von der Drosselgrube zu den äußeren Schulterlinien mit den angegebenen Abmessungen vom Kopf in Beziehung setzt.

Das Schlüsselbein

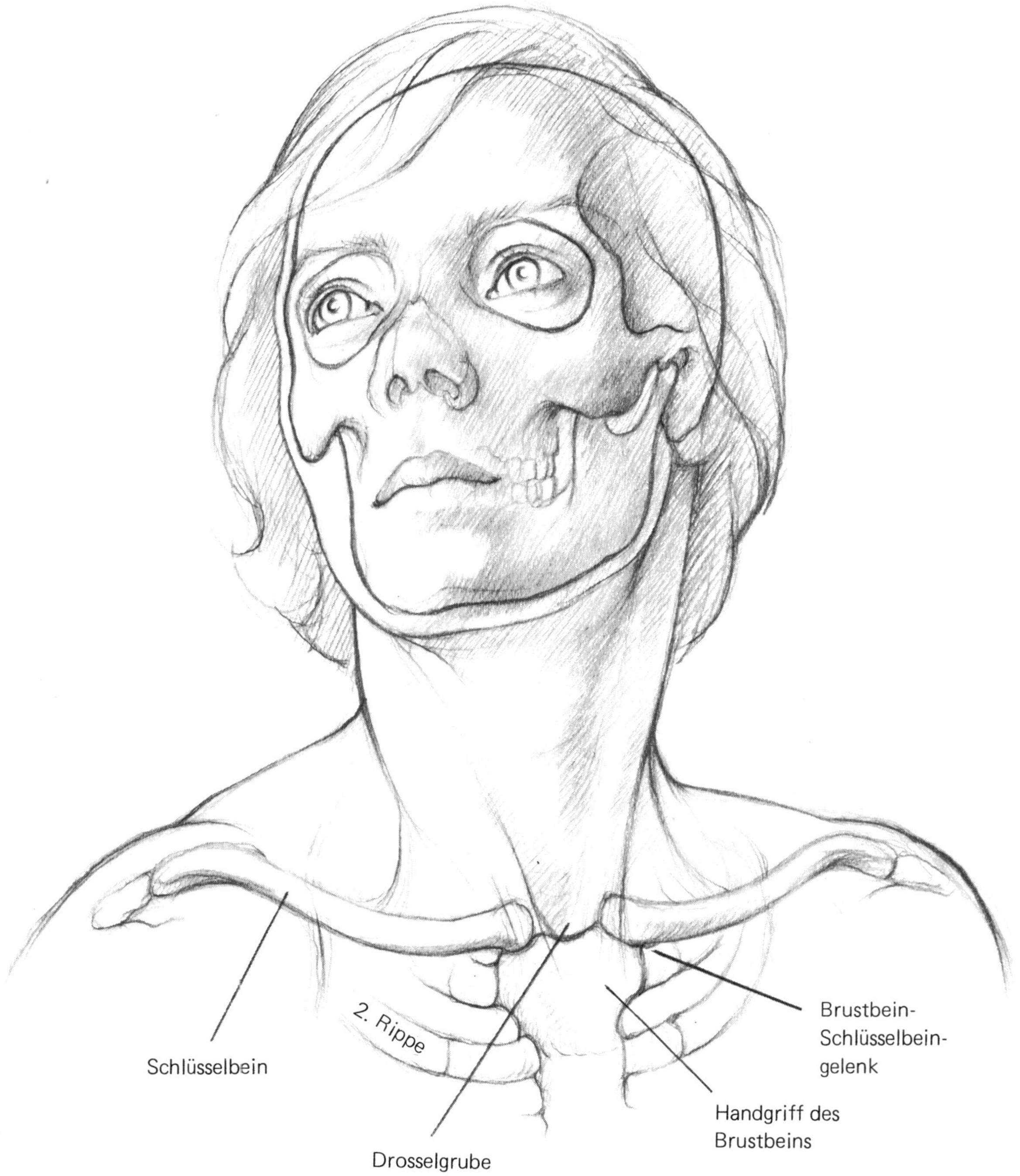

Die Wirbelsäule und die Wirbel

Die **Wirbelsäule** (Columna vertebralis) ist die zentrale Achse der Körperrückseite. Beim Erwachsenen besteht sie aus 24 einzelnen, fünf zum **Kreuzbein** (Sacrum) verschmolzenen und drei bis fünf Steißbeinwirbeln, die eigentlich rudimentäre Schwanzknochen sind. Die Säule wird in fünf Abschnitte eingeteilt: 7 **Halswirbel** (Vertebrae cervicales), 12 **Brustwirbel** (Vertebrae thoracicae), 5 **Lendenwirbel** (Vertebrae lumbales) sowie Kreuz- (Sacrum) und **Steißbein** (Os coccygis). Außer den zwei obersten Halswirbeln haben alle Einzelwirbel kissenähnliche Zwischenwirbelscheiben mit einem Gallertkern (Nucleus pulposus), der von starken Fasermassen umschlossen ist. Die Zwischenwirbel- oder **Bandscheibe** (Discus intervertebralis) und ihre Fasern verbinden jeweils die Körper benachbarter Wirbel. Die Bandscheiben haben die Aufgabe, Stöße abzufangen und Bewegungen des Körpers zu ermöglichen. Die Fasern verlaufen von Wirbel zu Wirbel schichtweise wechselnd diagonal zueinander, um die Beweglichkeit im Gelenk zu steigern. Da die Wirbel von oben nach unten mehr Lasten zu tragen haben, werden sie bis zum 5. Lendenwirbel immer größer. Dann wird das Gewicht auf das Kreuz verlagert, beim Stehen über die Hüftknochen auf die Beine und beim Sitzen auf die **Sitzknorren** des Beckens. Die Bandscheiben sind relativ dick im Bereich der Hals- und Lendenwirbel, wodurch die Beweglichkeit erhöht wird.

Die Wirbel der einzelnen Wirbelsäulenabschnitte sowie alle Wirbel untereinander sind verschieden, obwohl auch eine gewisse Gemeinsamkeit besteht. Der die Rumpflast tragende Teil ist der Wirbelkörper; er besteht aus einem zylindrischen Knochen von maximal 25 mm Höhe und etwas größerer Breite. Die obere und untere Fläche des Wirbelkörpers ist im Gelenkbereich von Knorpel überdeckt. Von der Rückseite des Zylinders geht der knöcherne Wirbelbogen aus, der das Wirbelloch umschließt, durch welches das Rückenmark geschützt verläuft. Die übereinanderliegenden Wirbellöcher ergeben den Wirbelkanal, der das Rückenmark vom Austritt aus dem Schädel an umgibt. Vom Wirbelbogen gehen beiderseits je ein **Querfortsatz** (Processus transversus) und nach hinten der **Dornfortsatz** (Processus spinosus) ab. Diese wirken als Hebel für Muskeln zum Beugen der Wirbelsäule. Jeder Wirbel hat vier Gelenkfortsätze (Processus articularis) auf dem Wirbelbogen zur gelenkigen Verbindung mit den angrenzenden Wirbeln. Sie dienen hauptsächlich der Begrenzung der Bewegung sowie zur Vermeidung einer Wirbelverschiebung. Sie sind so angeordnet, daß eine Drehung möglich ist, die im Bereich der Brustwirbelsäule die Hauptbewegungsform darstellt.

Die Wirbelsäule und die Wirbel

Die Krümmungen der Wirbelsäule

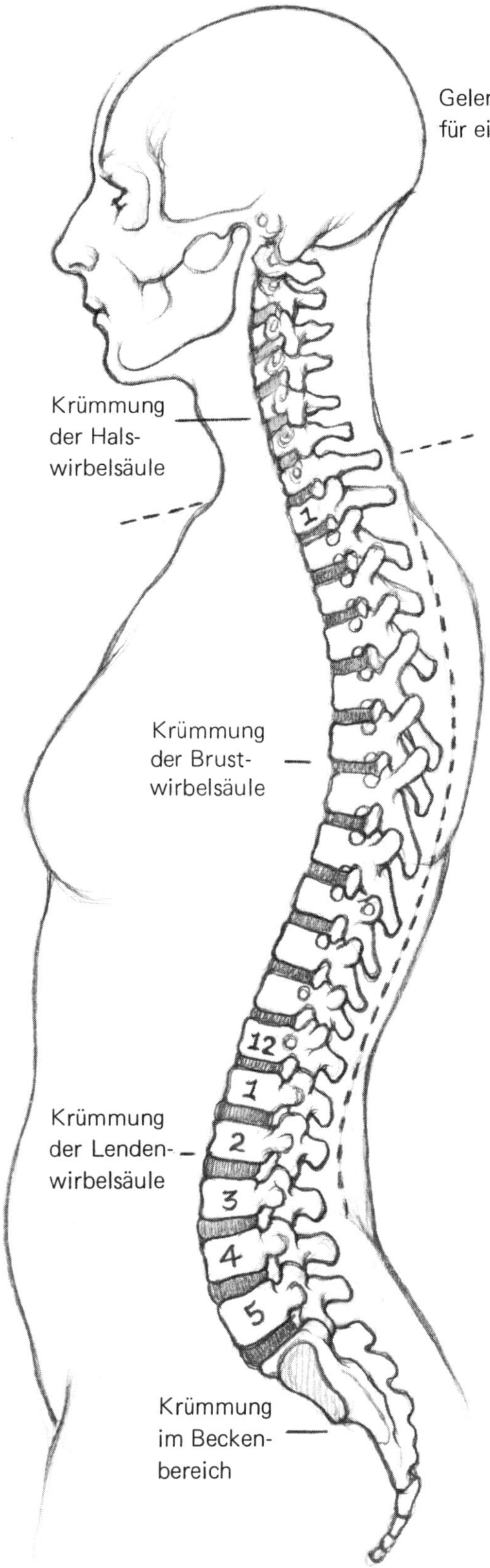

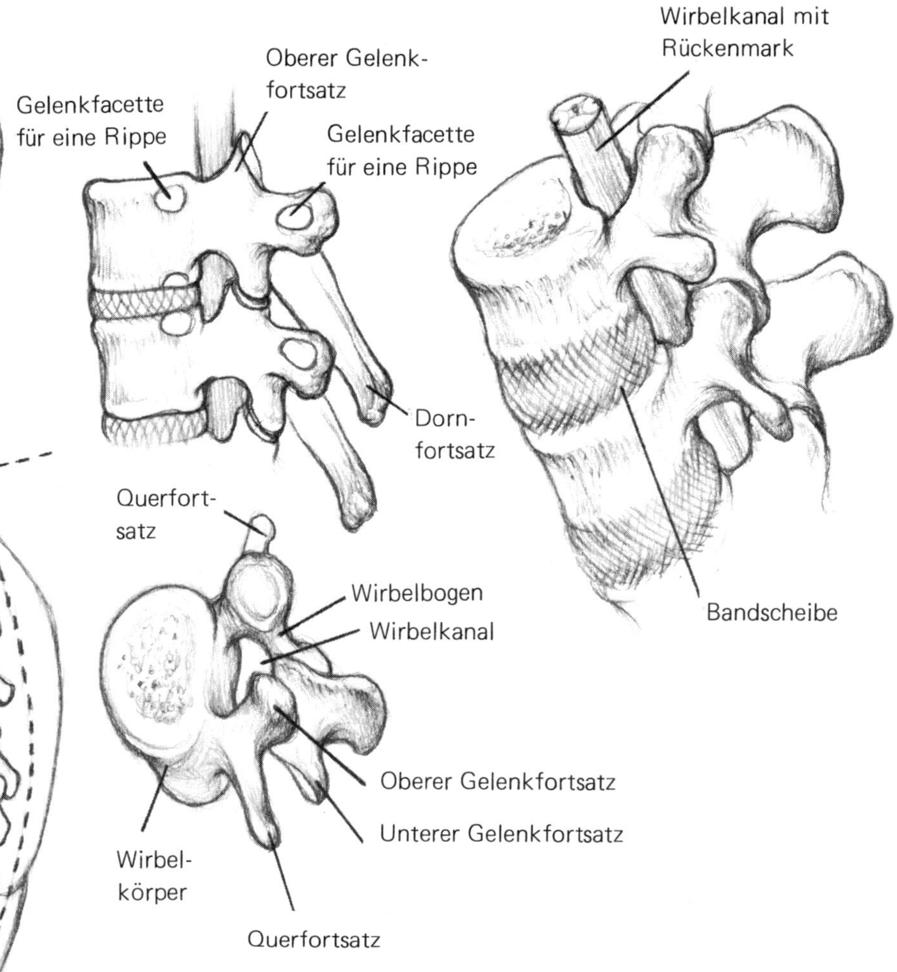

Die Wirbelsäule weist vier normale Krümmungen auf, die dem Körper Geschmeidigkeit und Elastizität verleihen. Die Krümmung der Halswirbelsäule wird durch die 7 Halswirbel und ihre Bandscheiben gebildet. Diese Krümmung entwickelt sich erst nach der Geburt; erst wenn das Kind den Kopf hebt und später zu sitzen beginnt, bildet sich die nach vorn konvexe Kurve. Die Brustwirbelsäule, bestehend aus den 12 Brustwirbeln mit ihren Bandscheiben, ist schon bei der Geburt nach vorn konkav gekrümmt. Die nach vorn konvexe Lendenwirbelsäule krümmt sich, wenn das Kind mit etwa 18 Monaten zu laufen beginnt. Diese Krümmung ist bei der Frau konvexer als beim Mann, was bei ihr zusammen mit der Vorwärtneigung des Beckens das stärker ausladende Gesäß ergibt. Die nach vorne konkave Krümmung im Bereich des Beckens wird durch das Steißbein und die 5 Kreuzbeinwirbel gebildet, die aber beim Kind noch nicht so verschmolzen sind wie beim Erwachsenen.

Die Bewegungen des Rückgrats

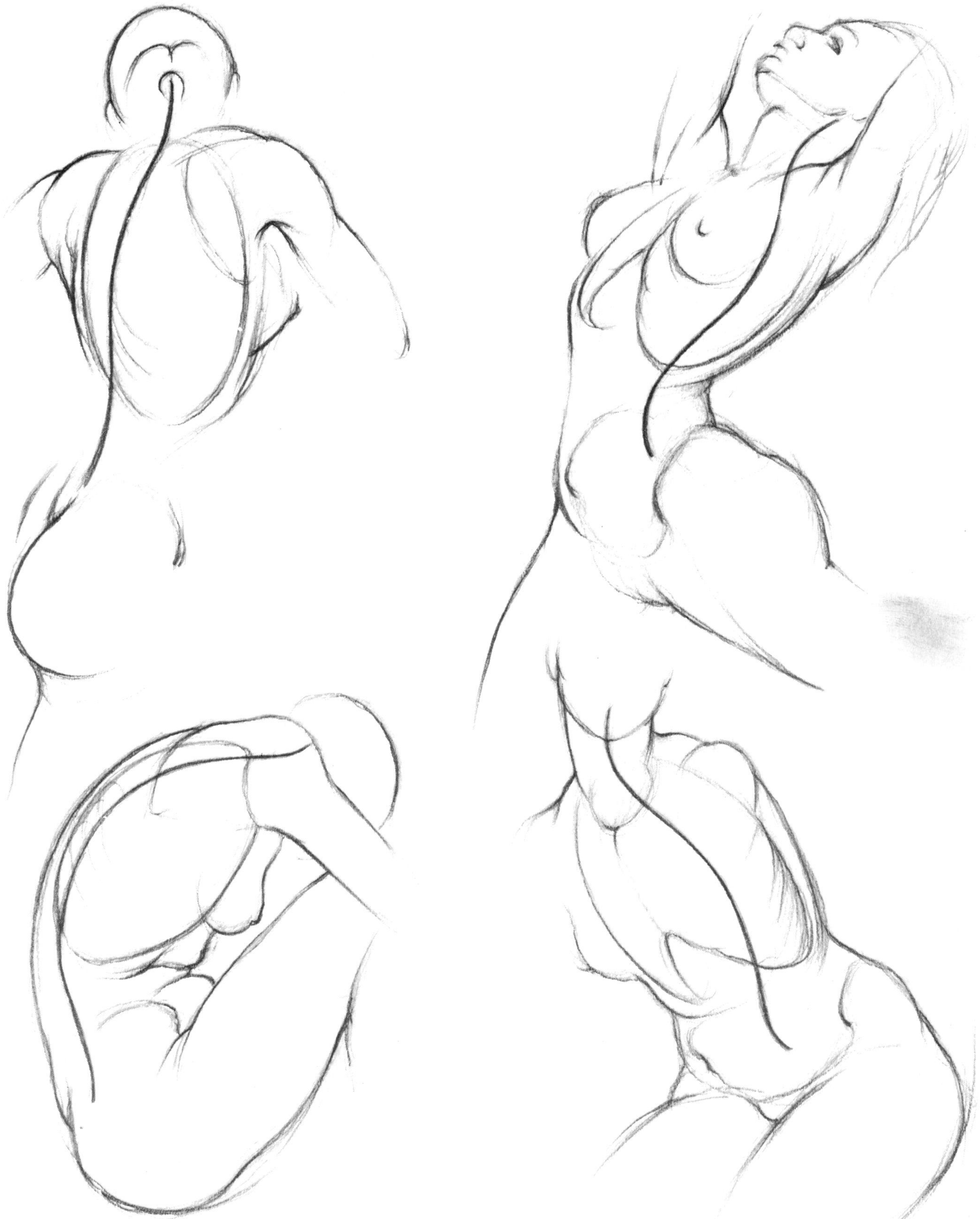

Die Wirbelsäule und die Wirbel

Die Knochen des Rumpfes

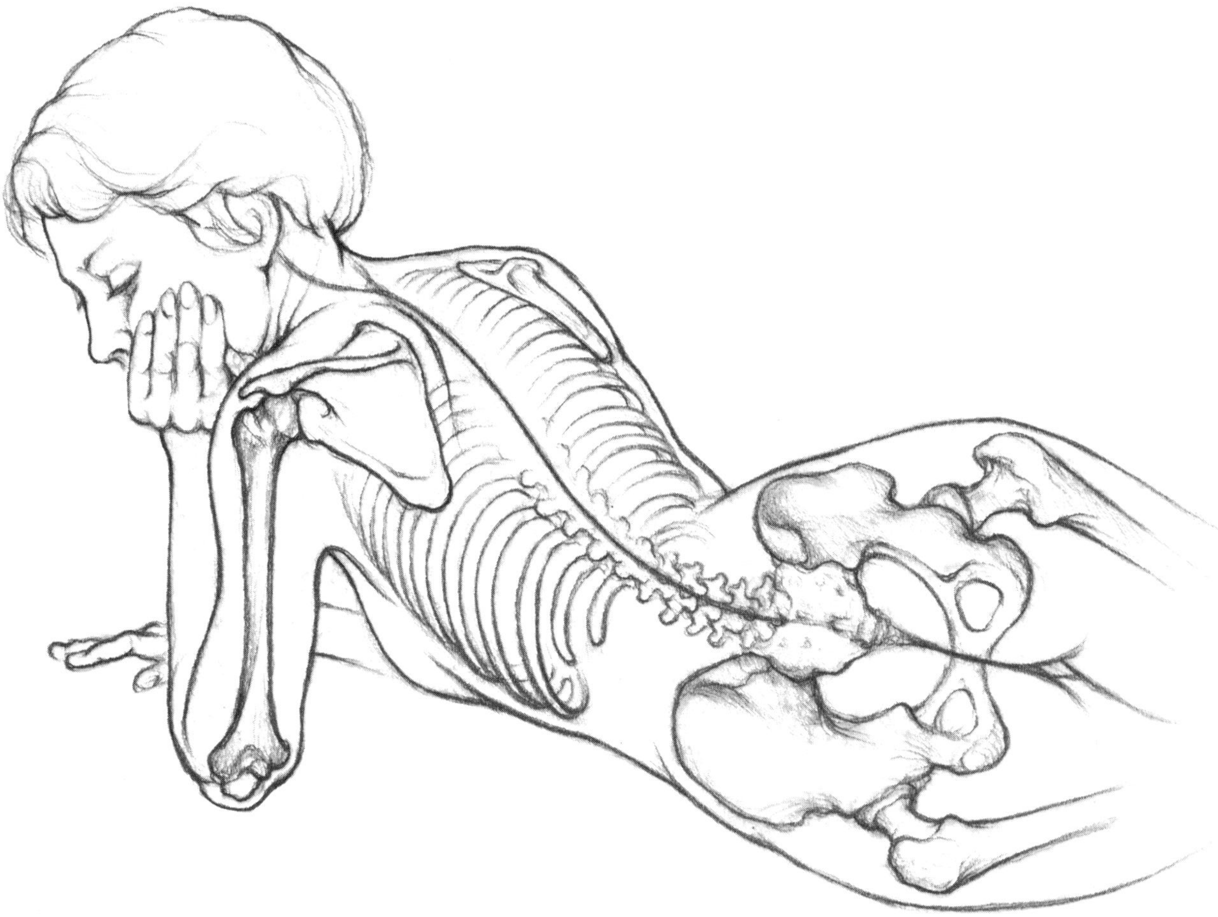

Es gibt Rotations- oder Drehbewegungen sowie Beugebewegungen und Kombinationen aller dieser Funktionen.
Hier wird die Bewegung der Wirbelsäule bei gleichzeitiger Beugung und Drehung gezeigt. Die jeweilige Lage der Oberschenkelbeine, die mit dem Becken die Hüftgelenke bilden, ist ebenso dargestellt wie die Lage der Oberarmbeine, die in die Gelenkpfannen der Schulterblätter eingefügt sind. Die Stellen der größten Hüftweite sind durch die Oberschenkelbeine bedingt; das Oberarmbein springt noch über die Schulterhöhe seitlich vor.

Das **Becken** (Pelvis) wird von den beiden Hüftbeinen (Os coxae), dem Kreuzbein (Os sacrum) und dem Steißbein (Os coccygis) gebildet. Die beiden Hüftbeine sind mit dem Kreuzbein durch die Kreuzbein-Darmbeingelenke (Articulatio sacroiliaca) verbunden; vorne sind sie in der Schamfuge (Symphysis pubica) vereinigt. Alle diese Verbindungsstellen erlauben nur eine äußerst eingeschränkte Bewegung.

Jedes Hüftbein besteht aus drei Teilen: Dem Darmbein (Os ilium), dem Sitzbein (Os ischii) und dem Schambein (Os pubis). Bis zum 16. Lebensjahr verschmelzen diese drei Teile fest miteinander, wobei jeder Teil an der Bildung der Gelenkpfanne für den Oberschenkelkopf, dem "Essignäpfchen" (Acetabulum), Anteil hat. Im Vergleich zur Pfanne des Oberarmkopfes ist die des Oberschenkelkopfes recht tief.

Das **Darmbein** ist ein großer, flacher, schaufelförmiger Knochen mit einem starken gekrümmten Kamm (Crista iliaca). Dieser Darmbeinkamm läuft vorne in einen Stachel, den vorderen oberen Darmbeinstachel (Spina iliaca anterior superior), aus. Dicht darunter befindet sich ein kleiner Knochenvorsprung, der vordere untere Darmbeinstachel (Spina aliaca anterior inferior). Hinten endet der Darmbeinkamm in dem hinteren oberen Darmbeinstachel (Spina iliaca posterior). Der Darmbeinkamm und die beiden oberen Darmbeinstachel sind an der unteren Rumpfhälfte besonders wichtige Orientierungspunkte für den Künstler. Der Darmbeinkamm liegt unter der Haut, ist aber gut sichtbar und zu fühlen, wenn er nicht von einer dicken Fettschicht überdeckt ist. Auch die vorderen oberen Darmbeinstachel können mit den Fingern ertastet werden und fallen bei mageren Menschen und Frauen sehr ins Auge. Beim Mann sind die Darmbeinstachel einwärts gekehrt, was zu einer Einkerbung oder Einziehung der Oberfläche an dieser Stelle führt.

Die beiden **Schambeine**, d.h. die vorderen Hüftbeinteile, treffen sich in der Mittellinie des Körpers in der Schamfuge. An ihren Vorderseiten setzen Beinmuskeln an.

Die beiden **Sitzbeine** bilden die hinteren unteren Teile der Hüftbeine. Sie haben schwere, aufgerauhte Abschnitte, die sog. Sitzbeinhöcker (Tuber ischiadicum), auf denen man sitzt und die Ursprungsort von Rücken- und Lendenmuskeln sind.

Einige Unterschiede zwischen weiblichem und männlichem Becken

1. Die "Essignäpfchen" und damit auch die Hüftgelenke stehen bei der Frau weiter auseinander.
2. Kreuz- und Steißbein sind bei der Frau mehr aufwärts und rückwärts gerichtet, was die Hüftbewegung bei ihr stärker betont.
3. Bei der Frau ist der durch die Darmbeine gebildete Teil des Beckens flacher.
4. Die Entfernung zwischen den vorderen oberen Darmbeinstacheln ist bei der Frau etwas kürzer.
5. Bei der Frau treten die vorderen oberen Darmbeinstachel etwas hervor, während sie beim Mann einwärts gekehrt sind.
6. Bei einer Beckenstellung, bei der der vordere obere Darmbeinstachel und die Schamfuge sich in einer Ebene befinden (s. Seitenansicht), ist das weibliche Becken etwas vor-, das männliche etwas zurückgekippt. Dadurch erfährt die nach rückwärts gerichtete Hüftbewegung bei der Frau eine besondere Betonung.

Auch hiervon gibt es Ausnahmen: Eine Frau kann ein Becken mit männlichen Kennzeichen haben und umgekehrt.

Das Becken

Das Becken mit Steißbein

Vorderansicht

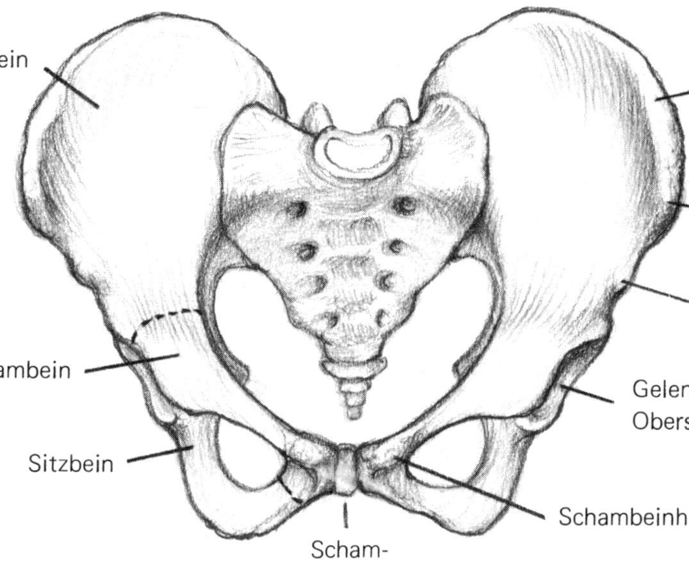

Rückansicht

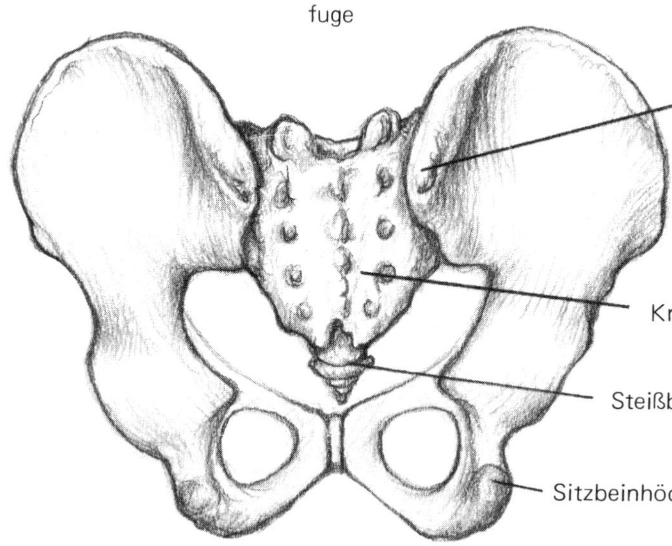

Seitenansicht

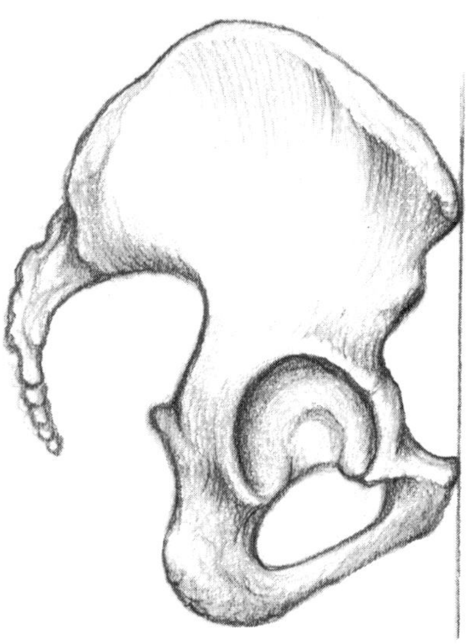

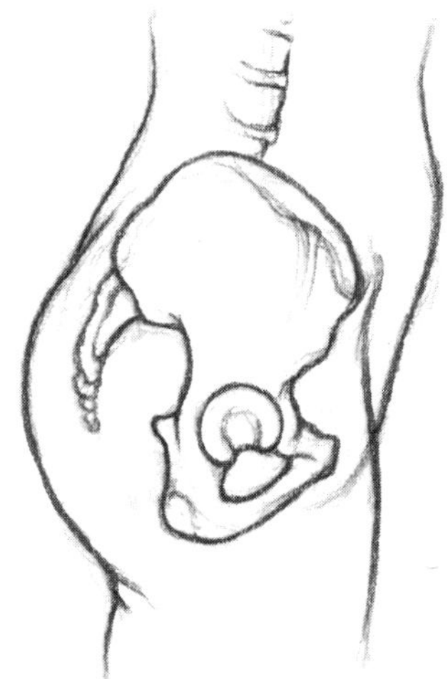

Weibl. Becken (nach vorne gekippt)

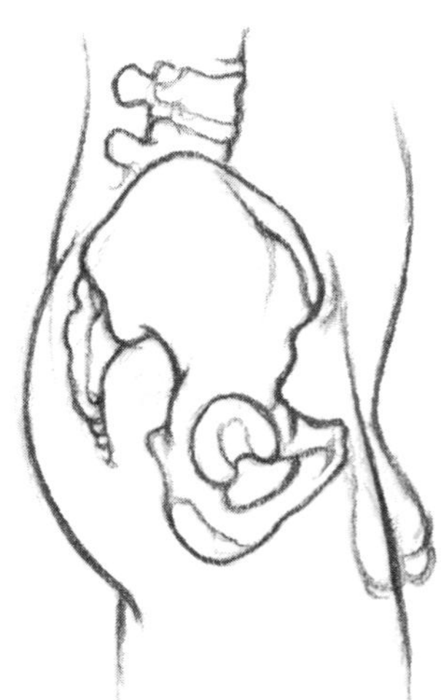

Männl. Becken (nach hinten gekippt)

Ausdrucksstarke 1-Minuten-Skizze, die die Gebärde und Geschlossenheit des Rumpfes einfängt.
Brauner Conté-Stift auf Zeichenpapier. Von Ian Lawrence, Toronto, Kanada.

Rückansicht des Rumpfes

Orientierungspunkte und -linien

Die Wirbelsäule als Körpermittelachse ist äußerlich immer sichtbar. Auch die Form des Dornfortsatzes des siebenten Halswirbels zeichnet sich für gewöhnlich ab. In der Lendenregion befindet sich dort eine tiefe Einbuchtung, wo die Lendenwirbel eine Vorwärtskurve beschreiben und stärker von den langen Rückenmuskeln überdeckt sind.

Auch die Form des Schulterblattes mit dem inneren Knochenrand, dem unteren Schulterblattende und dem Wechsel in der Oberflächenkrümmung im Bereich der Schultergräte ist gut erkennbar. Die Schulterhöhe bildet den äußersten Punkt der Schulter. Ausschlaggebend ist die Form des vom knöchernen Brustkorb bestimmten Oberkörpers.

Die ausladende Form des Darmbeins (des oberen Teils des Hüftbeins) mit seinem Kamm fällt in der Hüftgegend auf. Die beiden "Grübchen" sind durch die oberen hinteren Darmbeinstachel bedingt, an denen die Sehnen bestimmter Rücken- und Hüftmuskeln ansetzen. Die Knochen liegen hier dicht unter der Haut. Die dreieckige Fläche zwischen ihnen, die mit ihrer Spitze nach unten weist, wird vom Kreuzbein gebildet, das von faserigen Sehnen und Bändern überdeckt ist.

Rückansicht des Rumpfes

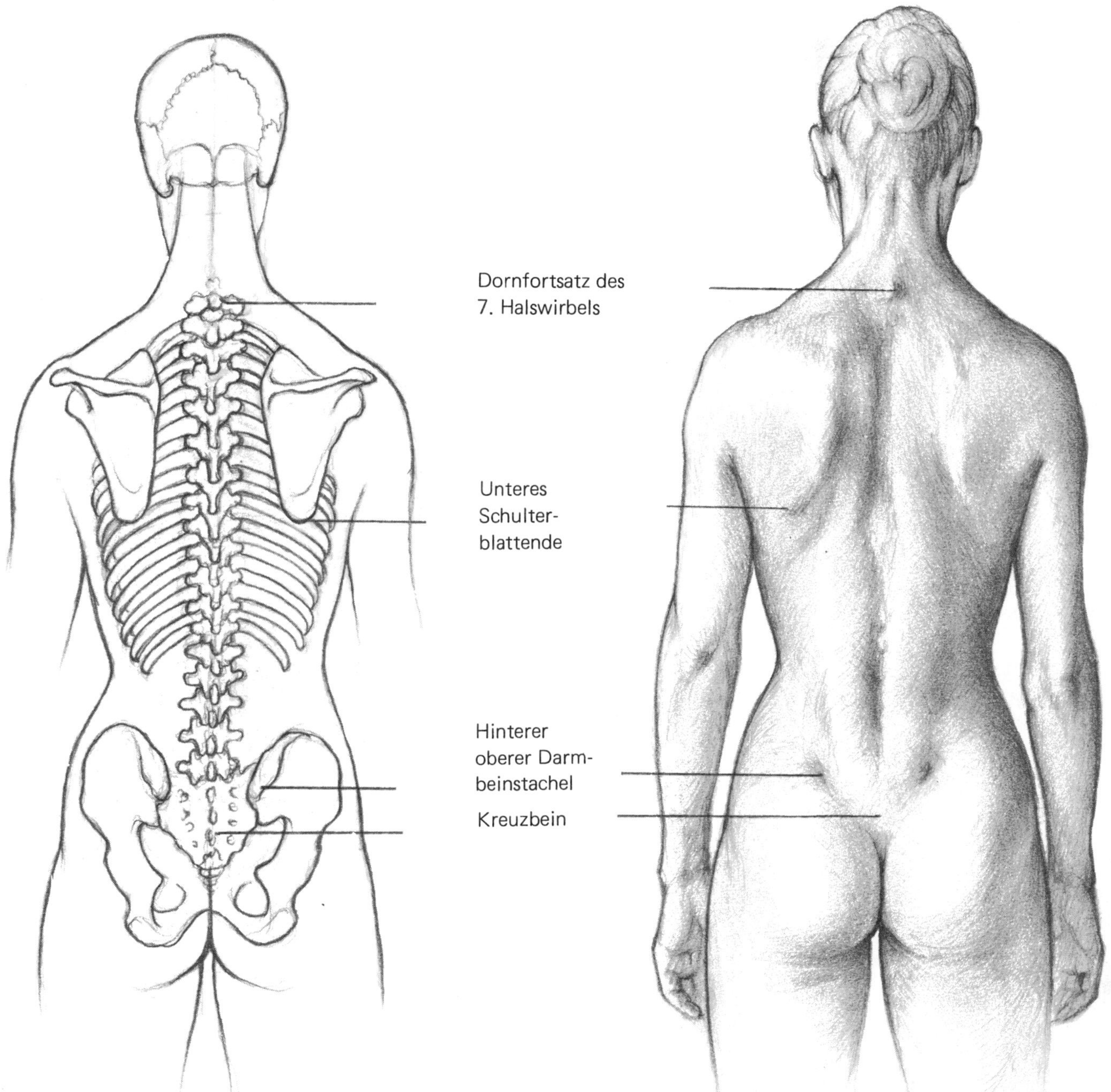

Orientierungspunkte und -linien

Die Rumpf- und Halsknochen

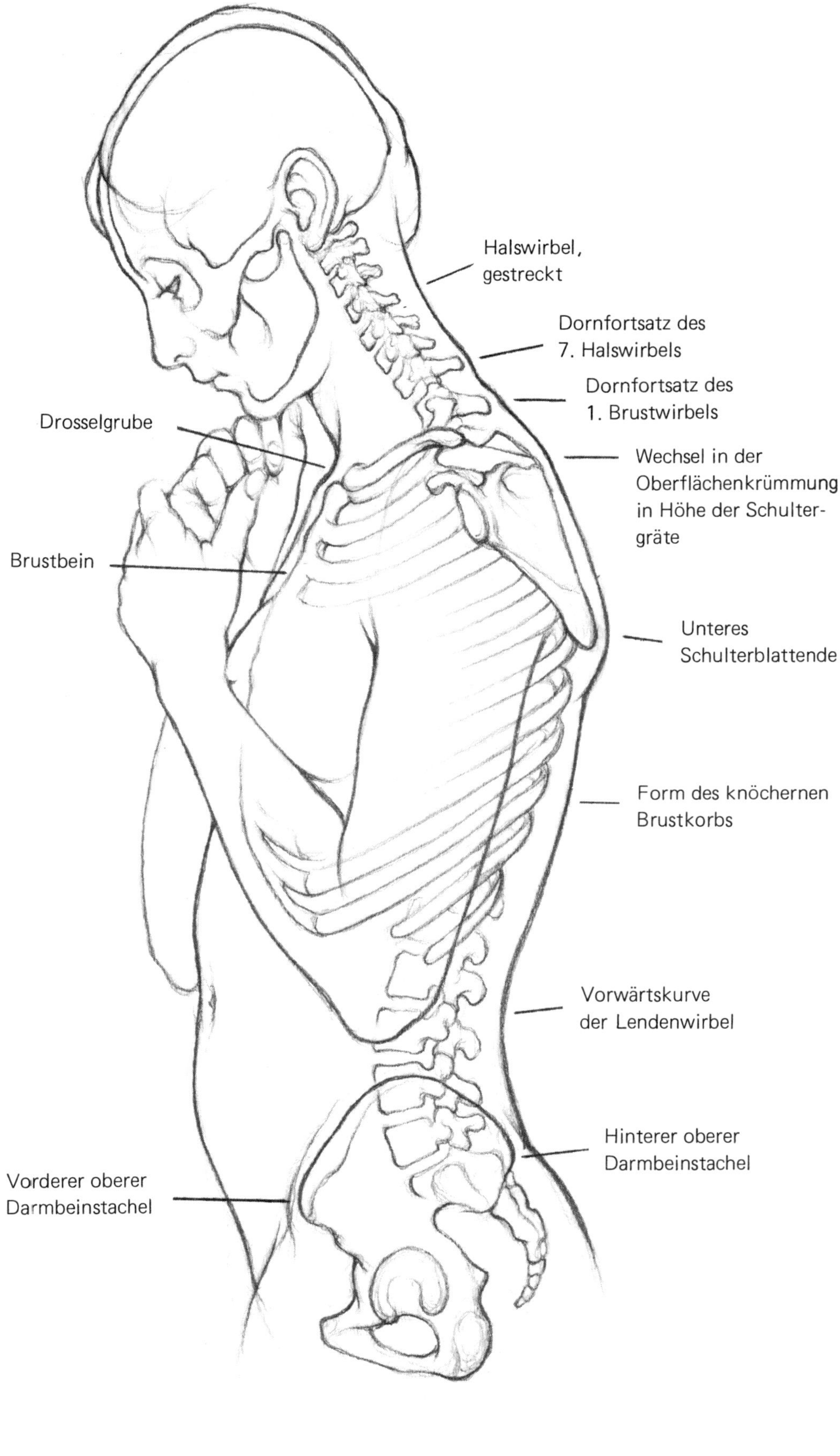

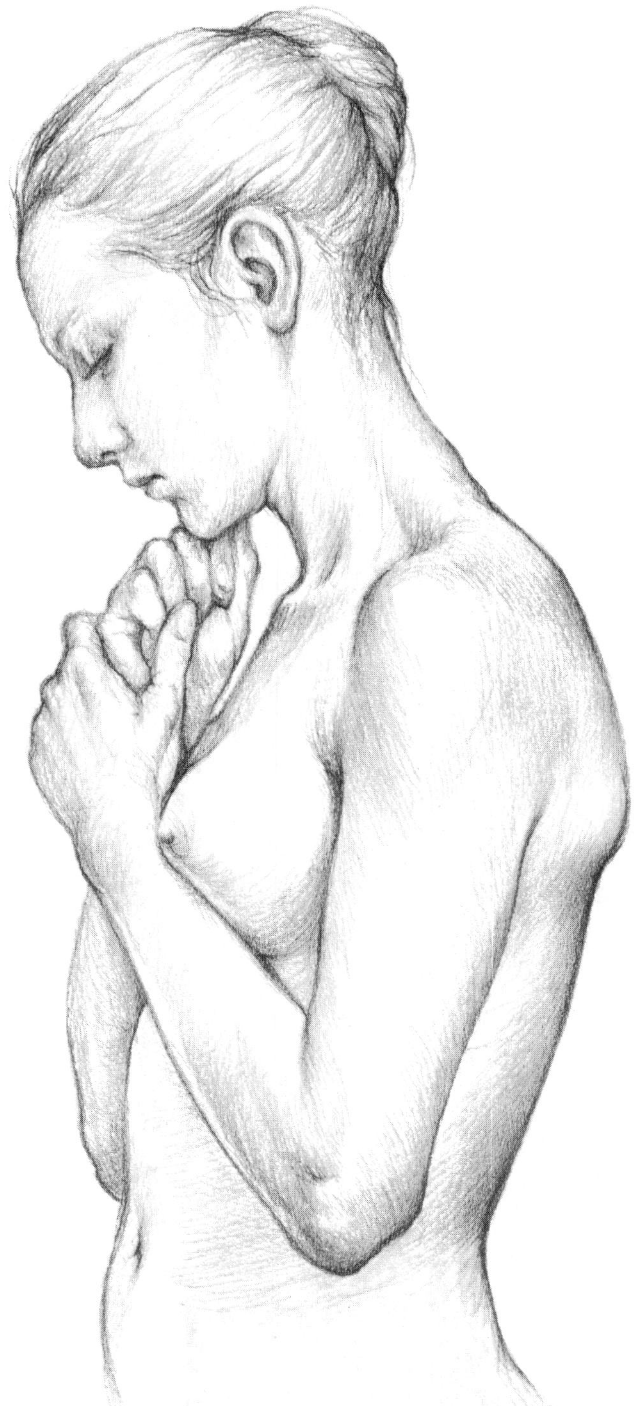

Orientierungspunkte und -linien

Die Knochen des Rumpfes

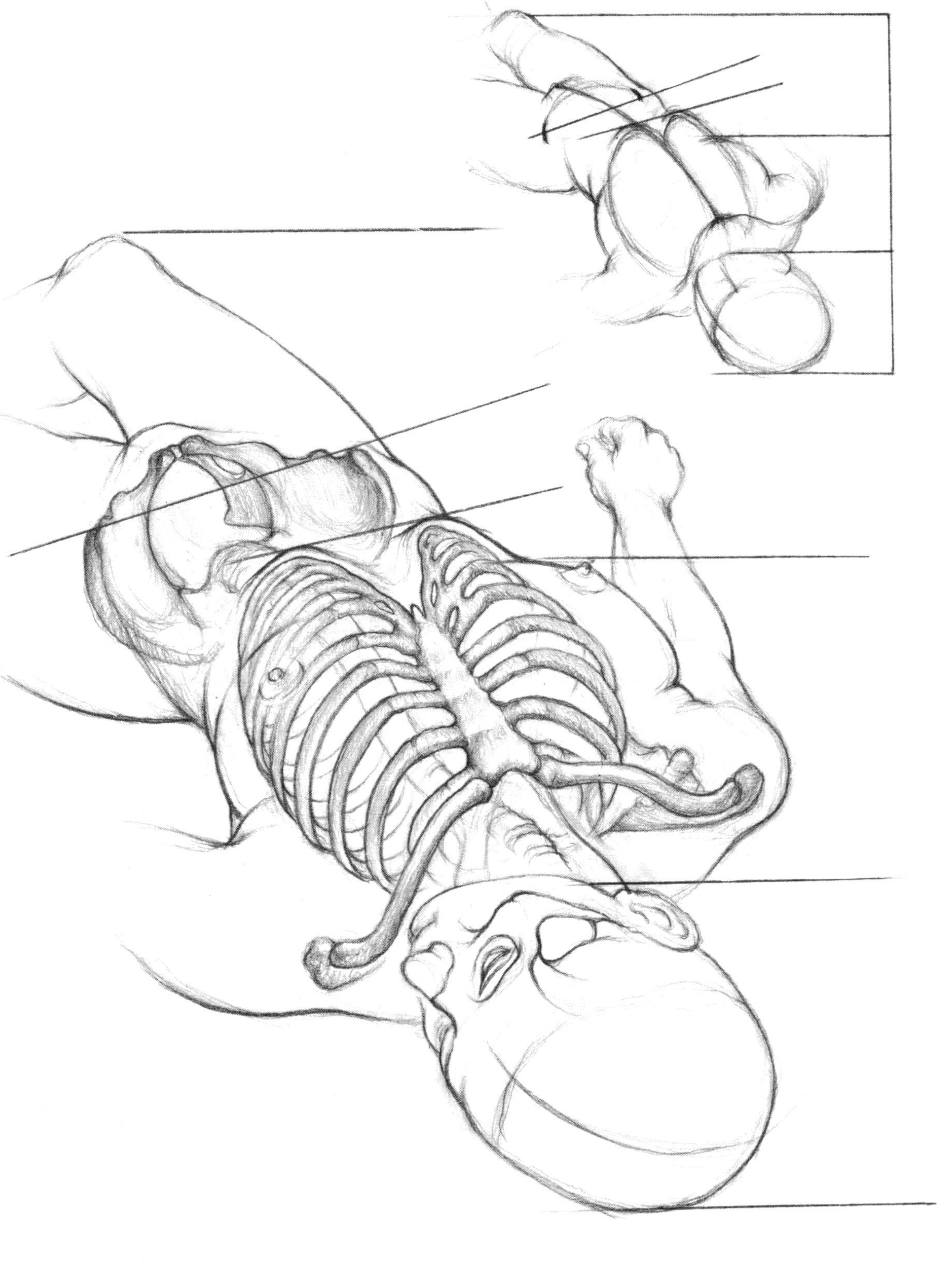

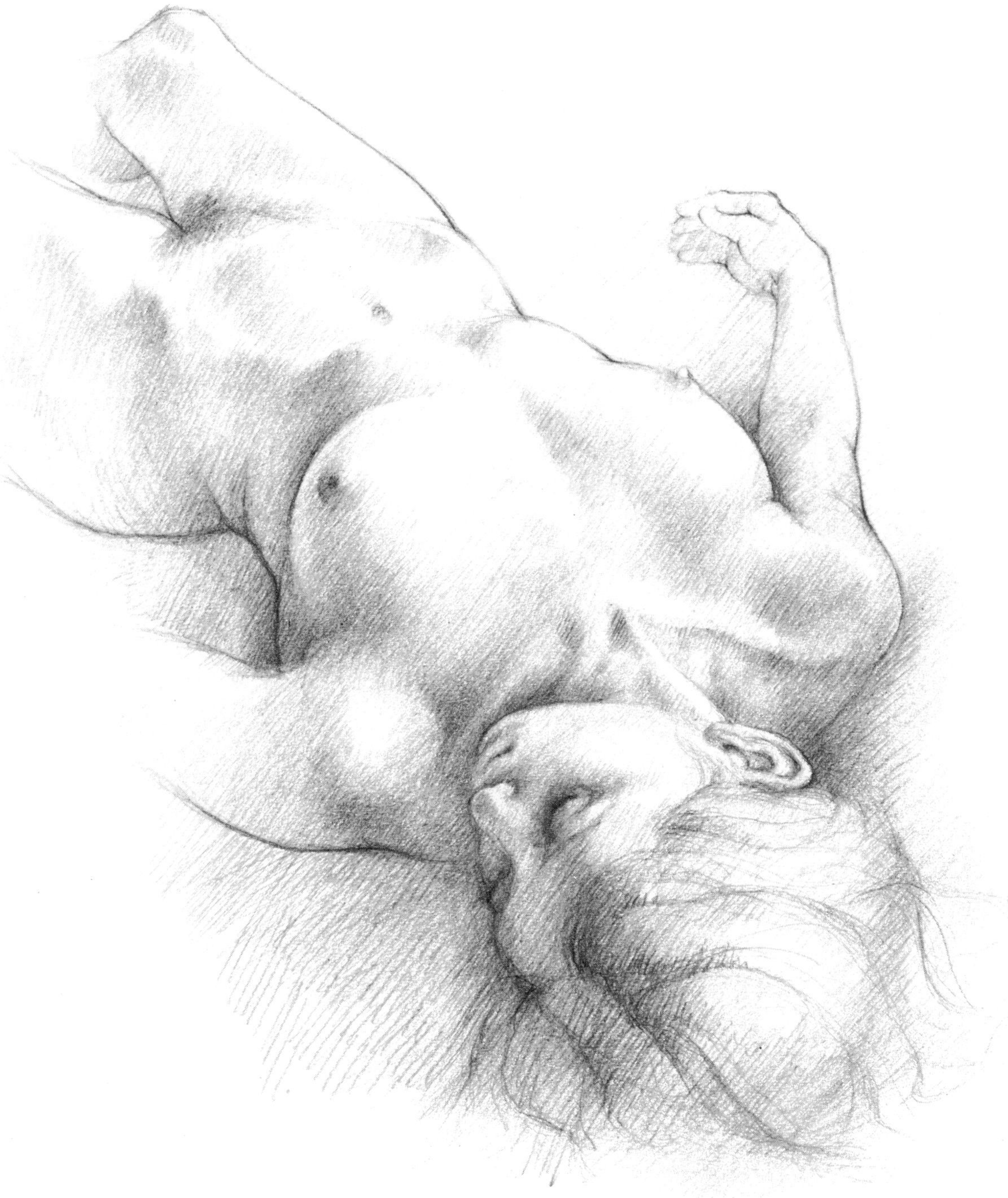

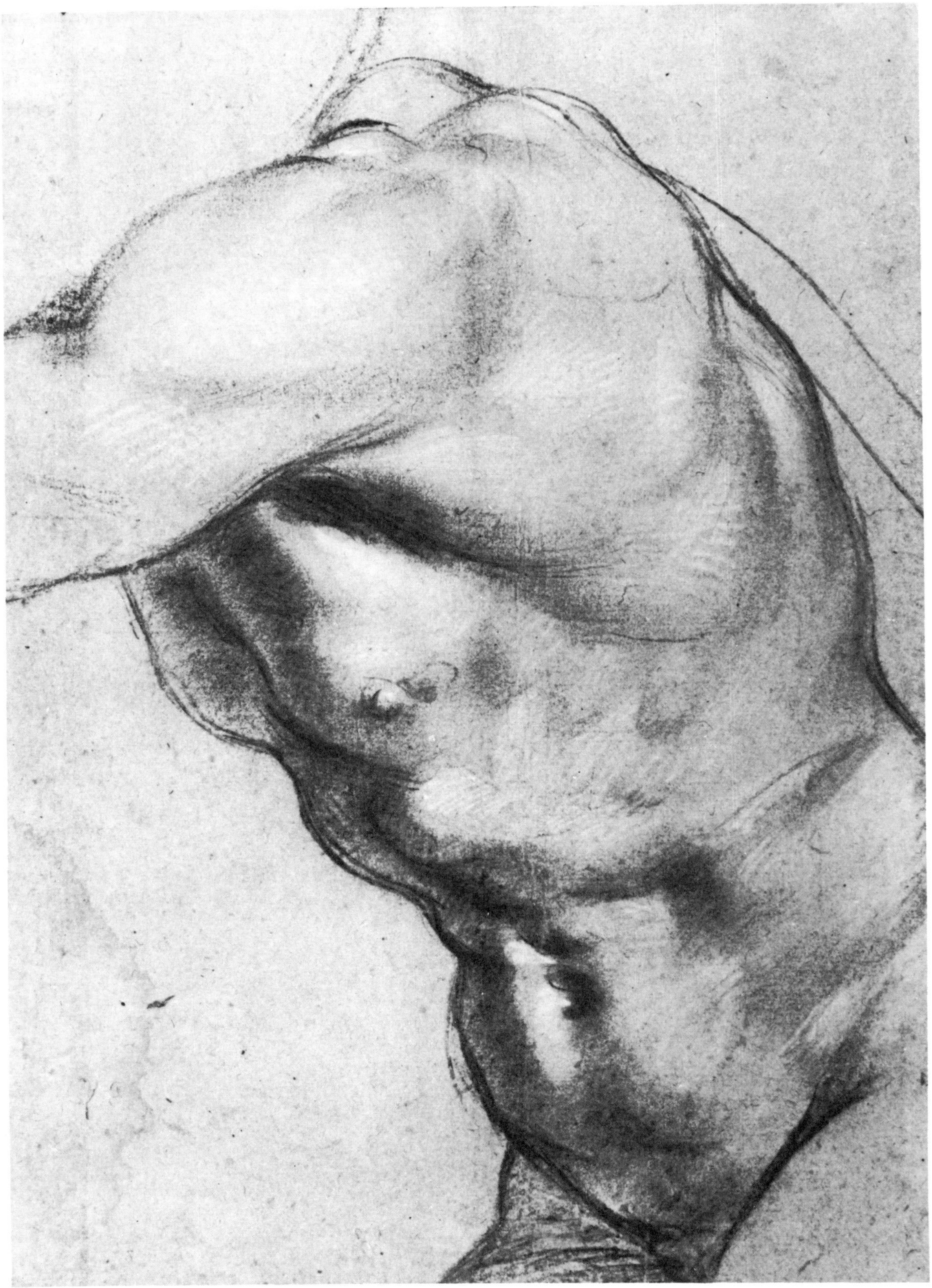

Hannibal – Aktstudie von Carracci
Königliche Bibliothek, Schloß Windsor.
Mit freundlicher Erlaubnis Ihrer Majestät Königin Elisabeth II.

Die Muskeln

Ein Skelettmuskel besteht aus aus Muskelzellen zusammengesetzten fleischigen und aus Bindegewebsfasern bestehenden sehnigen Anteilen. Sehnen sind gewöhnlich rund und seilartig oder flach und bandartig. Sie müssen stark sein und sind daher hauptsächlich aus starken zugfesten kollagenen Fasern, die längslaufend in der Muskelachse angeordnet und verflochten sind, aufgebaut. Außerdem gibt es einen geringen Prozentsatz elastischer Fasern, die eine etwa vierprozentige Kontraktion zulassen. Man nimmt heute an, daß Sehnen für eine nachfolgende Muskelbewegung Energie speichern können. Wenn eine Sehne eine breite Ansatzfläche benötigt, entwickelt sie eine flächenhafte Form, die als Aponeurose bezeichnet wird. Die kollagenen Fasern strahlen in ihrem Ursprung und Ansatz in den Knochen ein und stimulieren ihn zur Hervorbringung von Höckern, Fortsätzen und Vorsprüngen. So kommt es zu einer außerordentlich belastbaren Verbindung.

Die Muskelbündel und Sehnen der **Körpermuskeln** sind je nach Größe der zu leistenden Bewegung und des zu bewegenden Gewichts verschiedenartig angeordnet. Die Zellbündel liegen in langen parallelen Zügen, wenn die Muskelarbeit sich über eine größere Entfernung erstreckt, und in kurzen diagonal angeordneten Bündeln mit viel mehr Zellen, wenn viel Kraft über eine kurze Strecke übertragen werden muß.

Die Muskeln

Die Struktur der Muskeln

Das Skelett wird durch Muskelarbeit bewegt; und zwar deshalb, weil jeder Muskel an beiden Enden befestigt ist (er zieht von Knochen zu Knochen oder von Knochen zu Muskel oder Haut) und die Muskelzellen einzig die Funktion des Zusammenziehens haben. Durch die Kontraktion von Zellbündeln, die den fleischigen Teil des Muskels ausmachen, nähern sich die Muskelenden einander an und damit auch die Stellen, an denen er befestigt ist.

Die Natur hat die Muskelzellen lang und schlank geschaffen – manche bis zu 40 mm lang –, damit sie sich verkürzen können; dabei werden sie dicker. In ihrem Protoplasma liegen winzige faserähnliche Gebilde, die Myofilamente (Muskelfäden), welche "elektrische Energie" besitzen. So können die Filamente beim Eintreffen nervöser Impulse in der Muskelzelle übereinander gleiten und sich aneinander legen. Dieser Prozeß vollzieht sich in der gesamten Zelle und kann diese um etwa die Hälfte verkürzen. Die hier gegebene Darstellung des sehr komplizierten Ablaufs der Kontraktion ist natürlich außerordentlich vereinfacht.

Jede Muskelzelle ist in loses Bindegewebe gebettet, das als Kombination von Fasern und Zellen in einer gallertartigen Substanz bezeichnet werden könnte. Die Muskelzellen sind in Längsrichtung aneinandergereiht und liegen in Bündeln nebeneinander, die ebenfalls von Bindegewebe umgeben sind. Die den fleischigen Muskelbauch ergebenden Bündelgruppen liegen in einer bindegewebigen Hülle, der Muskelscheide. Innerhalb dieser losen Hülle können sich die Zellen ungehindert zusammenziehen und wieder entspannen.

Ein Ende des Muskels ist häufig unbeweglicher befestigt als das andere und wird als Ursprung des Muskels bezeichnet. Das andere Ende, das bei der Muskelverkürzung herangezogen wird, heißt Ansatz.

Nicht alle Zellen eines Muskels müssen sich auf einmal zusammenziehen. Wenn die zu leistende Arbeit gering ist, genügen weniger Zellen. Aber es gibt ein "Alles-oder-Nichts"-Gesetz für die Zellen, d.h. die einzelne Zelle muß sich jeweils ganz zusammenziehen. Zieht sich eine Gruppe von Zellen in den Muskelbündeln zusammen, zeigt sich die durch die Verkürzung bedingte Verdickung als Rundung unter der Haut. Dies ist auch eine Erklärung dafür, warum sich eine langsame Veränderung der Oberflächenform ergeben kann, wenn nach und nach immer mehr Zellen an der Kontraktion teilnehmen.

Die Struktur der Muskeln

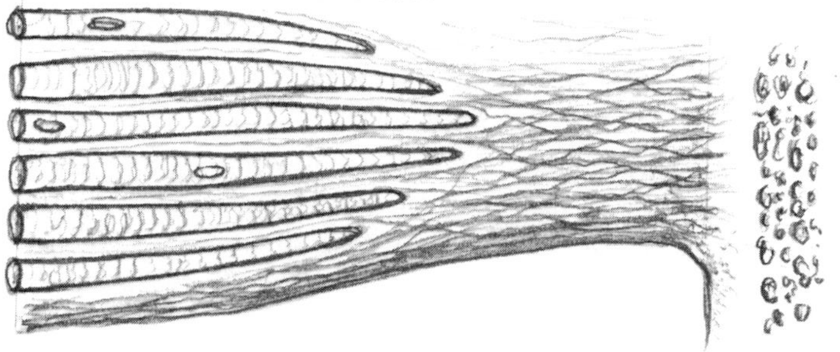

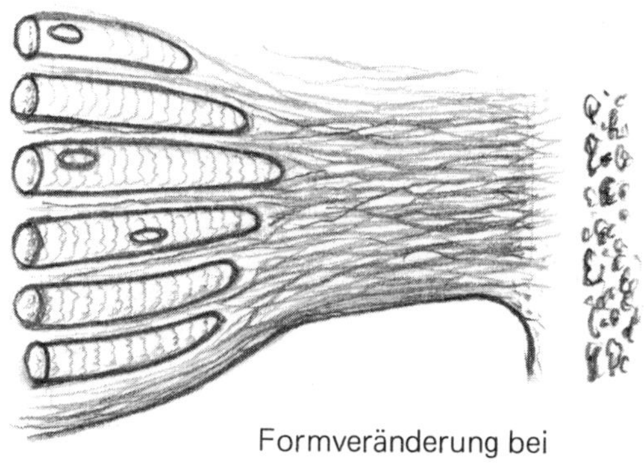

Formveränderung bei
Zellverkürzung und
-verdickung

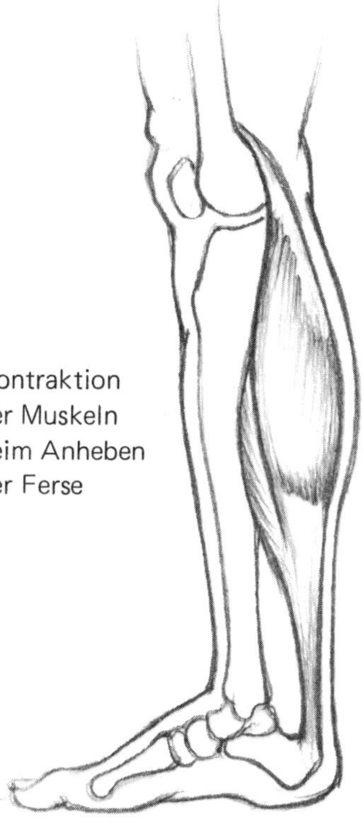

Kontraktion
der Muskeln
beim Anheben
der Ferse

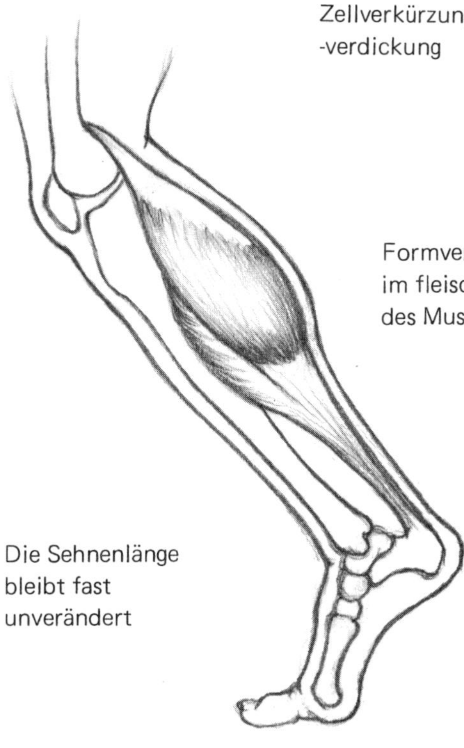

Formveränderung
im fleischigen Teil
des Muskels

Die Sehnenlänge
bleibt fast
unverändert

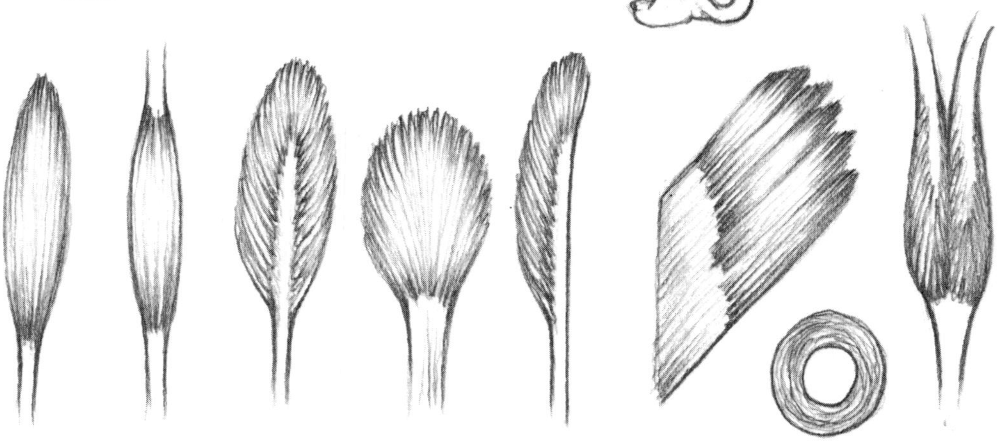

Verschiedene Formen der fleischigen Teile und Sehnen,
je nach der möglichen Befestigung
und der erforderlichen Bewegung und Kraftanwendung.

Die Muskeln

Die Gesichtsmuskeln

Es gibt zwei Ringmuskeln im Gesicht, den das Auge umgebenden Augenringmuskel und den Ringmuskel des Mundes. Sie werden auch Schließmuskeln (Sphincter) genannt, weil sie beim Zusammenziehen eine Öffnung schließen.

Der **Augenringmuskel** (M. orbicularis oculi), dessen Muskelbündel auch in den Augenlidern liegen, füllt die Vorderseite der Augenhöhle aus und ist an ihrem knöchernen Rand befestigt. Die Form dieses Muskels zeichnet sich besonders unterhalb des Auges ab.

Der **Ringmuskel des Mundes** (M. orbicularis oris) endet frei in den Lippen und Wangen. Mehrere Gesichtsmuskeln gehen mit ihren Muskelbündeln in ihn über. Verkürzen sich diese Gesichtsmuskeln beim Öffnen des Mundes, wirken sie dem Ringmuskel entgegen. Die kräftig geschwungene Form des Ringmuskels zeigt sich im gesamten Oberlippenbereich und wird noch durch die Krümmung des Oberkiefers betont.

Der **Stirnmuskel** (Venter frontalis des M. occipito-frontalis) bedeckt das Stirnbein, wobei seine vertikal verlaufenden Muskelbündel an einem Ende in Augenbrauenhöhe am Augenringmuskel, am anderen an der Aponeurose (flächenhafte Sehne) des Hirnschädels ansetzen. Bei der Kontraktion dieses Muskels wird die Stirn in horizontale Falten gelegt und die Augenbrauen werden hochgezogen.

Der **Runzler des Brauenkopfes** (Nasenheber) (M. corrugator supercilii) ist ein kleiner kegelförmiger Muskel am inneren Augenbrauenende, der nach oben am Stirnbein befestigt ist. Seine Muskelbündel ziehen aber auch durch den Stirnmuskel hindurch bis zur Haut. Bei seiner Kontraktion runzelt er die Stirnhaut oberhalb der Augenbraue zur Nase hin oder legt sie in Falten.

Der **Kaumuskel** (M. masseter) ist ein kräftiger Muskel, der den Unterkiefer aufwärts gegen den Oberkiefer preßt und beim Kauen mitwirkt. Er verursacht die geschwungene Form der Wange am unteren Rand des aufsteigenden Unterkieferastes und setzt am Unterkieferwinkel an. Oben ist er mit einer flachen Sehne am unteren Rand des Jochbogens befestigt.

Die beiden **Kinnmuskeln** (M. mentales) sind kegelförmige kleine Muskeln, die genau zwischen Unterlippe und Kinn aus dem Unterkieferknochen entspringen. Die breiten Kegelenden setzen an der Haut des Kinns an und lassen sich als kleine Erhebungen leicht tasten. Sie ziehen die Unterlippe vor- und aufwärts (Schmollen) und runzeln die Haut des Kinns. Ein Grübchen kennzeichnet oft die zwischen ihnen liegende Lücke.

Schädel und Gesichtsmuskeln

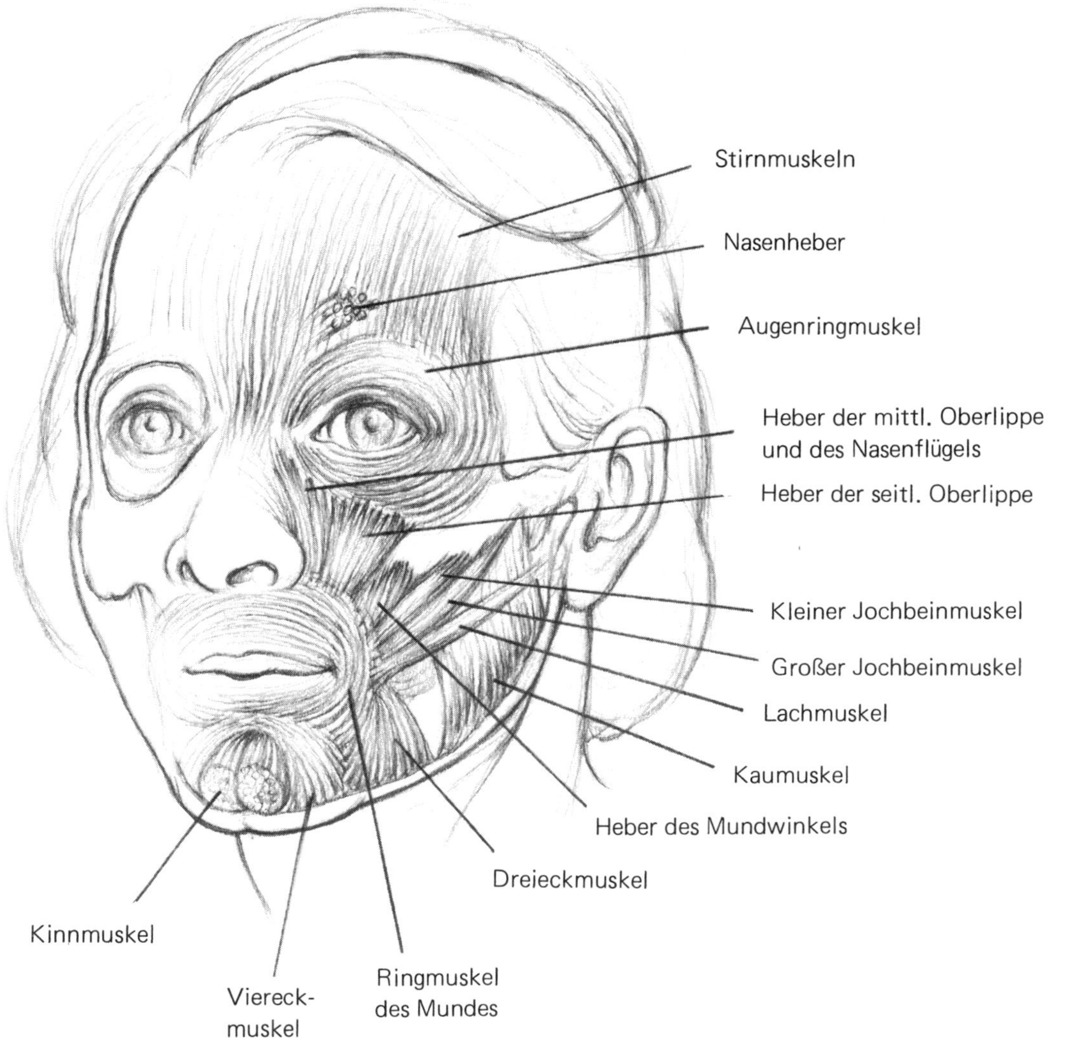

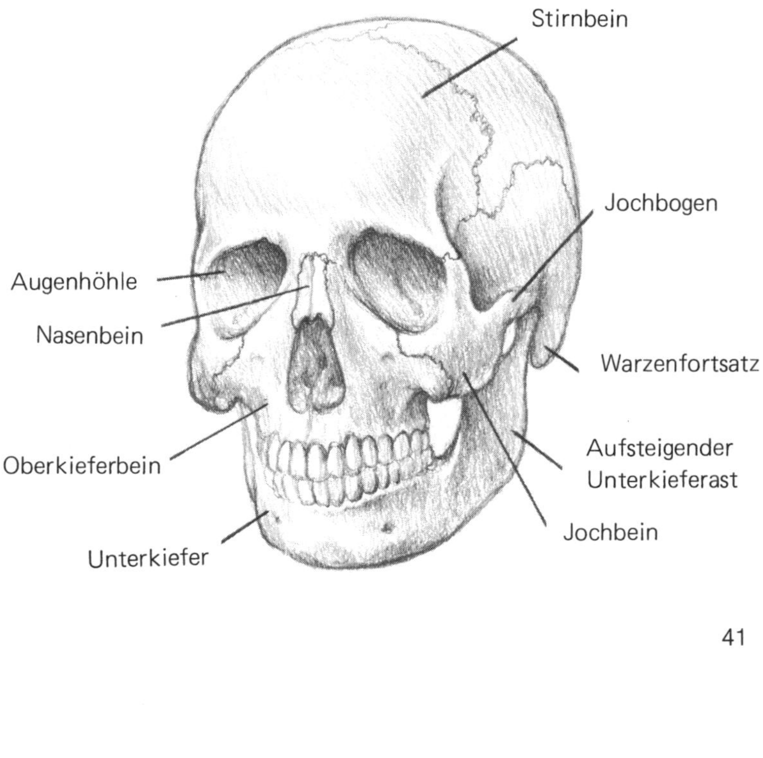

Die Muskeln

Die dem Ringmuskel entgegenwirkenden Muskeln

Zu den Gegenwirkern des Mundringmuskels gehören:

- Der **Heber der mittleren Oberlippe und des Nasenflügels** (Musculus levator labii alaeque nasi), der am Oberkieferbein dicht am Nasenbein entspringt und in den Ringmuskel einstrahlt, auf den er einwirkt. Er hebt die Oberlippe, erweitert das Nasenloch und zieht die Haut seitlich der Nase hoch.
- Der **Heber der seitlichen Oberlippe** (Musculus levator labii), der am Oberkieferbein unterhalb der Augenhöhle entspringt und am Mundringmuskel endet. Er hilft bei der Hebung der Oberlippe mit.
- Der **Heber des Mundwinkels** (M. levator anguli oris), der am Oberkieferbein entspringt und im Mundwinkel am Ringmuskel ansetzt.
- Der **große und kleine Jochbeinmuskel** (M. zygomaticus major u. minor), die vom Jochbein zum Ringmuskel ziehen, an dem sie in der Höhe des Mundwinkels angreifen. Sie ziehen den Mundwinkel nach oben und zur Seite und bewirken die Mimik des Lächelns.
- Der **Lachmuskel** (M. risorius), der seinen Ursprung an der Bindegewebshülle des äußeren Kaumuskels hat. Seine Muskelbündel strahlen in den Ringmuskel im Bereich des Mundwinkels ein und ziehen den Mund horizontal auseinander.
- Der **Viereckmuskel** (M. depressor labii) und der **Dreieckmuskel** (M. depressor anguli oris), die beidseitig vom unteren Rand des Unterkiefers ausgehen und in den Ringmuskel des Mundes einstrahlen. Die beiden Viereckmuskeln treffen und verflechten sich in der Mitte oberhalb der Kinnmuskeln und schaffen dort eine Vertiefung. Durch Viereck- und Dreieckmuskel zusammen entsteht seitlich des Kinns eine abgeflachte Stelle. Bei der Kontraktion dieser beiden Muskeln werden Unterlippe und Mundwinkel herabgezogen.

Mimische Gesichtsmuskeln des Lächelns und Lachens

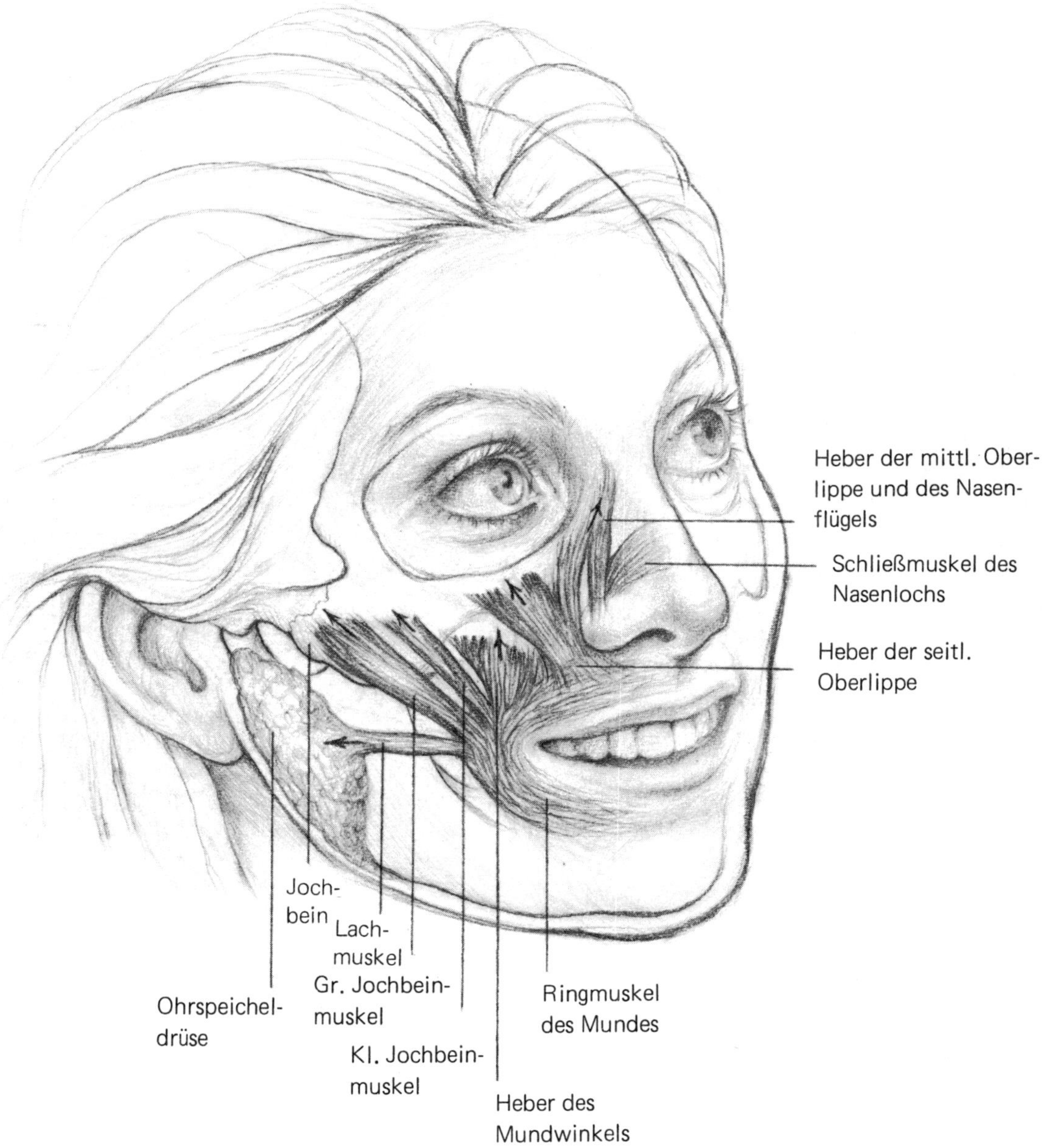

Grundlegendes über den Hals

Zu den Hauptmerkmalen des Halses gehört sein säulenartiger, gut tastbarer vorderer Teil, der aus dem Atemweg und seinen Bestandteilen sowie den zugehörigen Muskeln besteht. Der Atemweg wird von dem hufeisenförmigen Zungenbein (Os hyoideum), dem die Stimmbänder schützenden Schildknorpel (Cartilago thyreoidea), dem Ringknorpel (Cartilago cricoidea) und der Luftröhre (Trachea) mit ihren offenen Knorpelspangen gebildet. Alle diese Teile sind in einer Art Schlauch vereinigt, der durch den steifen, aber biegsamen Knorpel offengehalten wird. Der Schildknorpel ist bei den meisten Männern als sogenannter Adamsapfel gut sichtbar. Er besteht nämlich aus zwei Platten, die vorne unter einem Winkel zusammenstoßen; dieser Winkel ist beim Mann spitzer als bei der Frau. Das Vorderteil des Halses ist diagonal nach unten gerichtet, um es der Luftröhre zu ermöglichen, hinter dem Handgriff des Brustbeins in den Brustkorb einzutreten, wo sie sich in die beiden Hauptbronchien gabelt.

Seitlich am Hals befindet sich vorn eine dreieckige Fläche, die von Blutgefäßen und Nerven durchzogen ist; so von der Kopfschlagader (Arteria carotis), die das Blut zuführt, und der abführenden Halsvene (Vena jugularis). Zeichnerisch gesehen, handelt es sich hierbei um eine leicht zurücktretende Form, zumal das Licht auch noch vom Unterkiefer abgefangen wird, sodaß dieser Teil oft im Schatten liegt.

Eine etwas größere dreieckige Fläche liegt an der rückwärtigen Halsseite. Durch sie hindurch verlaufen diagonale Muskeln, die von der Wirbelsäule und der Schulter kommend vorwärts und aufwärts an die Halswirbel ziehen.

Zwischen beiden Flächen verläuft der starke **Kopfwender** (M. sternocleidomastoideus). Mit zwei sehnigen Köpfen entspringt er vorne am Brustbein-Schlüsselbeingelenk und am Handgriff des Brustbeins sowie am inneren ersten Drittel des Schlüsselbeins und verläuft von dort diagonal aufwärts, um am Warzenfortsatz des Schläfenbeins hinter dem Ohr anzusetzen. Diese für den Künstler wichtige Form zeichnet sich stets am Halse ab.

Der große Muskel oben auf der Schulter ist der Trapez- oder Kappenmuskel, von dem später noch die Rede sein wird.

Die dreiseitige **Nackenbandplatte** (Ligamentum nuchae) durchzieht den Nacken als Verstärkung für die die Wirbel verbindenden Bänder. Als feste dünne Platte aus starken Fasern verläuft sie genau in der Mitte des Nackens und zieht von den Dornen der sieben Halswirbel zur Mitte des Hinterhauptes. Ein freies Ende spannt sich vom Dornfortsatz des siebenten Halswirbels zum Hinterhaupt. Sowohl der Trapezmuskel als auch der Riemenmuskel (M. splenius) entspringen an der Nackenbandplatte. Man sieht oft eine inmitten des Nackens verlaufende vertiefte Rinne, die durch Zug an den Rändern dieser Bandplatte und die sich beiderseits aufwölbenden Muskeln entsteht.

Grundlegendes über den Hals

Der Hals

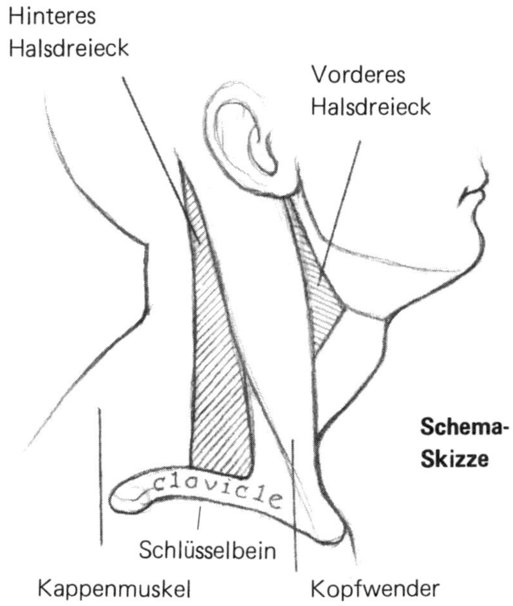

Schema-Skizze

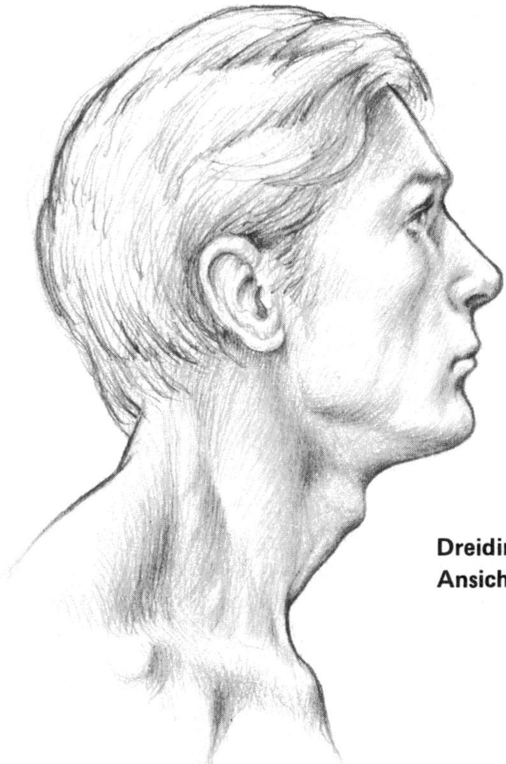

Dreidimensionale Ansicht

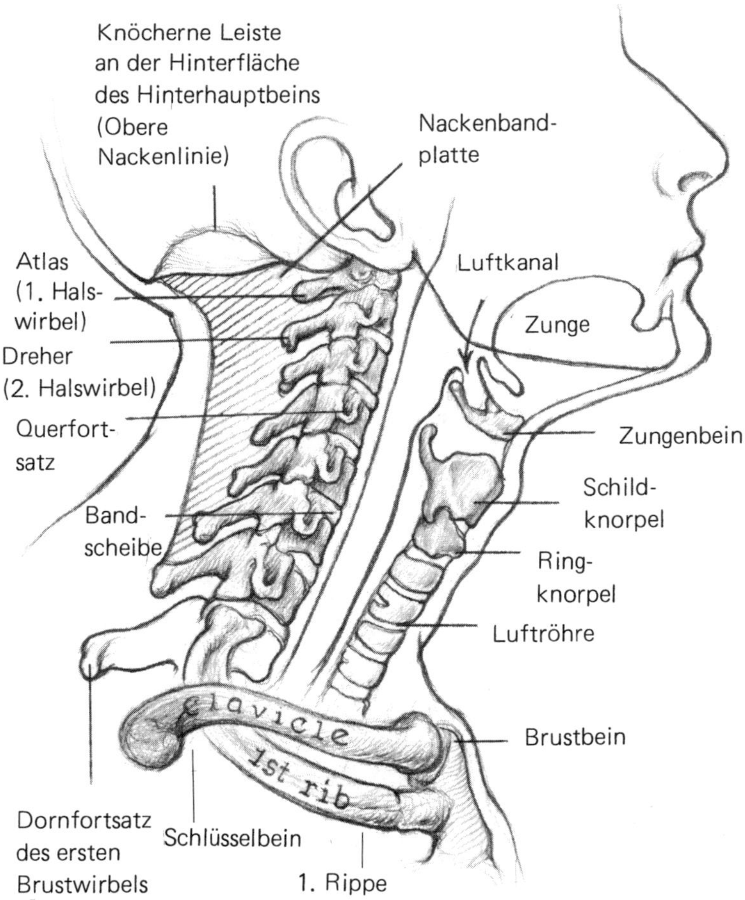

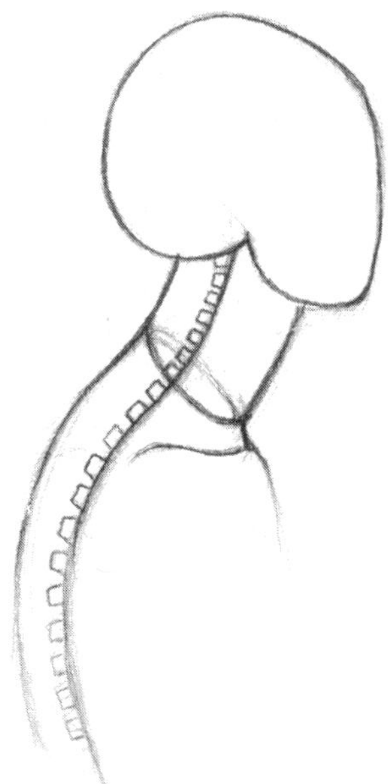

Die Krümmung der Halswirbelsäule bestimmt die Vorwärtsneigung des Halses.

Die Brustmuskeln

Der **große Brustmuskel** (M. pectoralis major) ist ein kräftiger fächerförmiger Muskel der Brustwand. Er hat zwei Teile oder Köpfe, die vom Schlüsselbein und vom Brustkorb ausgehen: Der eine entspringt an der inneren Hälfte des Schlüsselbeins, der andere nahe dem Brustbein-Schlüsselbeingelenk, am Brustbein und den Knorpeln der zweiten bis sechsten Rippe. Bei Vögeln ist dieser Muskel besonders ausgeprägt, wobei das Brustbein zu einem knöchernen Kamm umgestaltet ist, um eine größere Ansatzfläche zu bieten.

Der große Brustmuskel endet außen unterhalb des größeren Höckers am Oberarmknochen. Zieht er sich zusammen, so wird der im Verhältnis zum Brustkorb wesentlich beweglichere Oberarm nach vorne geholt. Die unteren Fasern dieses Muskels drehen sich von der Brust zum Oberarm unter die oberen, sodaß am Oberarm die Muskelbündel am höchsten ansetzen, die den untersten, d.h. den am Brustkorb liegenden Ursprung haben, während die am Schlüsselbein entspringenden Muskelbündel am Oberarm am tiefsten ansetzen. Dieser Bau des großen Brustmuskels erhöht die Beweglichkeit des Oberarms.

Bei entspanntem Arm läßt sich der untere gedrehte Muskelrand umgreifen; er bildet den vorderen "Flügel" der Achselhöhle und ist als Form immer sichtbar. Mitunter sieht man auch die Form des kleinen, am Schlüsselbein befestigten Kopfes, der über den anderen, vom Brustbein kommenden Teil hinwegzieht und tief am Oberarmbein ansetzt. Wenn der Arm nach vorne gezogen wird, insbesondere gegen Widerstand, zeichnen sich oft die beiden Teile als gesonderte Einheiten kräftig ab. Die Hauptbewegung, die der große Brustmuskel ausführt, ist das Heranziehen des Armes zur Mitte des Körpers (Adduktion).

Der **kleine Brustmuskel** (M. pectoralis minor) entspringt an der zweiten bis fünften Rippe und endet in der Nähe der Spitze des Rabenschnabelfortsatzes. Er wird vom großen Brustmuskel überlagert und ist daher an der Oberfläche nicht zu sehen. Für die Bewegung aber ist er wichtig, um das Schulterblatt nach vorne zu ziehen und dadurch die Reichweite des Armes zu vergrößern.

Die Brustmuskeln

Die Muskeln an der Vorderseite des Brustkorbes

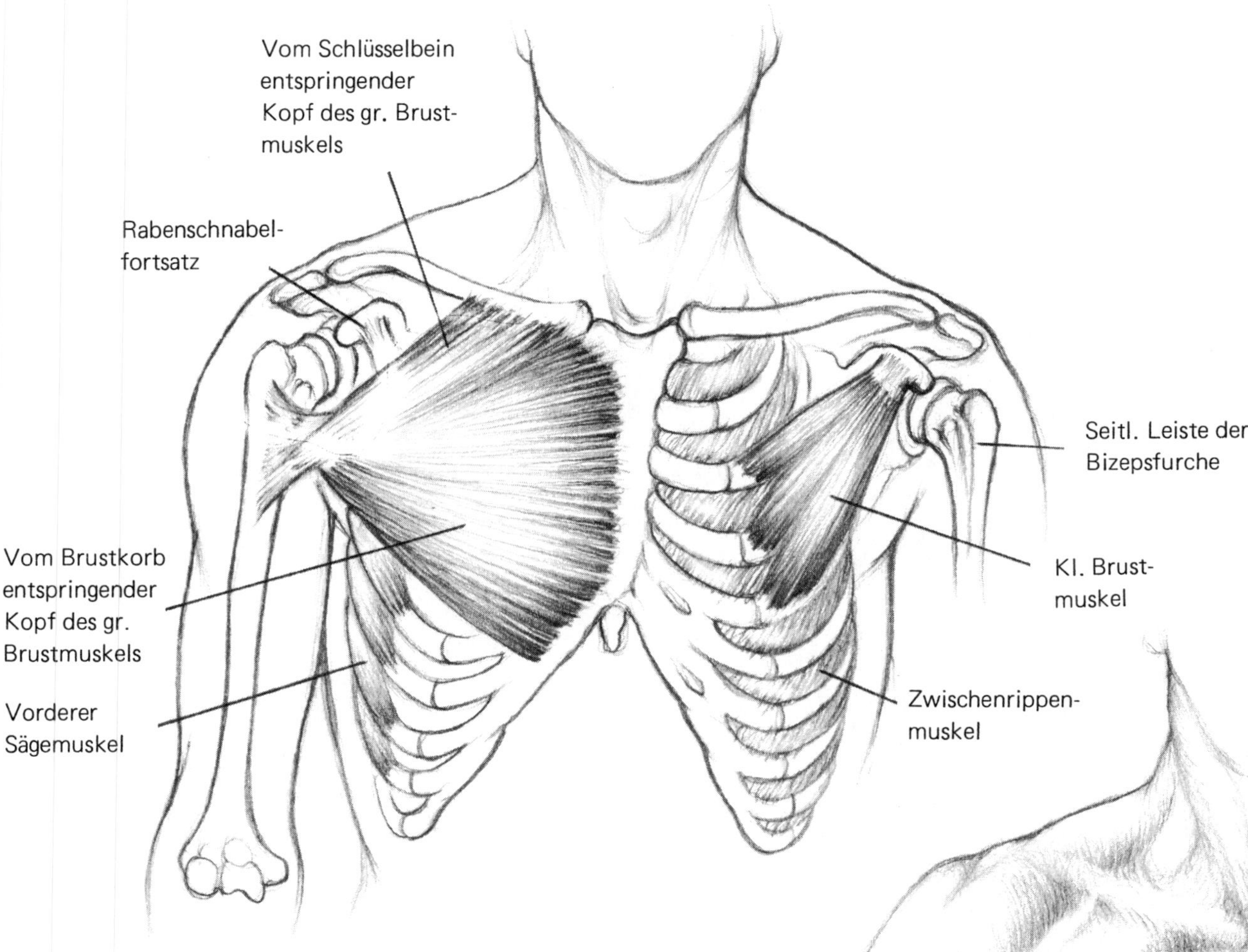

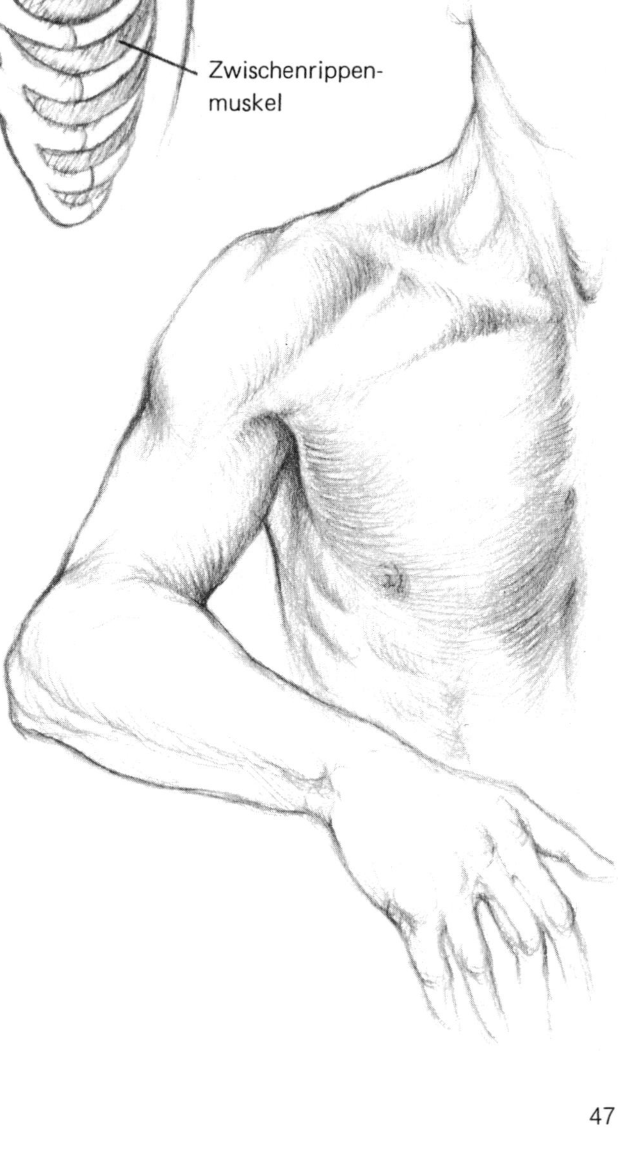

Der große und kleine Brustmuskel

Beide Köpfe des großen Brustmuskels – der vom Schlüsselbein sowie der vom Brustkorb kommende – ziehen den Oberarmknochen zur Mitte des Körpers hin und lassen ihn nach innen rotieren. Man beachte die große Form des unteren gedrehten Muskelrandes beim Übergang von der Brust zum Arm. Wie auf dieser Zeichnung, sind die beiden Muskelköpfe oft gesondert sichtbar.

Die Brustmuskeln

Der große Brustmuskel

Hier ist die Bewegung des Rumpfskeletts mit Orientierungsmerkmalen eingezeichnet: Schlüsselbeine, Rippenbogen und Lage der vorderen oberen Darmbeinstachel. Mit eingeschlossen ist die Bewegung des Schulterblattes und die sich daraus ergebende Form.

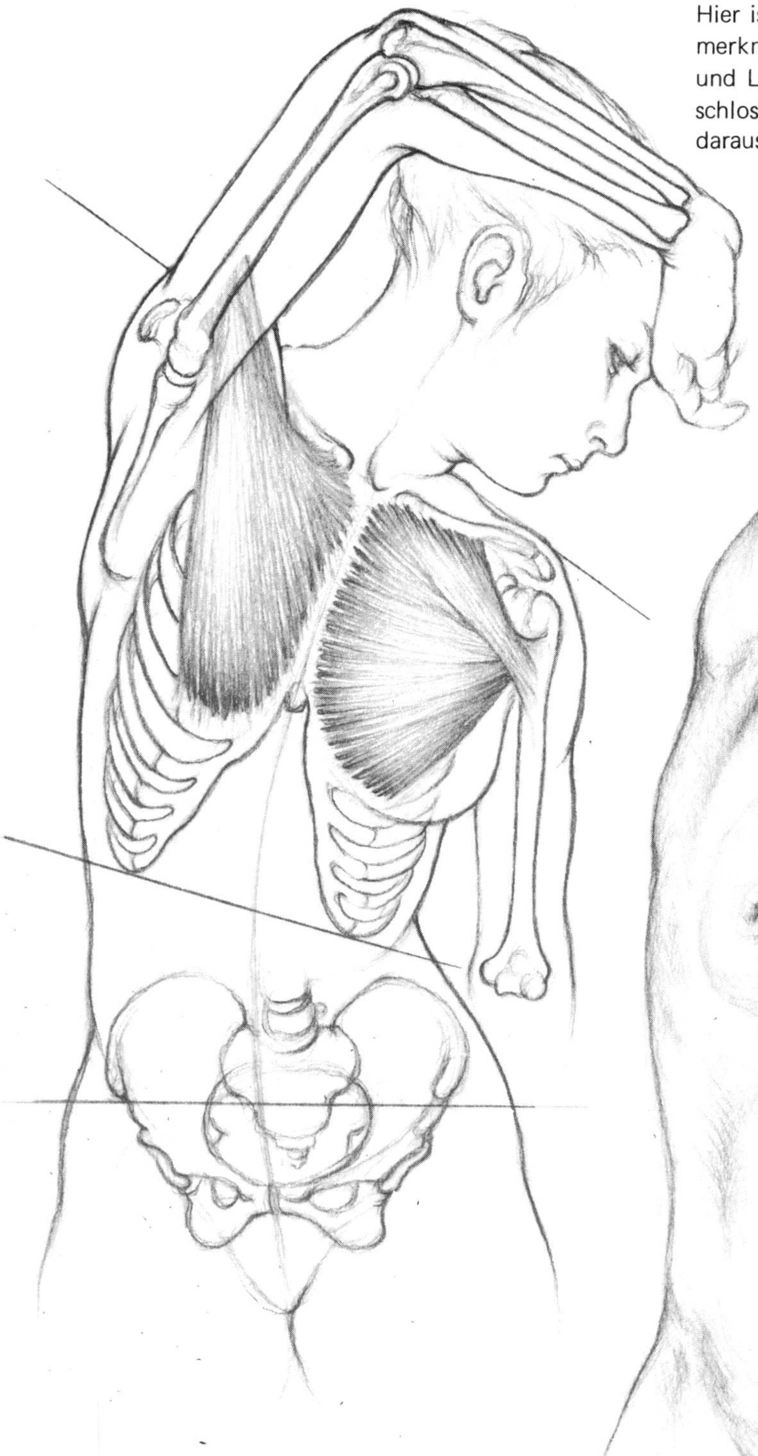

Die Muskelbündel des großen Brustmuskels im "nicht gedrehten" Zustand. Vor der Achselhöhle bilden sie ein hervorstechendes Polster. Der Arm wird durch Schulter- und Halsmuskeln gehoben.

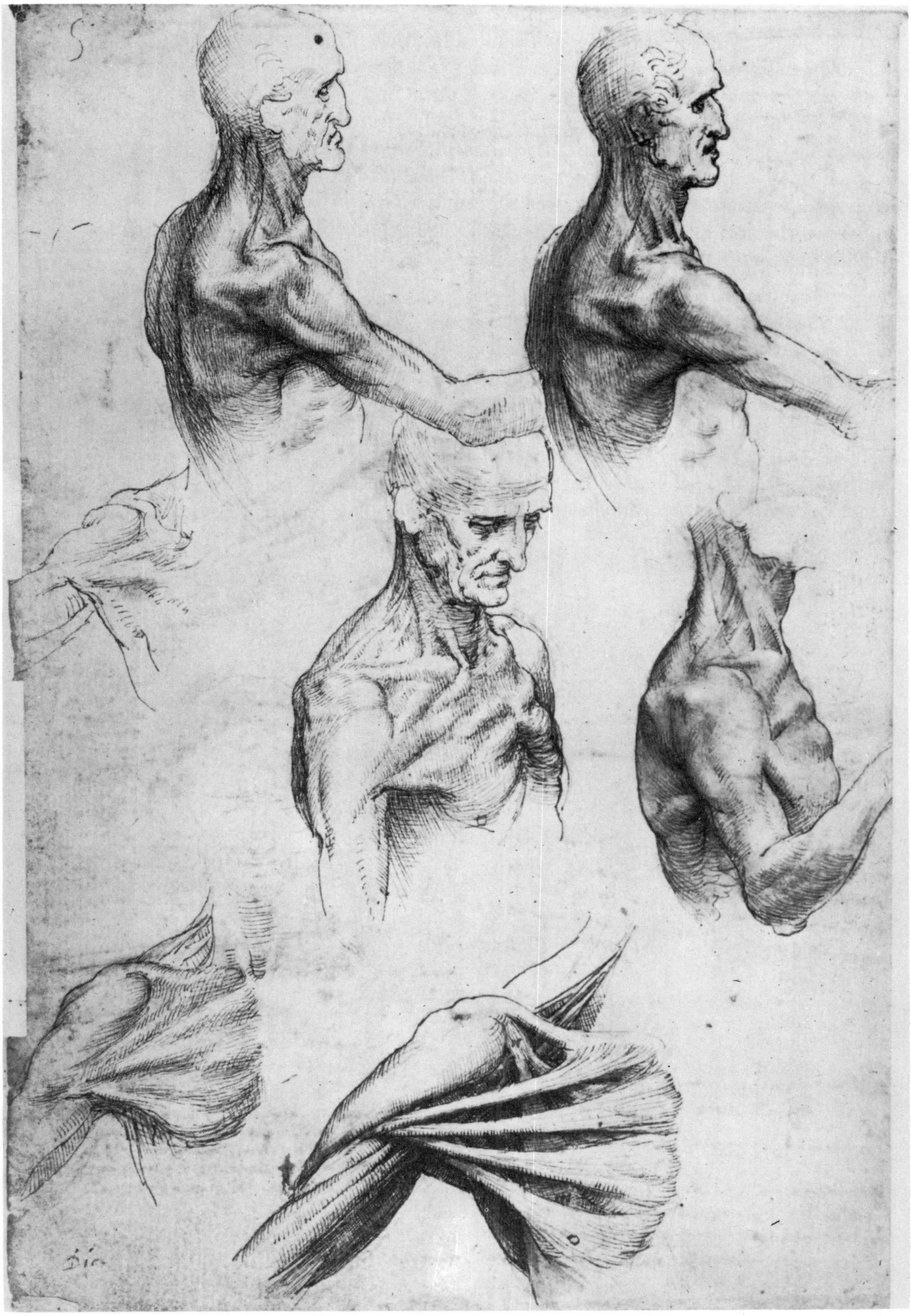

Brustmuskeln von Leonardo da Vinci. **Königliche Bibliothek, Schloß Windsor.** Mit freundlicher Erlaubnis Ihrer Majestät Königin Elisabeth II.

Die Brustmuskeln

Die Muskeln an der Vorderseite des Brustkorbs

Der platte und flächige **vordere Sägemuskel** (M. serratus anterior) liegt zwischen der inneren Schulterblattfläche und dem Brustkorb. Er entspringt mit sägezahnartiger Fiederung an den obersten acht bis neun Rippen und reicht bis an den inneren Knochenrand des Schulterblattes. Die von den fünf unteren Rippen ausgehende Fiederung läuft am unteren Schulterblattende zusammen. Diese Fiederungen interessieren den Künstler, weil sie oft als fingerähnliche, anders als die Rippen verlaufende Gebilde oberflächlich sichtbar sind.

Der vordere Sägemuskel ist verantwortlich für Stoß- und Schlagbewegungen, aber auch für das Heben der Arme über den Kopf. Zieht er sich zusammen, holt er das beweglichere Schulterblatt um den Brustkorb herum etwas nach vorne. Dabei wird das untere Schulterblattende so stark gedreht, daß sich seine Form seitlich am Brustkorb abzeichnet. Die oberen Muskelbündel, zusammen mit dem kleinen Brustmuskel, verlängern die Reichweite der ausgestreckten Hand, da sie den wirbelnahen Rand des Schulterblattes nach vorne ziehen.

Die Muskeln an der Vorderseite des Brustkorbs

Der vordere Sägemuskel

Hauptsächlich dieser Muskel zieht das Schulterblatt nach vorne und ermöglicht daher die Vorwärts- und Aufwärtsbewegung des Armes.

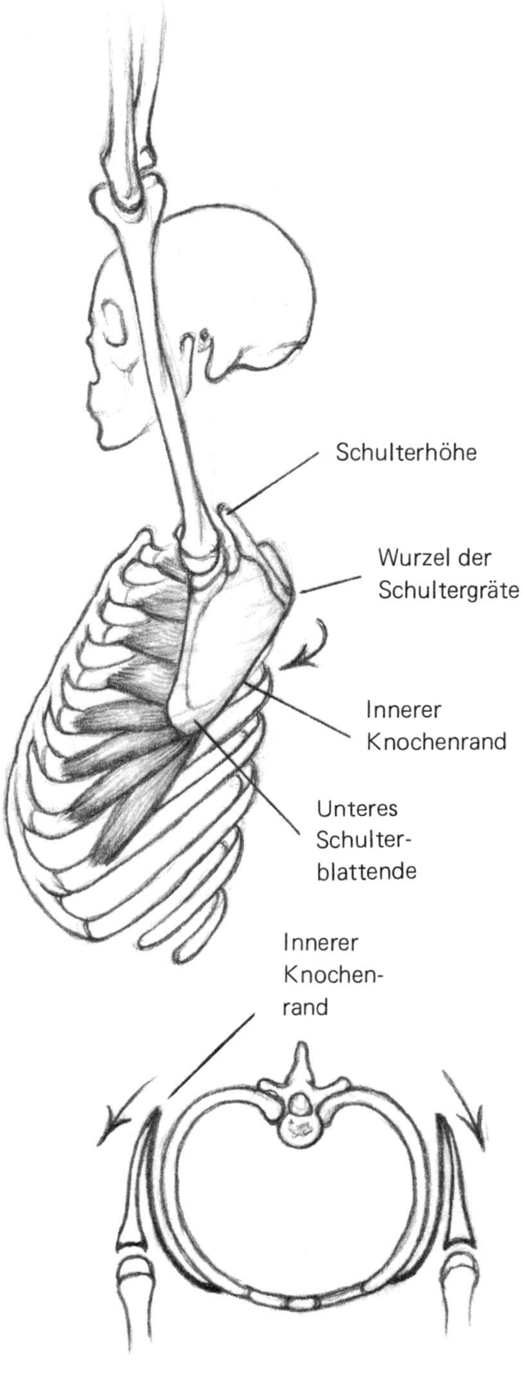

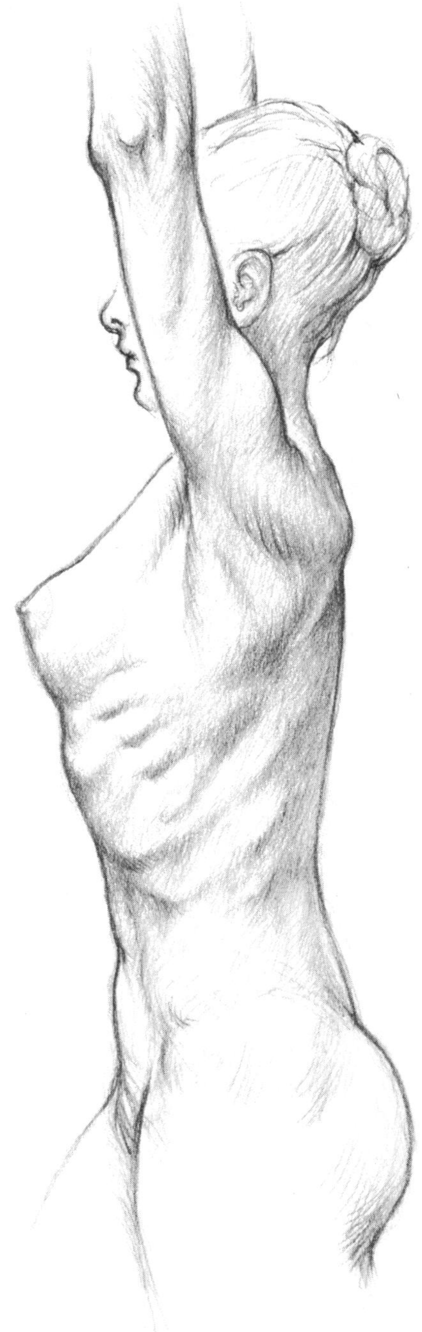

Die Skizze zeigt den vorderen Sägemuskel, der zwischen Rippen und Schulterblatt liegt. Er entspringt an den Rippen und endet am inneren Knochenrand des Schulterblattes.

Die Bauchmuskeln

Die Bauchwand wird außer vom **geraden Bauchmuskel** (M. rectus abdominis) noch von drei weiteren flachen Muskeln gebildet, die in drei Schichten angeordnet sind und deren Muskelbündel in drei verschiedene Richtungen laufen. Dadurch ist eine starke und zugleich geschmeidige Konstruktion sowohl für Bewegungen als auch zur Verbindung des Brustkorbs und Rippenbogens mit dem Becken gegeben. Die Muskeln halten die Eingeweide zurück, drehen den Rumpf und beugen ihn nach vorne und zur Seite. Jeder dieser Muskeln läuft in eine flächige Sehne (Aponeurose) aus, die sich alle an der Vorderwand des Bauchraums verflechten und ineinander übergehen. Danach spalten sie sich wieder und bilden vor und hinter dem geraden Bauchmuskel durchziehend für ihn eine Scheide. Die flache Form der aus Aponeurosen bestehenden Region ist oft beiderseits der Stränge des geraden Bauchmuskels zu sehen.

Der **äußere schräge Bauchmuskel** (M. obliquus externus abdominis) bildet die äußerste Schicht und entspringt an den Außenflächen der 5. bis 12. Rippe. Seine fleischigen Muskelbündel greifen wie Finger in die Zacken des vorderen Sägemuskels und des breiten Rückenmuskels ein. Die tiefsten Muskelbündel des **äußeren schrägen Bauchmuskels** setzen in der Mitte des Darmbeinkamms bis zum vorderen oberen Darmbeinstachel an. Außerdem ist er mit einer breiten Sehne am Leistenband (Ligamentum inguinale), das zwischen dem vorderen unteren Darmbeinstachel und dem Schambeinhöcker ausgespannt ist, befestigt. – Ebenfalls breitsehnig ist er am äußeren Blatt der Scheide für den geraden Bauchmuskel beteiligt. – Das Leistenband verursacht eine lineare Spannung, die für den Künstler wichtig ist. Es wird in Richtung Oberschenkel leicht hinabgezogen, weil die Scheide der Oberschenkelmuskeln hier ansetzt und Zug ausübt.

Große Blutgefäße vom Bauchraum ziehen unter dem Leistenband hindurch in die Beine. Die Aponeurose selbst trägt zur Bildung der Scheidenvorderwand für den geraden Bauchmuskel bei und endet in der Linea alba, d.h. in dem weißen Sehnenstreifen, der durch die Vereinigung der Aponeurosefasern der Bauchmuskeln von rechts und links entsteht.

Der **innere schräge Bauchmuskel** (M. obliquus internus abdominis) hat seinen Ursprung an den vorderen zwei Dritteln des Darmbeinkammes und an mehr als der Hälfte des Leistenbandes. Er setzt an der 10. bis 12. Rippe an, trägt zur Bildung der Scheide für den geraden Bauchmuskel bei und endet ebenfalls in der Linea alba.

Der **quere Bauchmuskel** (M. transversus abdominis) entspringt am Leistenband, am Darmbeinkamm und an einer dünnen Bindegewebshülle (Faszie) im Lendenbereich sowie mit fleischigen Fingern an der Innenfläche der untersten sechs Rippenknorpel. Er umgürtet den ganzen Bauchraum, wobei seine flächige Sehne Teil der Scheide für den geraden Bauchmuskel ist und in der Linea alba endet.

Die Aponeurosen und muskulären Fortsätze dieser drei Muskeln bilden dann die Hüllen des Samenstranges, wenn vor der Geburt der Hoden aus der Bauchwand hervortritt.

Der äußere schräge Bauchmuskel und benachbarte Körperteile

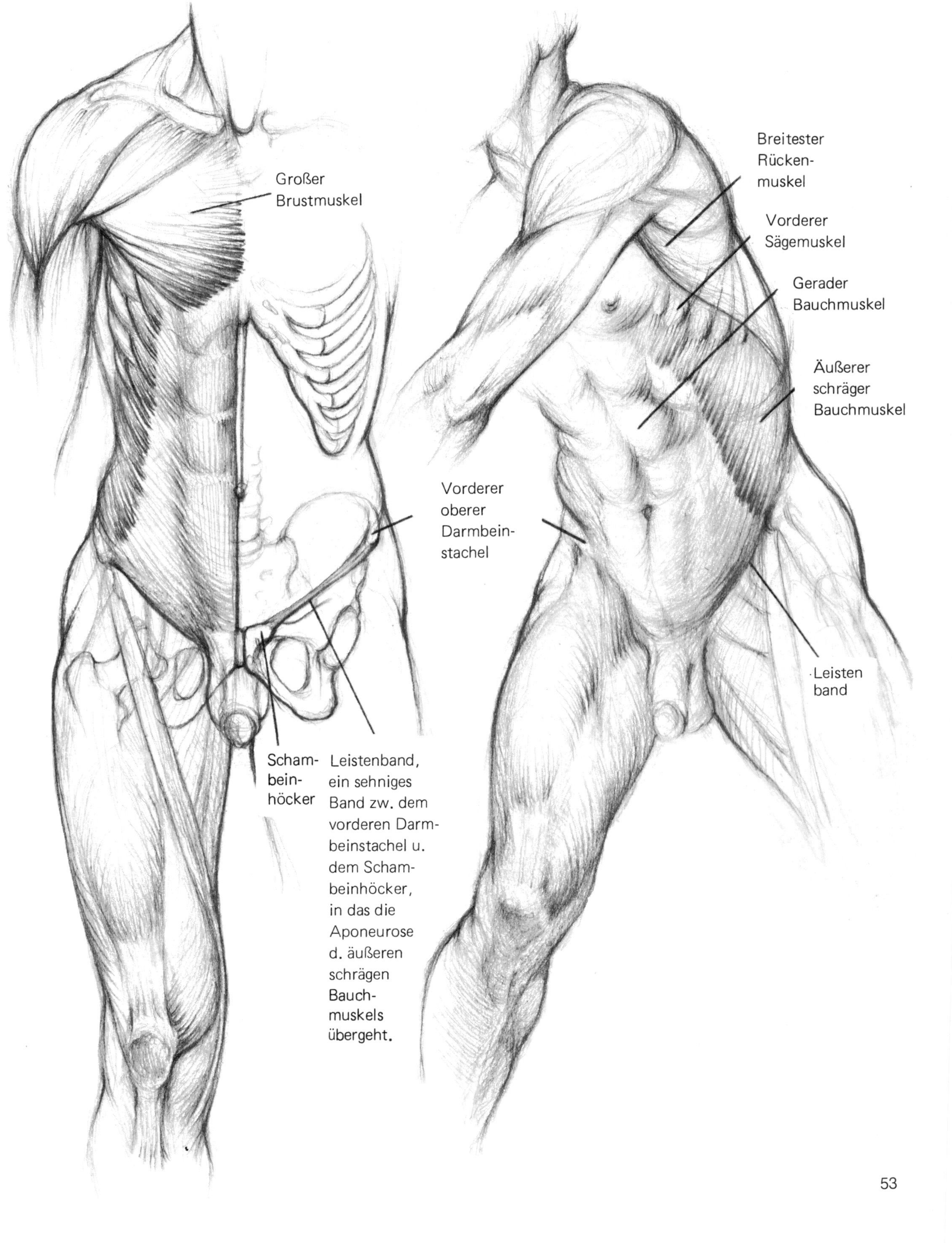

Die Bauchmuskeln

Die Bauchmuskulatur

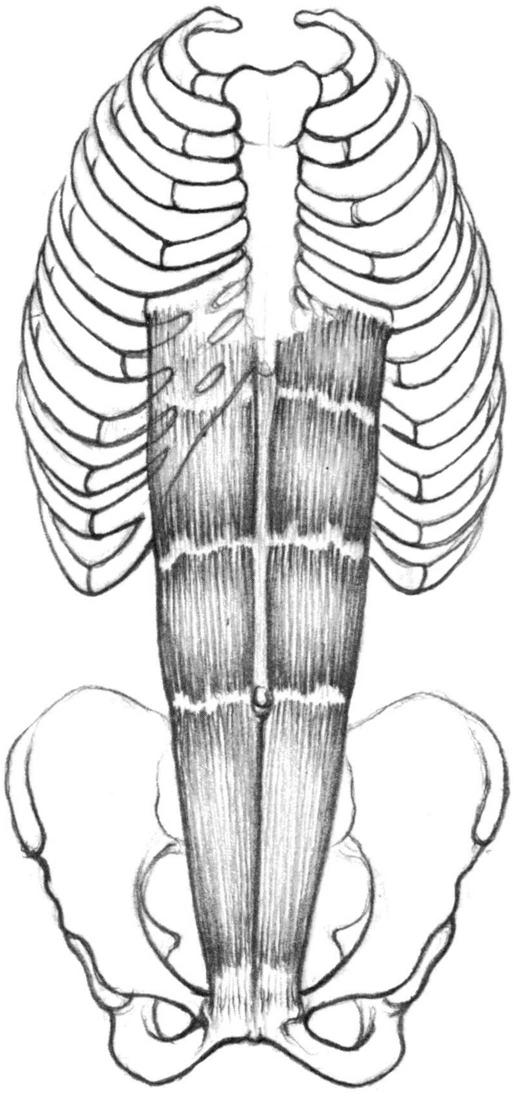

Der gerade Bauchmuskel

Der gerade Bauchmuskel besteht aus zwei Strängen, die am Schwertfortsatz des Brustbeins und an den Knorpeln der 5., 6. und 7. Rippe befestigt sind; unten sind sie an der Vorderseite des Schambeins fixiert. Jeder Strang hat eine Anheftungsstelle von etwa 76 mm am Brustkorb und etwa 25 mm am Schambein. Die Seitenränder des Muskels verlaufen daher diagonal. Es gibt im Verlauf des Muskels Sehneneinlagerungen, die ihn horizontal in Segmente unterteilen. Diese befinden sich in Höhe des Schwertfortsatzes, des Nabels und auf halbem Wege dazwischen. Der ganze Muskel steckt in einer Scheide, die von den Aponeurosen der Bauchmuskeln gebildet wird. Oberhalb des Nabels rücken die Stränge auseinander und die Muskelscheide tritt in der vertieften Linea alba (dem weißen Sehnenstreifen) in Erscheinung. Unterhalb des Nabels liegen die Muskelstränge nahe beieinander, aber eine Vertiefung zwischen ihnen ist doch oft sichtbar.

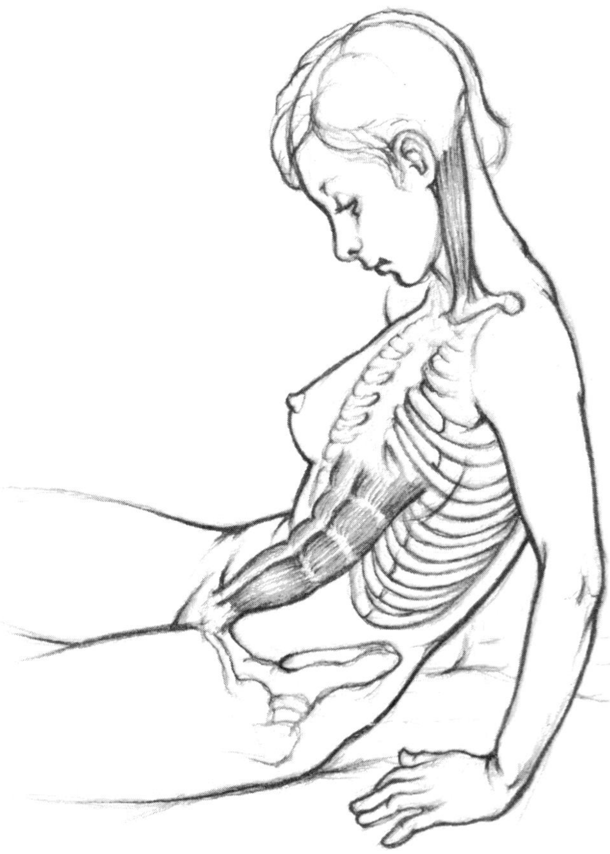

Zieht sich der gerade Bauchmuskel zusammen, nähert sich die Vorderseite des Brustkorbs der des Beckens. Der Muskel wird beim Aufrichten des Körpers aus liegender Stellung benutzt.

Die Bauchmuskeln

Die Bauchmuskulatur

Der gerade Bauchmuskel mit seinen Anheftungsstellen am Brustkorb und am Schambein. Hier sind die Linea alba, die die beiden Muskelstränge trennt, die seitliche Begrenzung der Stränge sowie die Form der Muskelsegmente dargestellt.

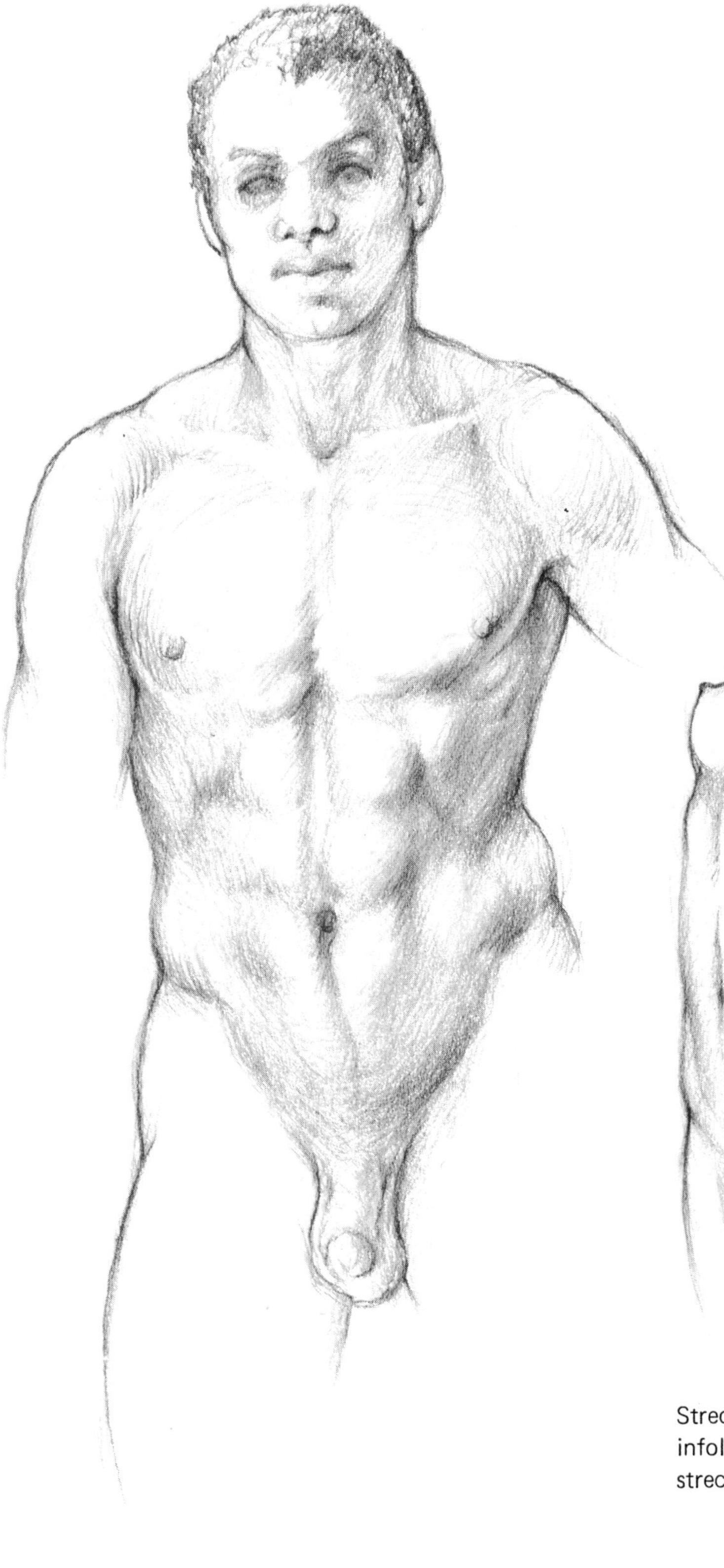

Streckung des geraden Bauchmuskels infolge Anspannung der langen Rückenstrecker.

Die Bauchmuskeln

Die Bauchmuskulatur

Wenn der gerade Bauchmuskel sich verkürzt, verursacht er die Beugung des Rumpfes und kann auch Druck auf die Eingeweide ausüben.

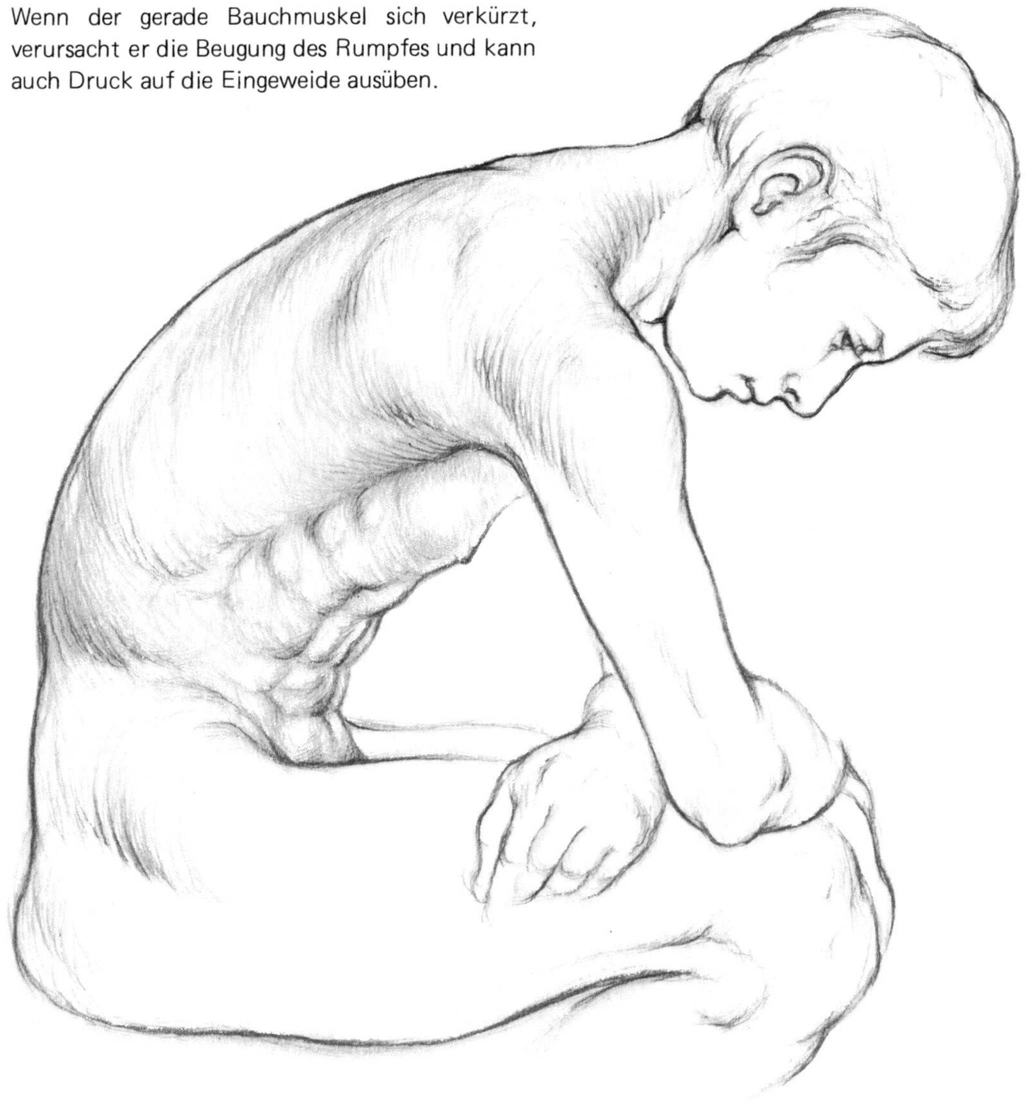

Skizze der Krümmung der Wirbelsäule bei der Beugung durch Zusammenziehung des geraden Bauchmuskels.

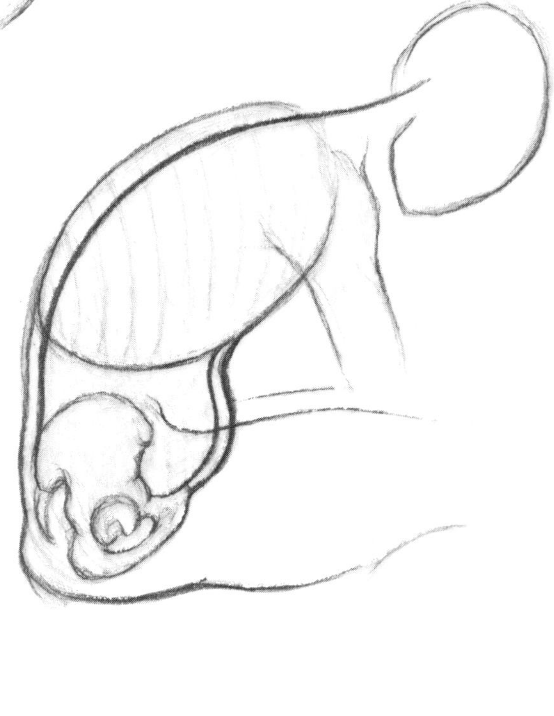

Ist der Muskel entspannt, üben die Eingeweide dank der Schwerkraft einen Druck gegen ihn aus und es entsteht ein "dicker Bauch".

Die Bauchmuskulatur

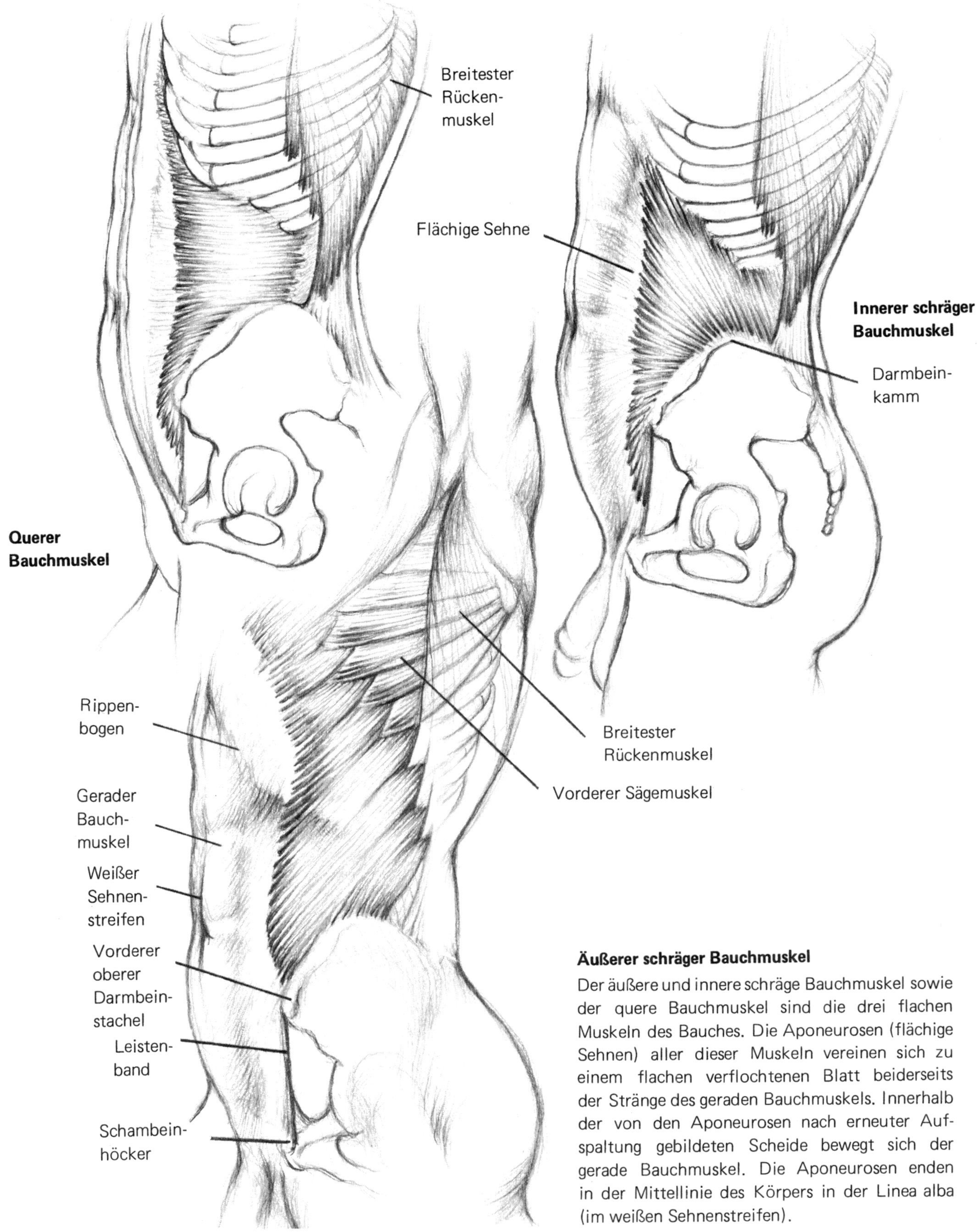

Äußerer schräger Bauchmuskel

Der äußere und innere schräge Bauchmuskel sowie der quere Bauchmuskel sind die drei flachen Muskeln des Bauches. Die Aponeurosen (flächige Sehnen) aller dieser Muskeln vereinen sich zu einem flachen verflochtenen Blatt beiderseits der Stränge des geraden Bauchmuskels. Innerhalb der von den Aponeurosen nach erneuter Aufspaltung gebildeten Scheide bewegt sich der gerade Bauchmuskel. Die Aponeurosen enden in der Mittellinie des Körpers in der Linea alba (im weißen Sehnenstreifen).

Die Rückenmuskeln

Die Rückenmuskulatur

Die beiden **großen Rückenstrecker** (M. sacrospinalis) erstrecken sich vom Kreuzbein bis zum Kopf. Sie sind als lange runde Stränge beiderseits der Mittellinie des Rückens gut sichtbar, insbesondere im Lendenwirbelbereich.

Der große Rückenstrecker entspringt an der Rückseite des Kreuzbeins, vom Darmbeinkamm und von den Dornfortsätzen der Lendenwirbel. Ferner von fast allen Rippen und den Querfortsätzen bestimmter Wirbel. Am Rücken ist die untere Befestigung als glatte, leicht gekrümmte Fläche zwischen den hinteren Darmbeinstacheln (Grübchen) sichtbar.

Jeder der beiden großen Rückenstrecker teilt sich unterhalb der 12. Rippe in drei Einzelzüge: den **Darmbein-Rippenmuskel** (M. iliocostalis), den **langen Rückenmuskel** (M. longissimus dorsi) und den **Dornmuskel** (M. spinalis).

Der **Darmbein-Rippenmuskel** setzt an den Rippen und mit seinem Halsabschnitt an den Querfortsätzen des 4. bis 6. Halswirbels an. Dies ergibt eine lange direkte Verbindung zwischen Nacken und Kreuzbein sowie Becken.

Der **lange Rückenmuskel** setzt an den oberen Lendenwirbeln, den Querfortsätzen der Brustwirbel sowie an allen Rippen an. Ein Teil dieses Muskels setzt sich in die Halsregion fort und ist dort an den Querfortsätzen des 2. bis 6. Halswirbels befestigt, während ein weiterer Strang zum hinteren Rand des Warzenfortsatzes verläuft. So verbindet der **lange Rückenmuskel** Schädel, Wirbelsäule, Rippen, Kreuzbein und Becken miteinander.

Der **Dornmuskel** ist ein kleinerer Faserzug, der an den Dornfortsätzen des 3. bis 9. Brustwirbels und des 2. bis 4. Halswirbels ansetzt.

Verkürzen sich beide großen Rückenstrecker, dehnen sie die Wirbelsäule, d.h. sie biegen sie nach hinten. Zieht sich nur einer zusammen, erfolgt eine seitliche Rumpfneigung. Diese beiden Stränge treten besonders im Lendenbereich in Erscheinung, wo die Wirbelsäule vorwärts gekrümmt und versteckter unter der Haut liegt, sodaß eine tiefe Furche in der Mittellinie des Körpers entsteht.

Der **viereckige Lendenmuskel** (M. quadratus lumborum) ist ein kurzer dicker Muskel, der am hinteren Teil des Darmbeinkammes entspringt und an die Querfortsätze der Lendenwirbel und den unteren Rand der 12. Rippe geht. Sein Ursprung ist breiter als sein Ansatz an der Rippe, sodaß die Seitenkante des Muskels schräg nach oben verläuft, was mitunter sichtbar ist. Da der Muskel unter dem großen Rückenstrecker verläuft, verstärkt er den Muskelstrang in der Lendengegend und hilft ebenfalls bei der seitlichen Rumpfneigung mit.

Die Rückenmuskulatur

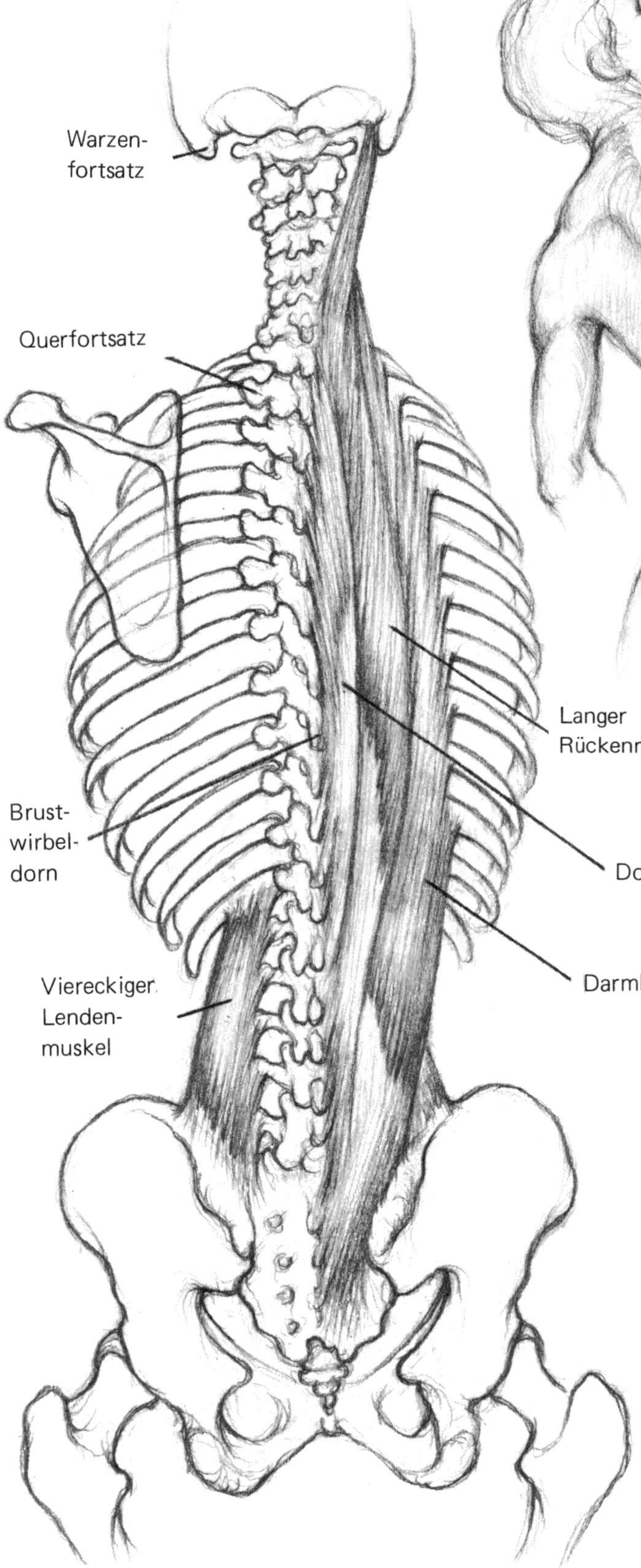

Linker großer Rückenstrecker beim Zusammenziehen

Beide großen Rückenstrecker beim Zusammenziehen

Der große Rückenstrecker teilt sich in der Lendengegend in drei Züge: den langen Rückenmuskel, den Dornmuskel und den Darmbein-Rippenmuskel mit seinem in den Halsbereich ziehenden Teil.

Die Rückenmuskeln

Die Rückenmuskulatur

Der **Riemenmuskel** (M. splenius) legt sich wie ein Band um den seitlichen Hals. Er entspringt am Nackenband (Lig. nuchae) und an den Dornfortsätzen der ersten 6 Brustwirbel. Aufsteigend setzt er teils an den Querfortsätzen der ersten vier Halswirbel, teils am hinteren Rand des Warzenfortsatzes an. Bei seiner Verkürzung wird der Kopf zur Seite gezogen und das Gesicht seitwärts gedreht.

Der **Schulterblattheber** (M. levator scapulae) geht von den Querfortsätzen des 1. bis 4. Halswirbels aus und setzt am oberen Teil des inneren Knochenrandes des Schulterblattes an. Der Muskel hilft, das Schulterblatt zu stabilisieren und bei Armbewegungen zu kontrollieren. Zusammen mit dem Trapezmuskel zieht er das obere Ende des Schulterblattes kopfwärts und zur Mittellinie des Körpers.

Der **kleine Rautenmuskel** (M. rhomboideus minor) hat seinen Ursprung am unteren Teil des Nackenbandes und an den Dornfortsätzen der beiden unteren Halswirbel und endet am inneren Knochenrand des Schulterblattes an der Wurzel der Schultergräte.

Der **große Rautenmuskel** (M. rhomboideus major) geht von den Dornen des 2. bis 5. Brustwirbels aus und zieht zum inneren Rand des Schulterblattes, wo er zwischen der Wurzel der Schultergräte und dem unteren Schulterblattende ansetzt. Die Rautenmuskeln stabilisieren das Schulterblatt bei seiner Rotation, ziehen es zurück und aufwärts, wie die Richtung der Muskelbündel zeigt. Bei Leuten mit gut entwickelter Muskulatur sieht man diese beiden Muskelkörper und ihre Aufwärtsbewegung als Schwellung unter dem darüberliegenden Kappenmuskel. Mit ihm zusammen verursachen sie die Aufwölbung zwischen dem Rand des Schulterblattes und der Wirbelsäule, wenn das Schulterblatt zurückgezogen wird.

Der **hintere obere Sägemuskel** (M. serratus posterior superior) entspringt an den Dornen der unteren Hals- und der oberen Brustwirbel und verläuft zur 2. bis 5. Rippe.

Der **hintere untere Sägemuskel** (M. serratus posterior inferior) zieht von den Dornen der unteren Brust- und oberen Lendenwirbel zur 9. bis 12. Rippe. Der obere Sägemuskel unterstützt die Einatmung, während der untere beim Ausatmen hilft.

Die Rückenmuskulatur

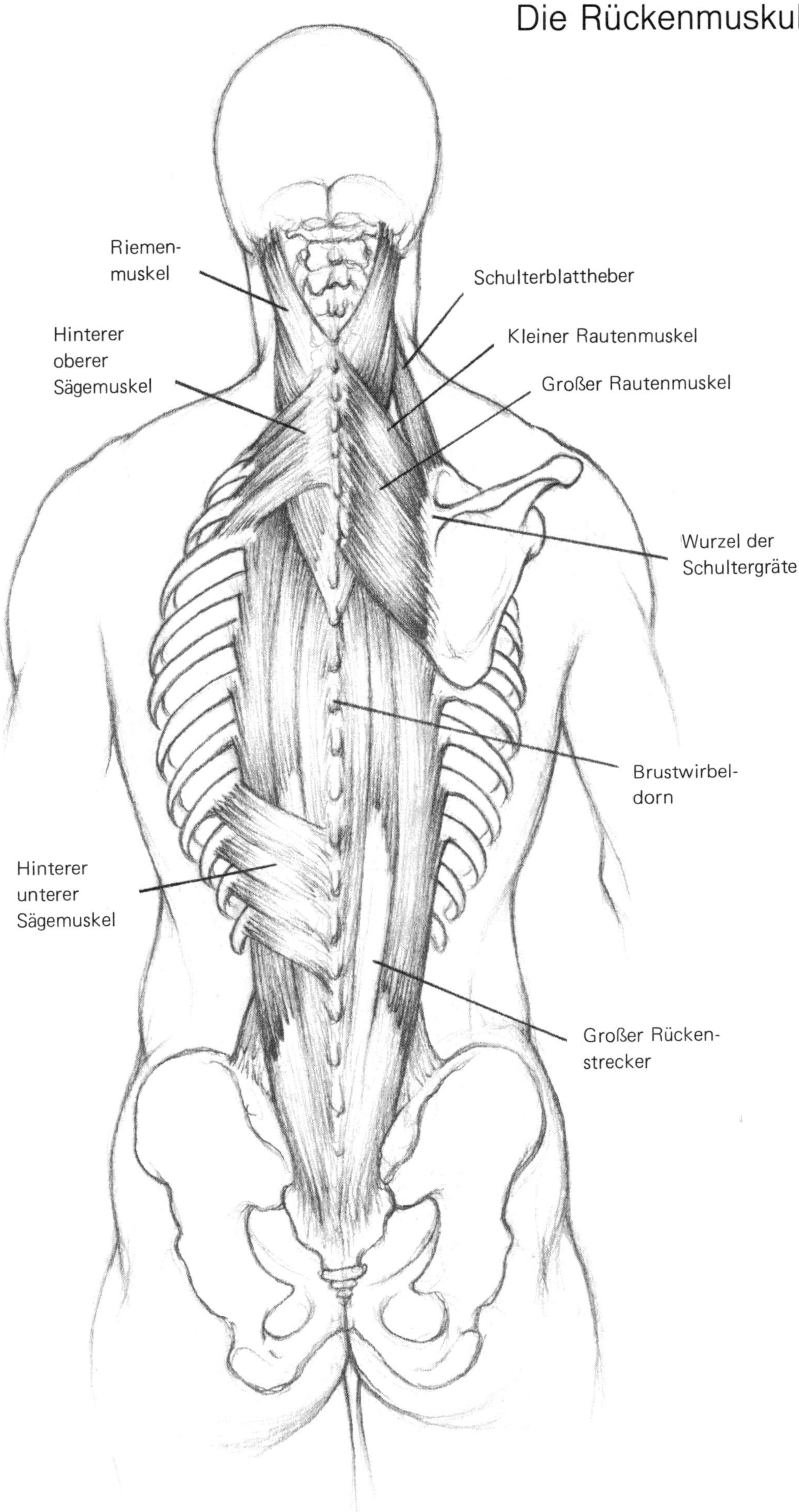

Die Rückenmuskeln

Die Rückenmuskulatur

Der **Kappenmuskel** (M. trapezius) überdeckt als dreieckiger flächiger Muskel die Schulter, den Nacken und den medialen Teil des Brustkorbs. Er entspringt oberhalb der Nackenlinie, einer knöchernen Leiste am Hinterhauptbein, am Nackenband und an den Dornfortsätzen der zwölf Brustwirbel. Seine Muskelbündel verlaufen in drei Richtungen: Die oberen ziehen abwärts und seitwärts und setzen am flachen äußeren Drittel des Schlüsselbeins und an der Schulterhöhe an. Die mittleren gehen fast horizontal an den oberen Rand der Schultergräte. Somit ist die Schulter von oben durch den Kappenmuskel abgedeckt. Die unteren Muskelbündel ziehen aufwärts und heften sich mit einer flächigen Sehne an den unteren Schultergrätenrand und seinen Vorsprung an. Der Kappenmuskel hält den Schultergürtel in Schwebe und stabilisiert ihn beim Tragen von schweren Gegenständen. Bei teilweiser Drehung des Schulterblattes nach vorne ziehen die oberen Muskelbündel die Schulterhöhe und das Schlüsselbein nach oben, während die unteren an der Schultergräte nach unten ziehen. Bei voller Drehung sind die unteren Muskelbündel gestreckt, während die oberen völlig verkürzt sind. Die beiden Teile sind also Gegenspieler.

Der **breiteste Rückenmuskel** (M. latissimus dorsi) entspringt mit einer breiten Aponeurose, die sich vom 7. bis 12. Brustwirbel (unter dem Kappenmuskel hindurch), den Dornen der Lenden- und Kreuzbeinwirbel zum rückwärtigen Abschnitt des Darmbeinkammes erstreckt; fleischige Zacken entspringen außerdem an der 10. bis 12. Rippe. Diese ausgedehnte Fläche von Muskelbündeln konvergiert nach schräg aufwärts, um mit einer halben Drehung an der Vorderseite des Oberarms, an der inneren Leiste unterhalb des kleinen Höckers anzusetzen. Wie beim großen Brustmuskel, liegen auch beim breitesten Rückenmuskel die am tiefsten entspringenden Muskelbündel beim Ansatz am höchsten. Der breiteste Rückenmuskel bildet die Hauptmasse der Muskeln der hinteren Achselfalte. Seine dicke gerollte Kante ist immer dort sichtbar, wo der Muskel vom Rumpf zum Arm übergeht. Der breiteste Rückenmuskel wird bei allen Bewegungen gebraucht, bei denen der Arm zurückgezogen wird. Er läßt den Oberarm nach innen rotieren und zieht ihn an den Körper heran. Hängt man an den Armen, dann ist er der Hauptmuskel zum Hochziehen des Rumpfes. Das untere Schulterblattende befindet sich unter dem breitesten Rückenmuskel und wird durch ihn an den Brustkorb gepreßt. Sein Muskelrand ist oft in dieser Region des Schulterblattes gut zu erkennen.

Die Rückenmuskulatur

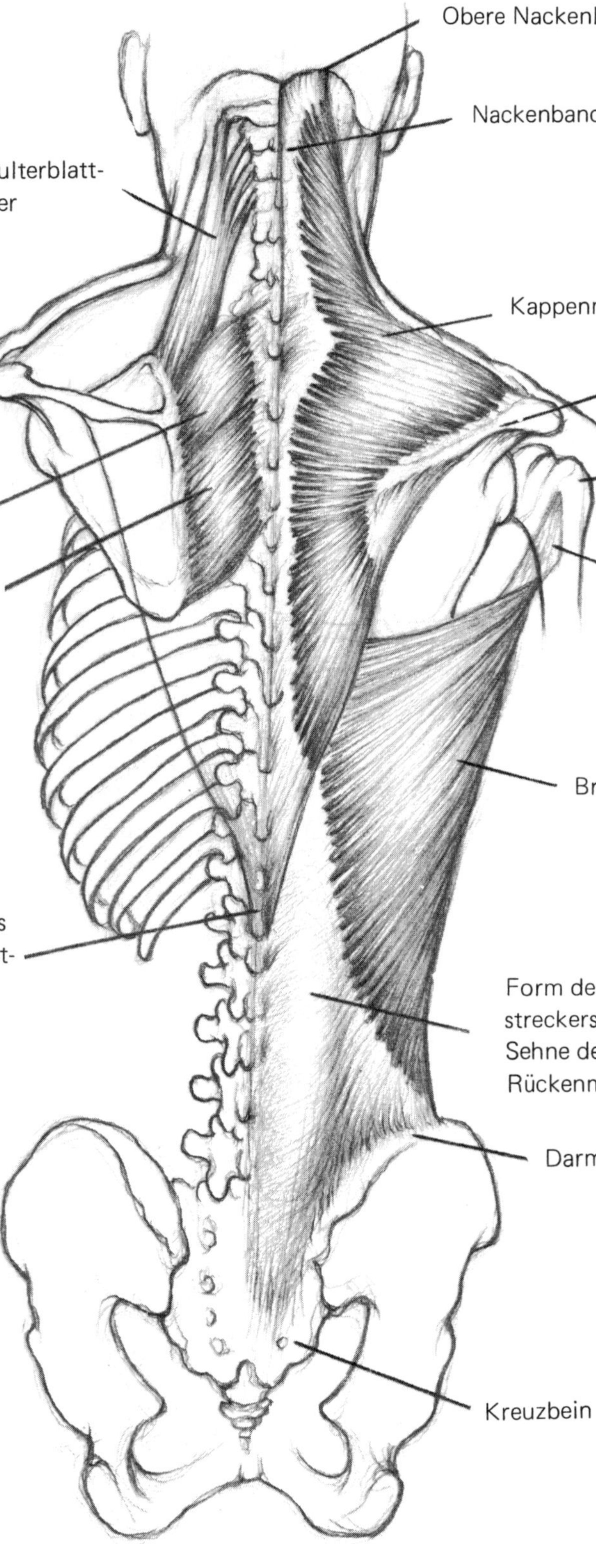

Dargestellt ist die linke Schulter mit den beiden, durch Kontraktion kürzeren und dickeren Rautenmuskeln im Zusammenwirken mit den mittleren Muskelbündeln des sie überlagernden Kappenmuskels beim Zurückziehen des Schulterblattes (zur Mittellinie des Körpers). Die oberen Muskelbündel des Kappenmuskels, die sich auf der Schulter durch die Kontraktion aufwölben, und der Schulterblattheber verkürzen die Entfernung zwischen ihren Befestigungen am Schädel und an den Halswirbeln einerseits und ihren Ansätzen am Schulterblatt andererseits. Dadurch wird das Schulterblatt hochgezogen.

Die Rückenmuskeln

Die Rumpfmuskeln

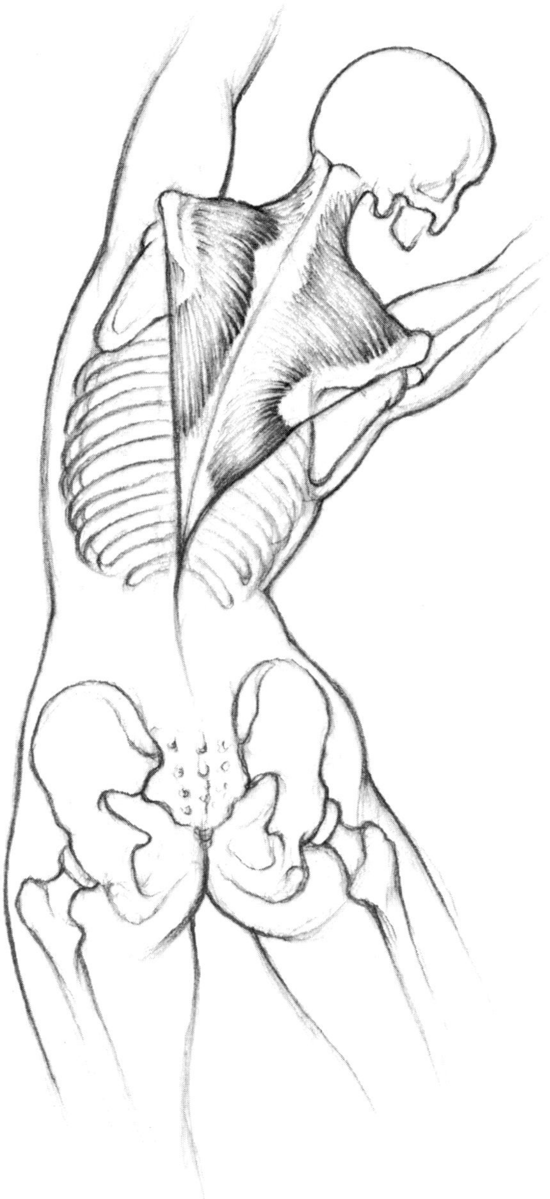

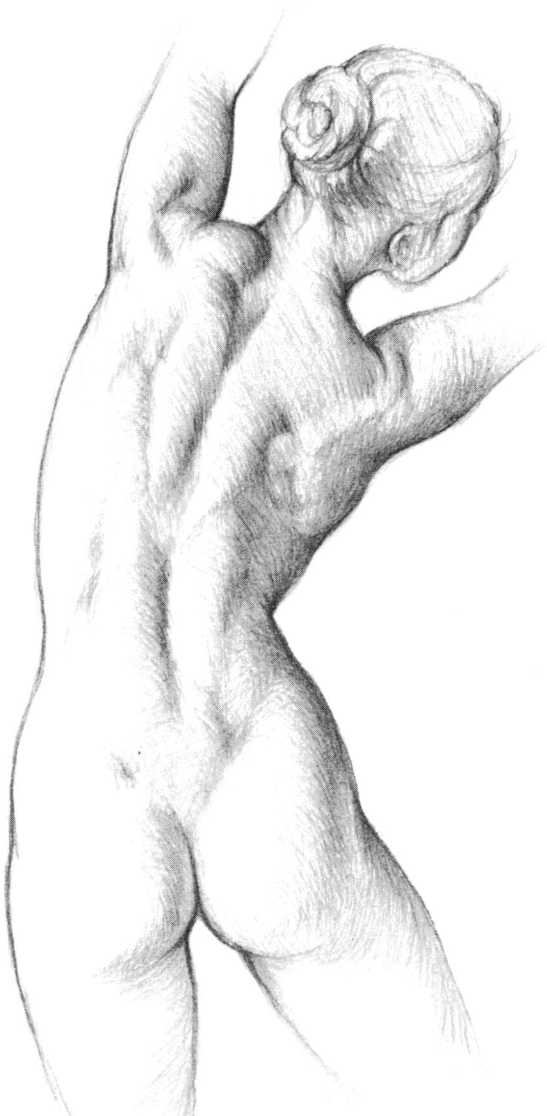

Die unteren und oberen Muskelbündel des Kappenmuskels in Aktion beim Anheben der Schulterhöhe und Drehen des Schulterblattes. Die Auswirkung der sich zusammenziehenden Teile auf die Oberflächenform zeigt die Figur rechts. Man beachte, daß die Aponeurosen (flächige Sehnen), mit denen die Muskeln an den Knochen befestigt sind, im Vergleich zu den sich verkürzenden Muskelpartien als platte Flächen erscheinen. Auch in der Schultergegend ist die Schulterhöhe bei erhobenen Armen eine ausgesprochen flache Form direkt unter der Haut, neben der sich die fleischigen Teile der sich verkürzenden Muskeln aufwölben.

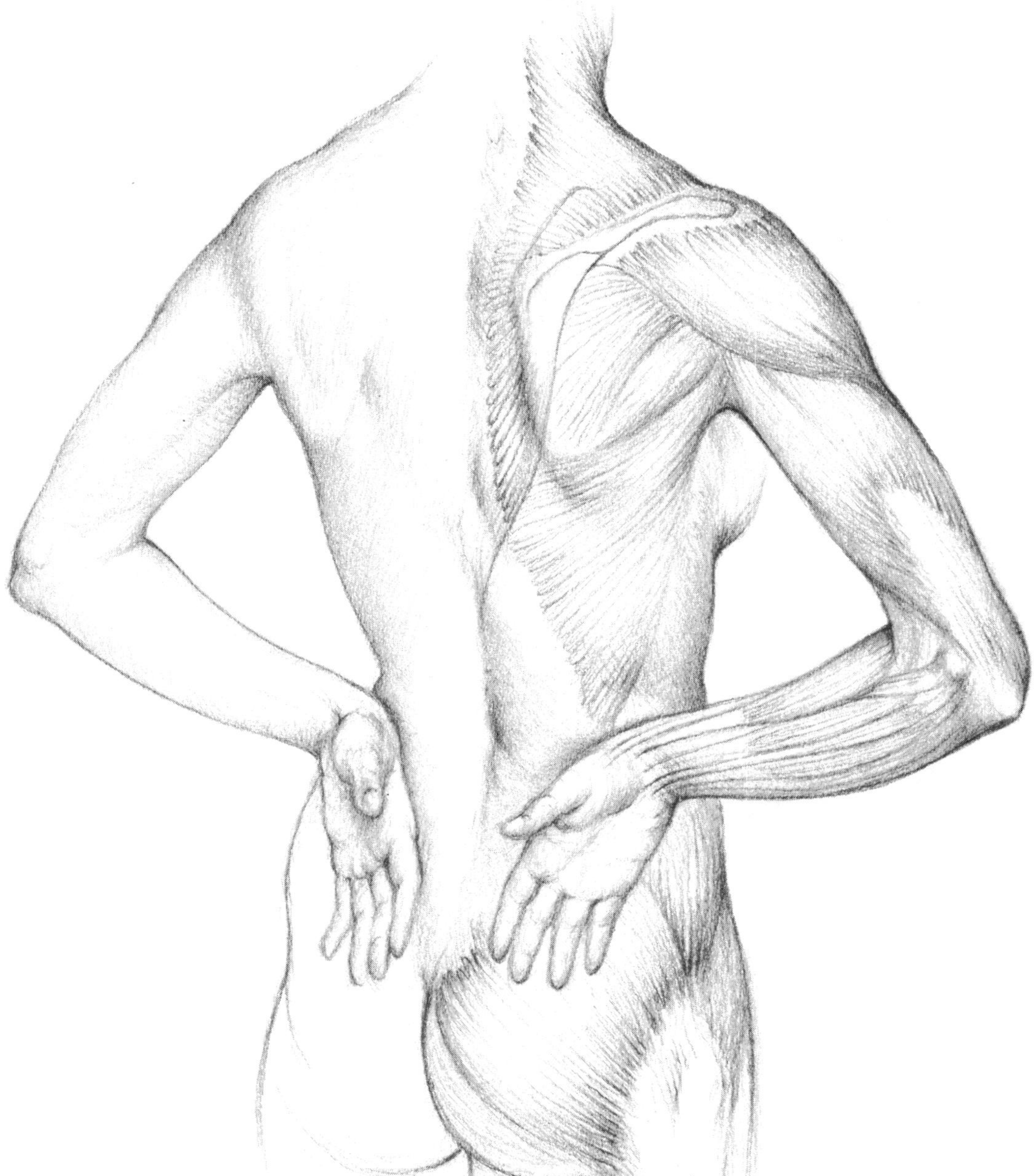

Die Rückenmuskeln

Die Schulter

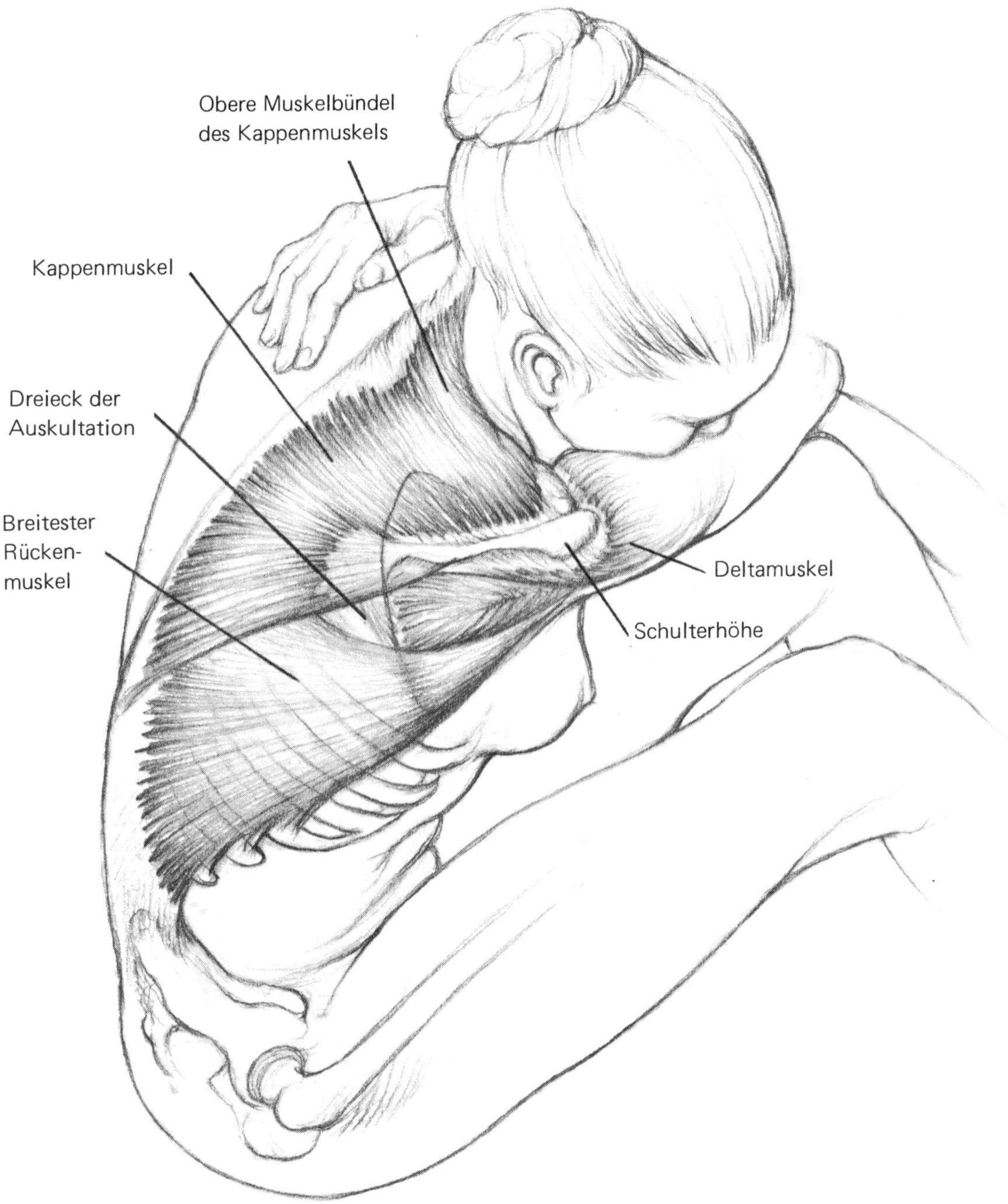

Gegenseitiges Verhältnis von Kappenmuskel, breitestem Rückenmuskel und Schulterblatt.

Die Rückenmuskeln

Die Schulter

Die oberen Muskelbündel des Kappenmuskels ziehen sich zusammen und wölben sich auf der Schulter, wenn sie das Schulterblatt zum Kopf hin ziehen. Das Schulterblatt muß sich drehen, wenn es nach vorne gezogen wird. Sein unteres Ende liegt unter dem breitesten Rükkenmuskel und ruft eine Rundung hervor. Die mittleren und unteren Muskelbündel des Kappen- und des breitesten Rückenmuskels werden über die große gerundete Form des Brustkorbs gestreckt. Die untere Kante des Kappenmuskels, die Oberkante des breitesten Rückenmuskels und der innere Knochenrand des Schulterblattes schaffen ein Dreieck, das sogenannte Auskultationsdreieck, an dem sich alle Schallzeichen im Körper abzeichnen.

Die Rückenmuskeln

Der Rumpf

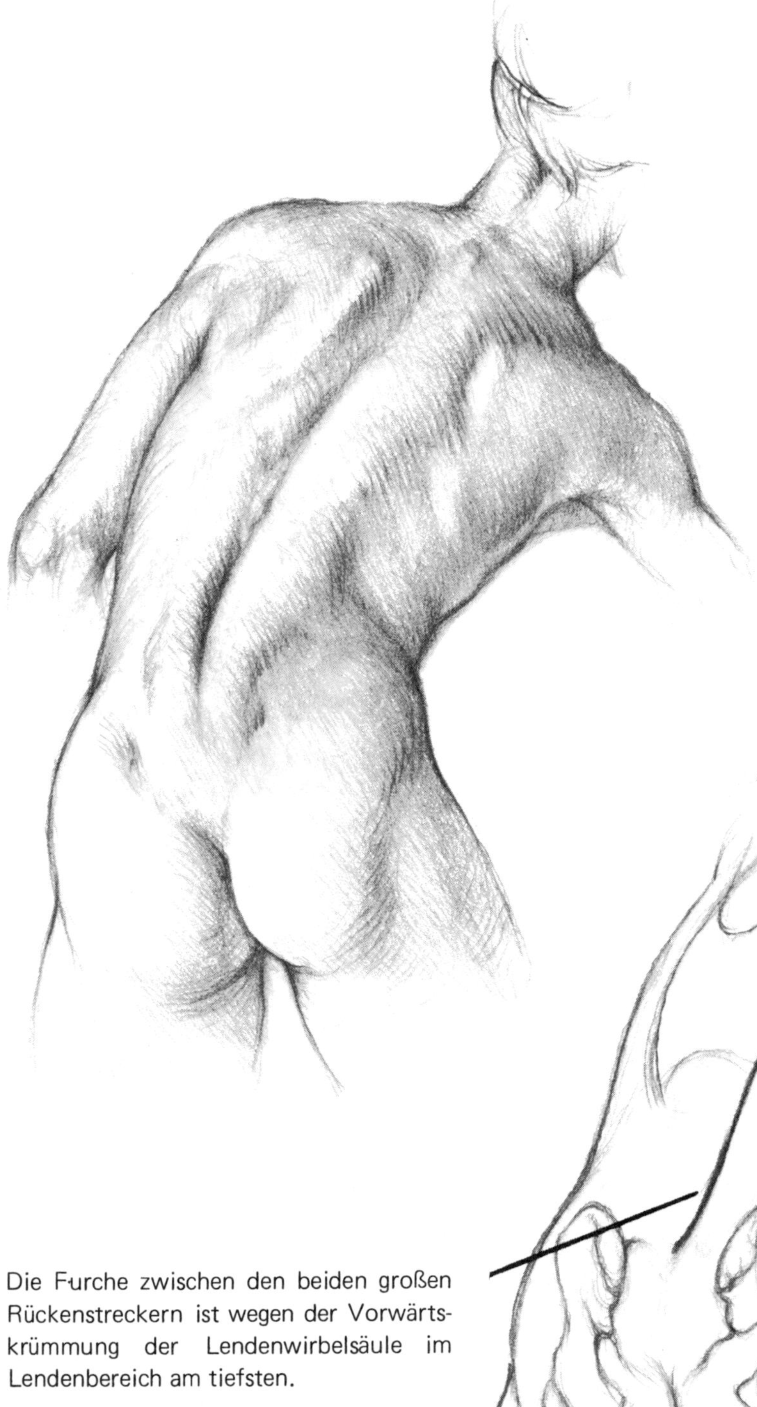

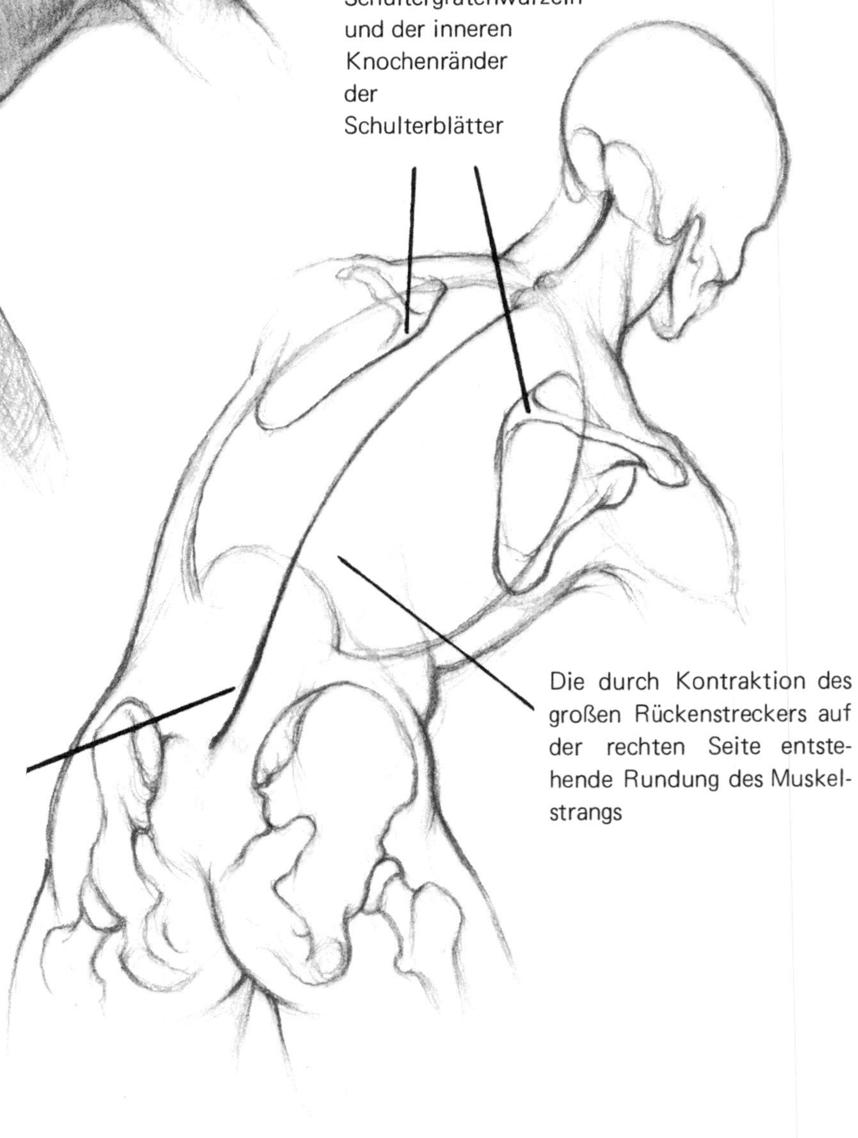

Die Muskeln des Oberarms

Der **Deltamuskel** (M. deltoideus) hat seinen Ursprung am abgeflachten äußeren Drittel des Schlüsselbeins, am hinteren Rand der Schulterhöhe und am unteren Rand der Schultergräte. Er überdeckt das Schultergelenk vollkommen. Sein Ansatz ist an der Außenseite des Oberarmbeins an einer rauhen Stelle oberhalb der Mitte (Höcker). Der Muskel gliedert sich in einen vorderen, mittleren und hinteren Teil. Der vordere zieht das Oberarmbein vorwärts (Flexion des Armes), der hintere zurück (Extension des Armes), der mittlere Teil wird zum seitwärts Abspreizen des Armes gebraucht und seine Fächerform ist wichtig für seine Funktion. Vier sehnige Scheidewände, die an der Schulterhöhe befestigt sind, durchziehen den Muskel. Wie die Strahlen einer Vogelfeder am Schaft setzen kurze Muskelbündel diagonal an diese Scheidewände an. Der Deltamuskel ist somit ein mehrfach gefiederter Muskel. Für den Künstler ist diese Struktur wichtig, denn bei Verkürzung und Verdickung der Muskelbündel erscheinen die vier Scheidewände als Furchen im Muskel.

Der **Hakenarmmuskel** (M. coracobrachialis) geht von der Spitze des Rabenschnabelfortsatzes aus und setzt am Oberarmbein an. Seine kleine Form ist beim Heben des Armes oftmals in der Achselhöhle zu erkennen.

Der **innere Armbeuger** (M. brachialis) entspringt vorn in der unteren Hälfte des Oberarmbeins. Dabei legt er sich wie ein V um die Ansatzstelle des Deltamuskels, sodaß dieser in ihn eingreift. Der innere Armbeuger setzt an der Elle an und beugt beim Zusammenziehen den Arm im Ellbogengelenk. Er trägt viel zur Wölbung der Muskulatur am vorderen Oberarm bei, da er direkt unter dem Bizeps liegt und mit ihm zusammenwirkt.

Der **zweiköpfige Armmuskel** oder **Bizeps** (M. biceps brachii) entspringt mit zwei Sehnen, die Köpfe genannt werden. Der lange Kopf kommt vom Schulterblatt direkt oberhalb der Gelenkpfanne, überspannt den Oberarmkopf und legt sich in die Rinne des Oberarmbeins zwischen den beiden Oberarmbeinhöckern, wo er durch ein fasriges Band wie in einem Tunnel festgehalten wird. Der kurze Kopf entspringt an der Spitze des Rabenschnabelfortsatzes. Beide Köpfe treffen sich in der Mitte des Oberarms und bilden den Bizepsbauch. Der Bizeps setzt an einer rauhen Stelle am inneren oberen Ende der Speiche an. Er beugt das Ellbogengelenk und ist auch der kraftvolle Auswärtsdreher des Unterarms. Weil die Speiche im Gelenk rotieren kann, wird sie bei der Kontraktion des Bizeps über die Elle hinweggezogen und Unterarm und Hand werden nach auswärts gedreht.

Die Muskeln des Oberarms

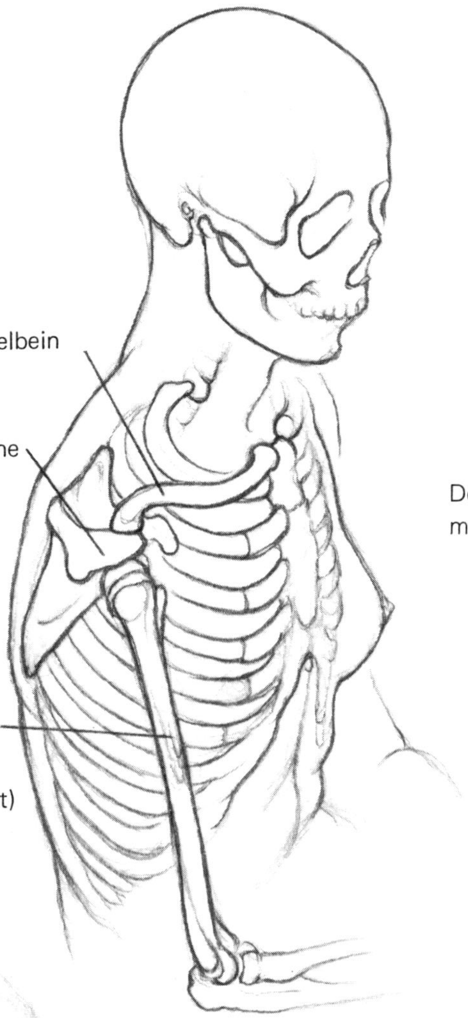

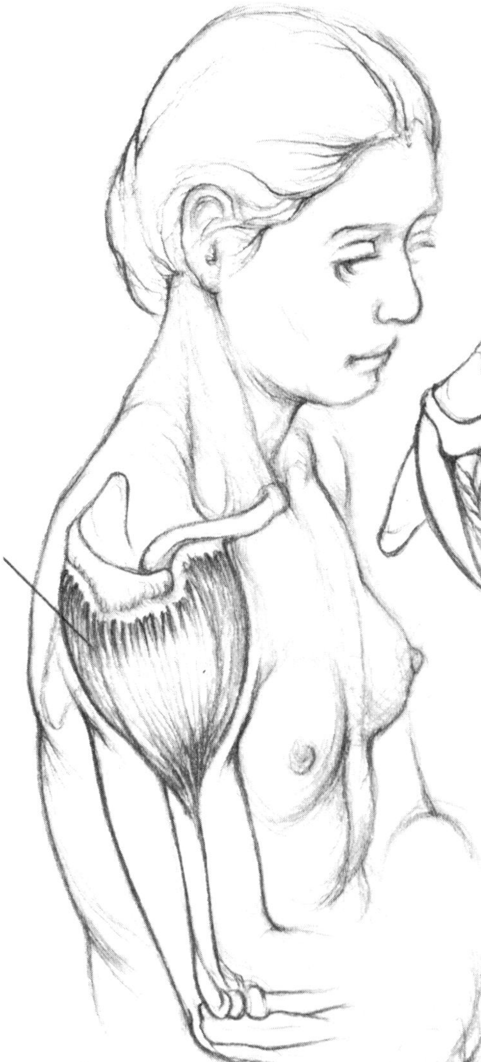

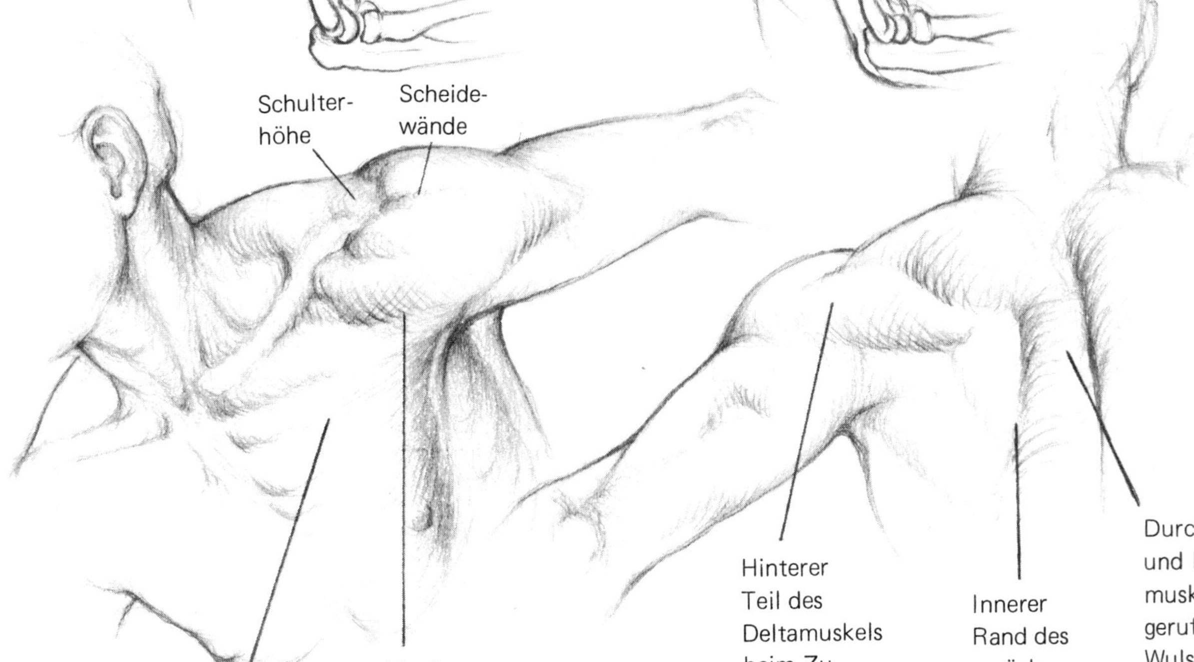

Die Muskeln des Oberarms

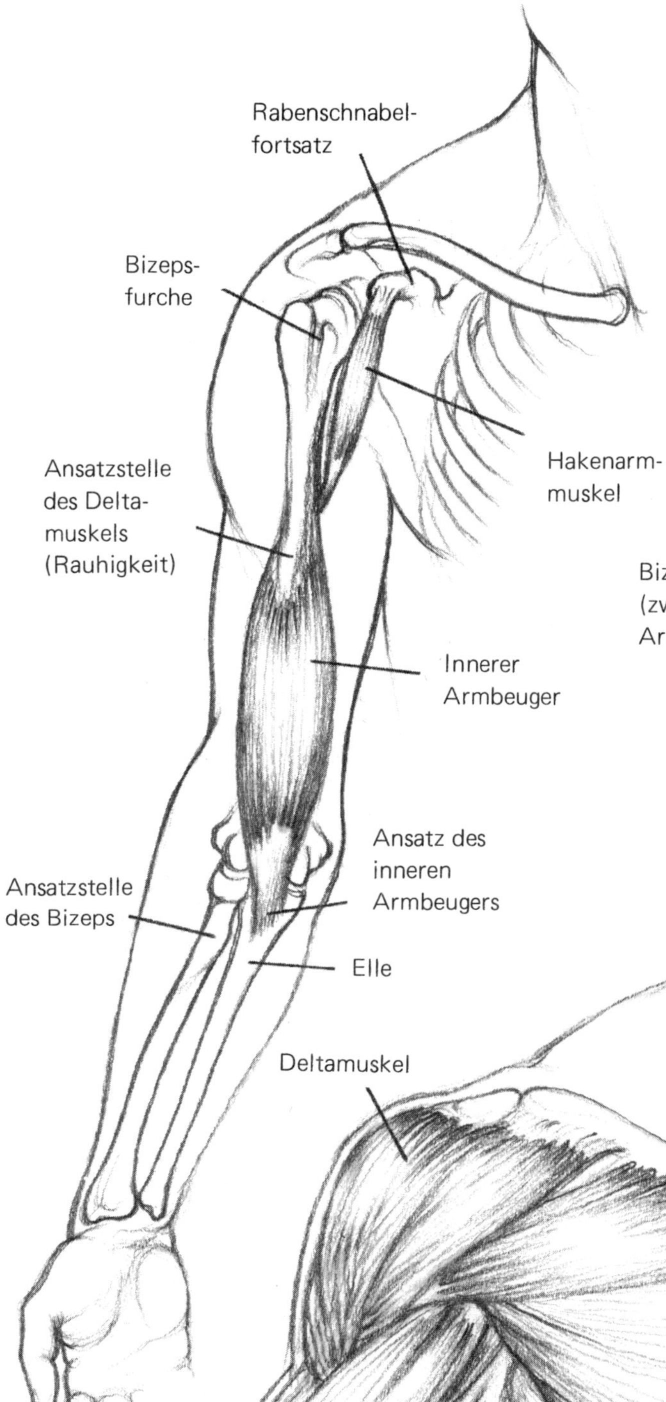

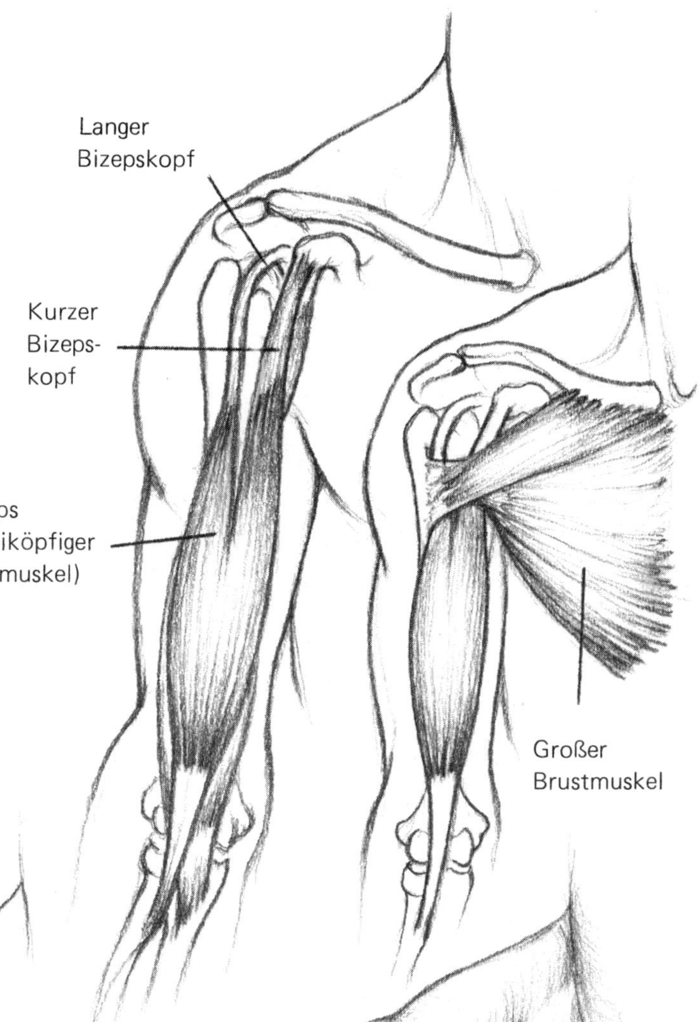

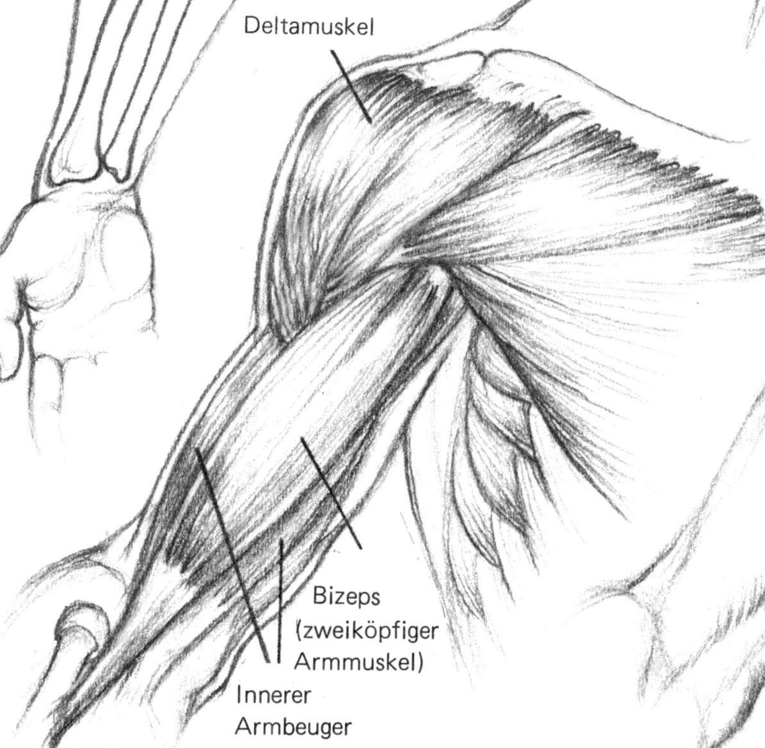

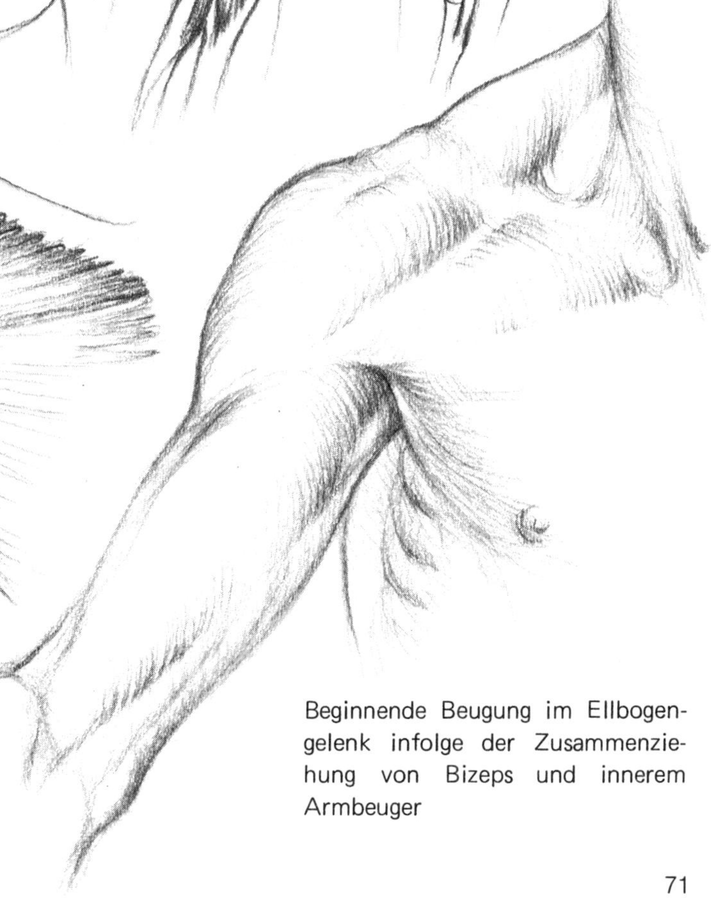

Beginnende Beugung im Ellbogengelenk infolge der Zusammenziehung von Bizeps und innerem Armbeuger

Die Muskeln des Oberarms

Die Knochen des Arms

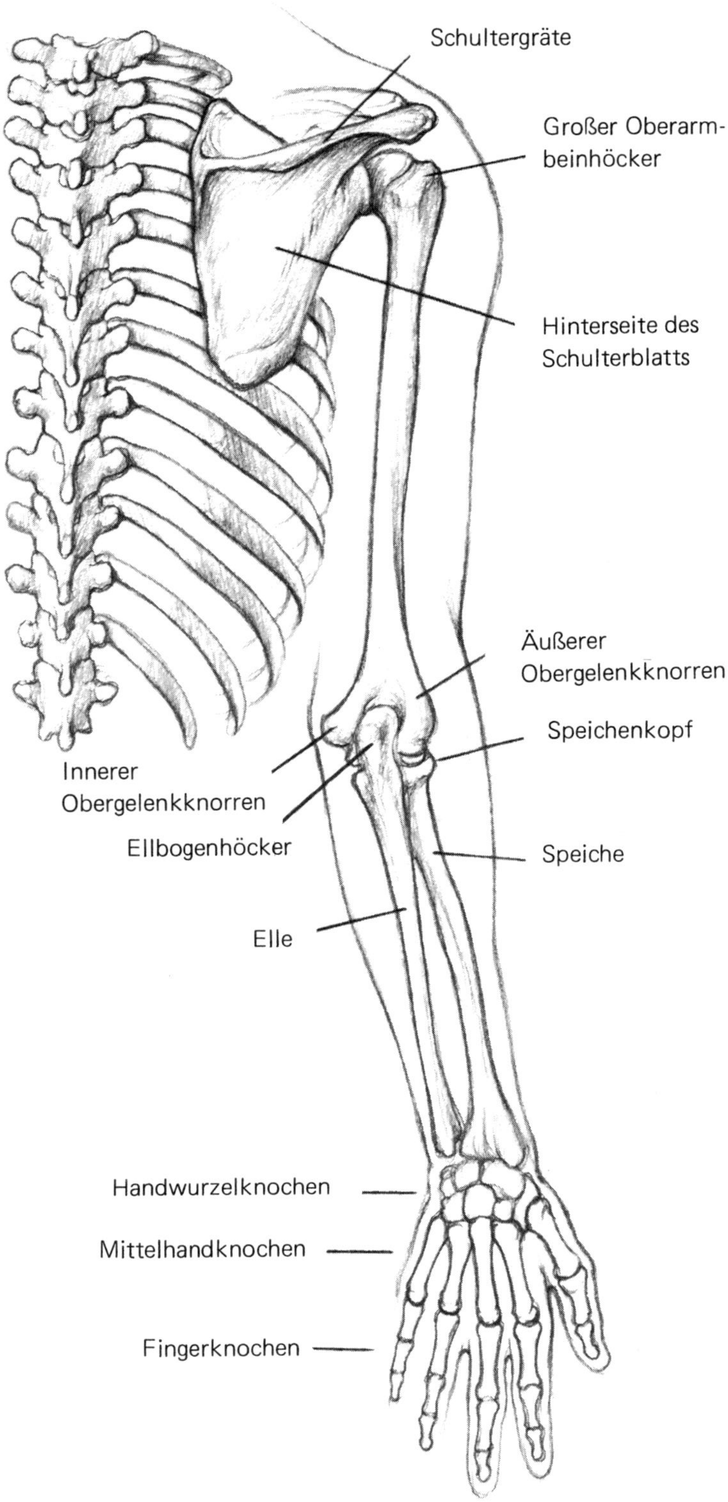

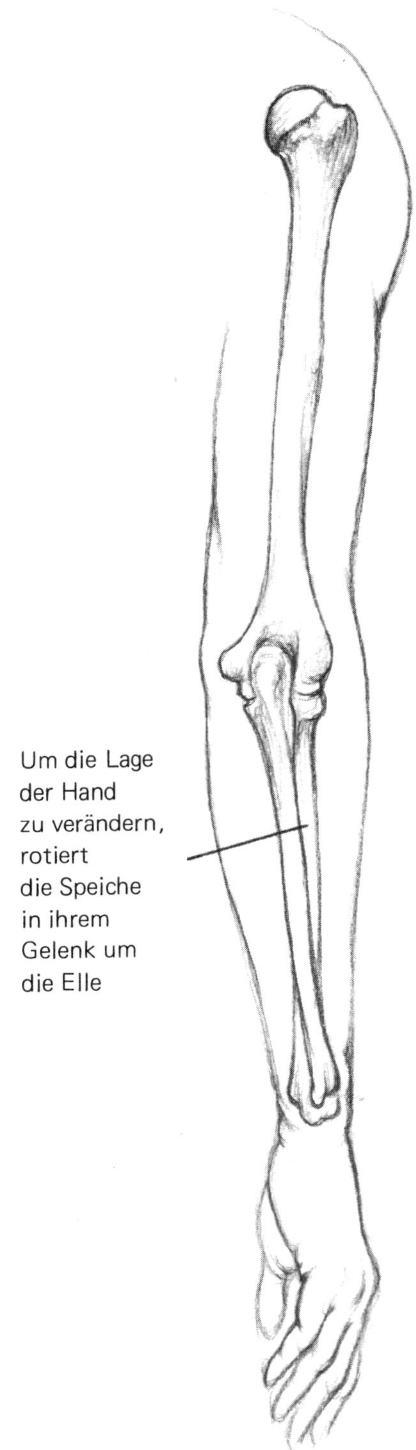

Der Trizeps und die Muskeln an der Hinterseite des Schulterblatts

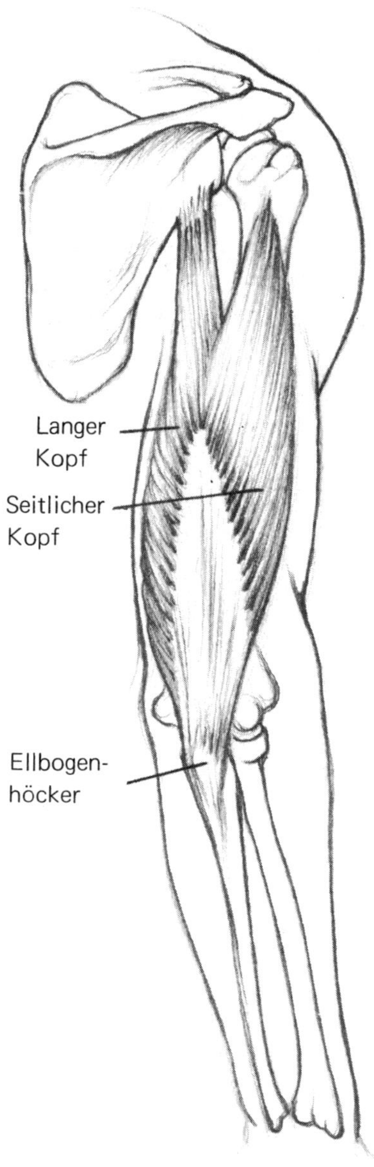

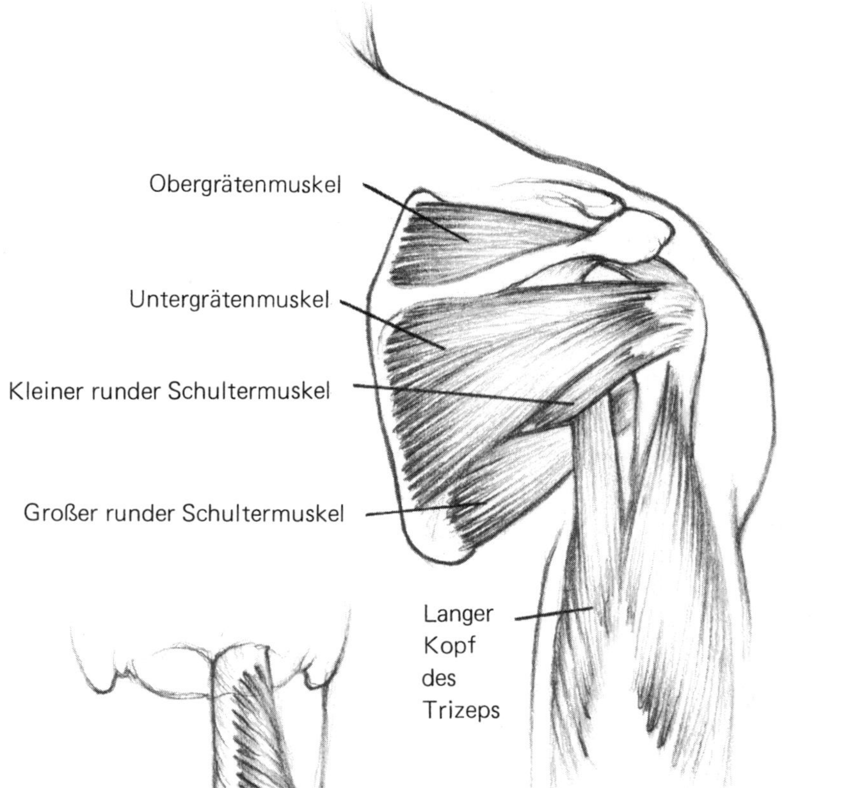

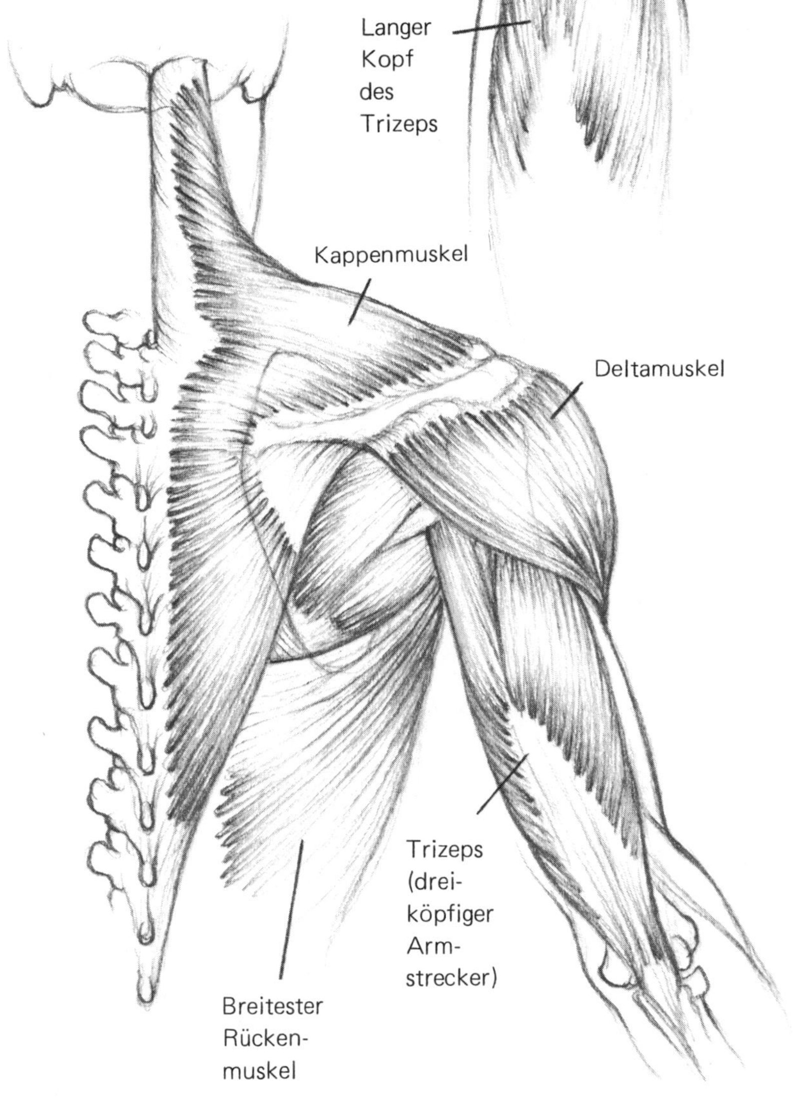

Der Trizeps

Bei der Darstellung des dreiköpfigen Armstreckers (M. triceps brachii) mit seinem seitlichen, inneren und langen Kopf ist der innere hier nicht sichtbar, da er am Schaft des Oberarmbeins entspringt und unter den beiden anderen liegt.

Man beachte die große gemeinsame Sehne der drei Köpfe, die als flächige Form an der Hinterseite des Oberarms erscheint.

Die Muskeln des Oberarms

Der Trizeps und die Muskeln an der Hinterseite des Schulterblatts

Der **dreiköpfige Oberarmstrecker** oder **Trizeps** (M. triceps brachii) hat drei Köpfe, die mit einer gemeinsamen Sehne am hinteren Teil des Ellbogenhöckers angreifen. Der lange Kopf entspringt am Schulterblattrand direkt unter der Gelenkpfanne, der mittlere, der unter den beiden anderen Köpfen liegt, hinten von den unteren drei Vierteln (3/4) des Oberarmbeins, und der seitliche Kopf ist hinter der Ansatzstelle des Deltamuskels linear befestigt. Die gemeinsame Sehne beginnt etwa in der Mitte des Oberarms und setzt an der hinteren und oberen Fläche des Ellbogenhöckers an. Der Muskel liegt nur an der Hinterseite des Arms und ist der große Armstrecker, der den Oberarm zurück und an den Brustkorb heranzieht.

Der **Obergrätenmuskel** (M. supraspinatus) hat seinen Ursprung an der rückwärtigen Fläche des Schulterblattes oberhalb der Gräte. Seine Muskelbündel laufen unter der Schulterhöhe zusammen und ihr Ansatz erfolgt mit einer Sehne im höchsten Teil des Oberarmbeinhöckers. Zusammen mit dem mittleren Teil des Deltamuskels führt er den Arm seitwärts.

Der **Untergrätenmuskel** (M. infraspinatus) entspringt an der Hinterfläche des Schulterblattes unterhalb der Schultergräte. Es ist ein dicker Muskel, dessen runde Form eingebettet zwischen der Deltamuskelkante und dem Kappenmuskel oft in Erscheinung tritt.

Die Sehne des Untergrätenmuskels setzt dicht neben dem Obergrätenmuskel am großen Höcker des Oberarmbeins an. Er tritt zusammen mit dem hinteren Zug des Deltamuskels in Aktion, um den Kopf des Oberarmbeins nach außen zu drehen und sichert ihn, sodaß er beim Heben des Armes nicht aus der flachen Gelenkpfanne rutschen kann.

Der **große Rundmuskel** (M. teres major) entspringt an der Rückseite des seitlichen Schulterblattrandes. Seine Sehne zieht an das Oberarmbein und setzt hinter der Sehne des breitesten Rückenmuskels am kleinen Oberarmbeinhöcker an. Der Muskel dreht den Kopf des Oberarmbeins nach innen und zieht den Oberarm rückwärts. Der große runde Schultermuskel und der Untergrätenmuskel erscheinen oft als eine einzige Wölbung, die sich über die Oberkante des breitesten Rückenmuskels erhebt.

Der **kleine Rundmuskel** (M. teres minor) zieht vom seitlichen Schulterblattrand zum Oberarmbeinhöcker, wo er unterhalb des Ansatzes des Untergrätenmuskels befestigt ist. Er hilft bei der Außenrotation des Oberarms.

Der **Unterschulterblattmuskel** (M. subscapularis), der an der Oberfläche nicht sichtbar ist, entspringt an der Innenfläche des Schulterblatts und endet am kleinen Oberarmbeinhöcker. Er stabilisiert den Kopf des Oberarmbeins in der Gelenkpfanne und läßt den Arm nach innen rotieren.

Die Muskeln des Oberarms

Die Achselhöhle

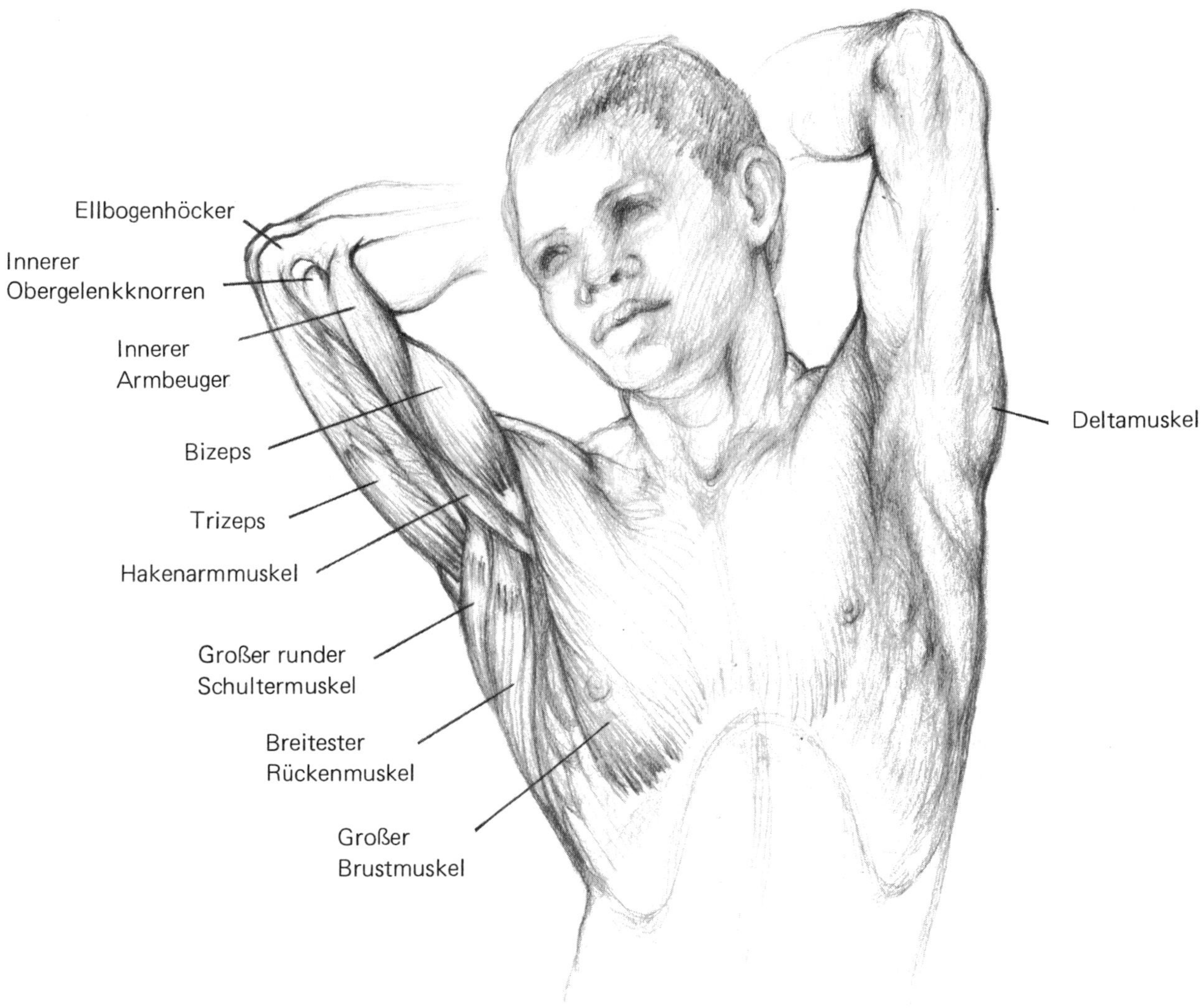

Dargestellt sind die Muskeln der Achselhöhle und die sich ergebende Form, wie sie sich dem Auge sehr häufig darbietet. Je mehr der linke Arm nach vorne gedreht wird, um so mehr ist vom Deltamuskel zu sehen.

Das Ellbogen- und obere Ellen-Speichengelenk

Das Oberarmbein hat zwei Gelenkflächen: Das runde **Köpfchen** (Capitulum humeri) und die **Rolle** (Trochlea), die mit den Gelenkflächen am Speichenkopf und an der Querrinne der Elle Gelenke bilden. Die gesamte Einheit wirkt als Scharnier, wobei der Bizeps und der innere Armbeuger die Beugung, der Trizeps die Streckung bewirken.

Im oberen Ellen-Speichengelenk trifft der Speichenkopf auf eine vertiefte Gelenkfläche der Elle. Das Köpfchen der Speiche dreht sich in einem Sehnenring, der es hält und sichert. An diesem Sehnenring befestigt ist das äußere Seitenband des Ellbogens, das das Gelenk überspannt und am Oberarmbein unterhalb des äußeren Obergelenkknorrens (Epicondylus) ansetzt. Das innere Seitenband des Ellbogens ist am inneren Obergelenkknorren und an der Elle befestigt. Diese beiden Führungsbänder verhindern das Herausgleiten nach außen oder innen.

Beim Einwärtsdrehen der Speiche dreht sich die Hand so, daß der Daumen nach innen, d.h. zum Körper hin weist. Diese Bewegung heißt **Pronation** oder Einwärtsdrehung. Dreht sich die Speiche nach außen, dann weist der Daumen nach außen, und es handelt sich um die **Supination** oder Auswärtsdrehung.

Die **Zwischenknochenmembran** (Membrana interossea) ist ein festes faseriges Häutchen zwischen Elle und Speiche. Druck oder Stoß auf die Hand, der meist die Daumenseite trifft, wird von der Speiche aufgefangen und teilweise über diese Membran an die Elle weitergeleitet.

Das Ellbogen- und obere Ellen-Speichengelenk

Das Ellbogengelenk und die Bewegung des Unterarms

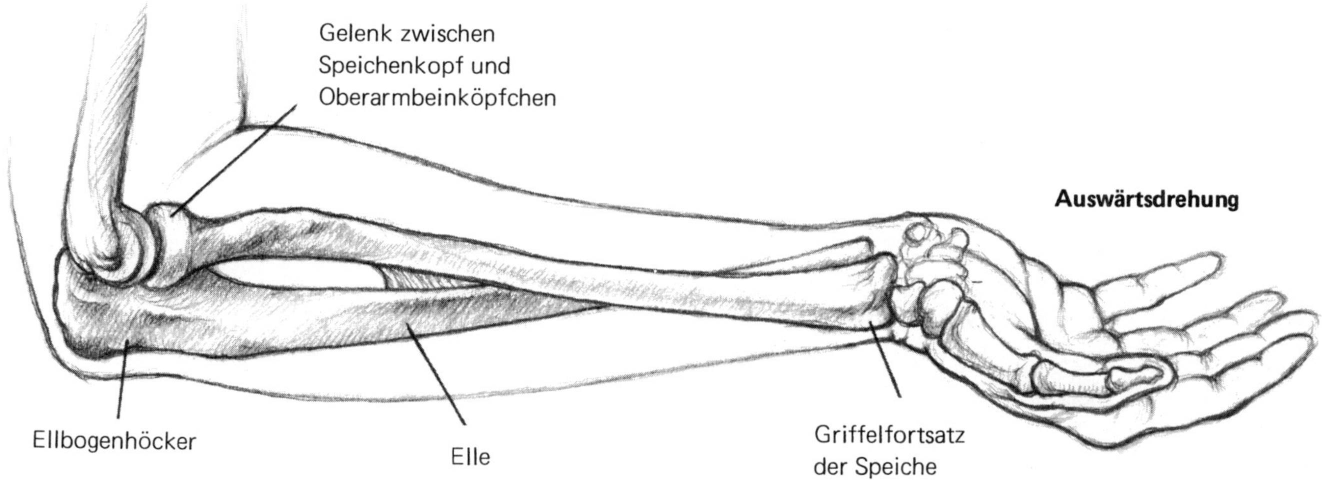

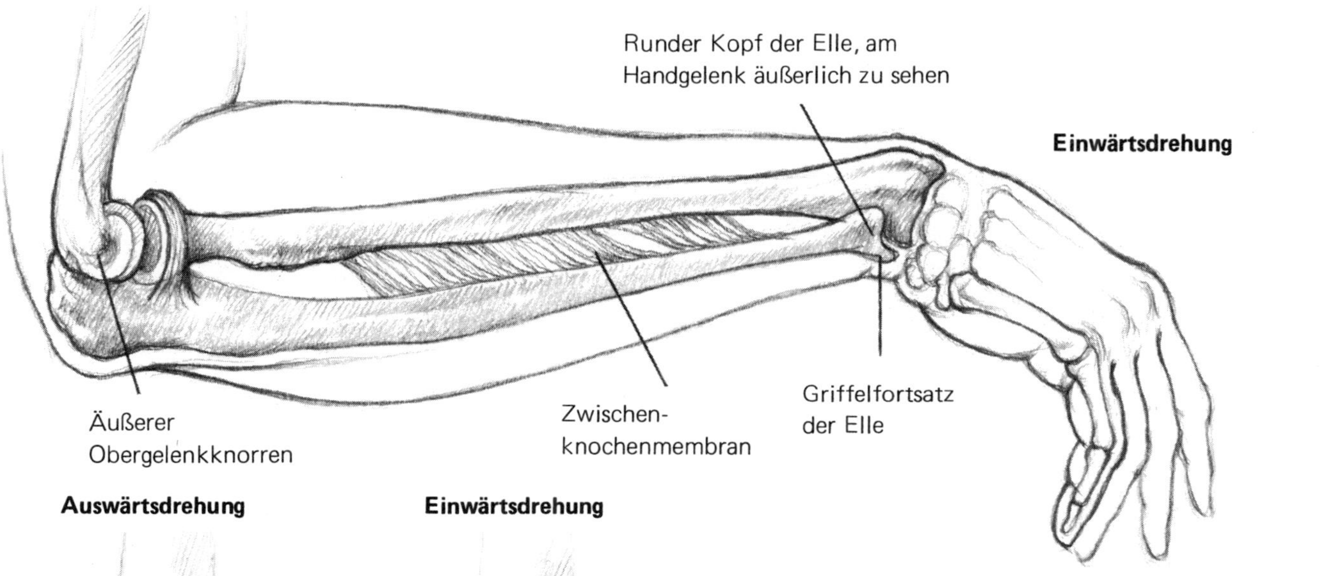

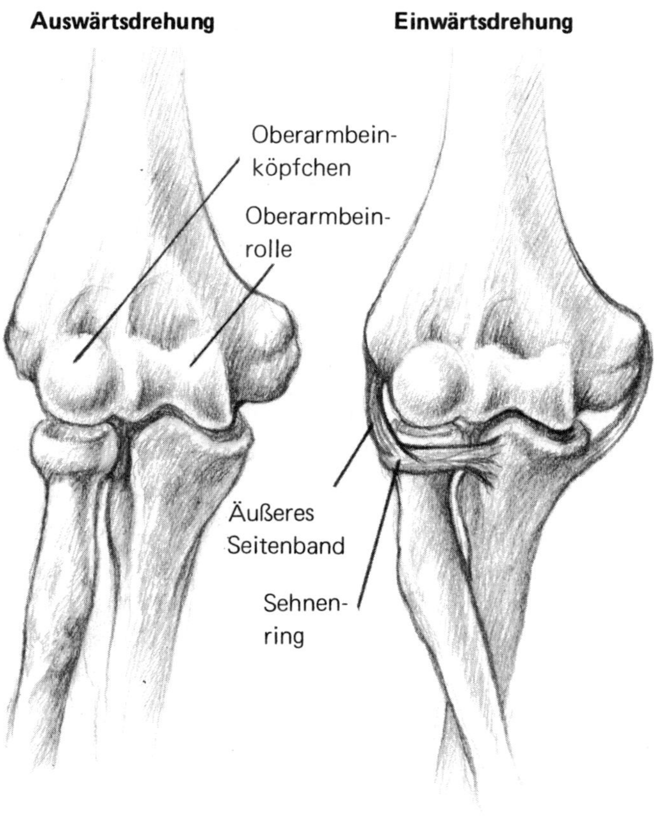

Dargestellt (oben) ist das Ellbogengelenk in Beugestellung. An diesem Scharniergelenk, das der Armbeugung und -streckung dient, sind das Oberarmbein, Speiche und Elle beteiligt.

Das Ellen-Speichengelenk erlaubt die Einwärtsdrehung (Pronation) des Unterarmes, wobei die Speiche schräg über die Elle hinweggeführt wird, sodaß der Daumen zum Körper zeigt. Bei der Auswärtsdrehung (Supination) weist der Daumen nach außen.

Die Beugeseite des Unterarms

Die Muskeln an der Vorder- oder Beugeseite des Unterarms lassen die Speiche rotieren und beugen das Handgelenk und die Finger dank ihrer Befestigungen an den Mittelhandknochen bzw. Anheftungen an den Fingerknochen. Sie ermöglichen also die Bewegung des Greifens. Viele Handbewegungen kommen durch Zusammenziehen von Muskeln hoch oben am Unterarm zustande. Ihre Sehnen sind lang und dünn und verlaufen an den unteren Enden von Elle und Speiche eng nebeneinander, wo manche zutage treten, bevor sie zu ihren Anheftungsstellen an Hand- und Fingerknochen weiterziehen.

Die tiefliegenden Muskeln

Der **Auswärtswender** (M. supinator) entspringt am äußeren Seitenband des Ellbogens, am Sehnenring und an der hinteren Seite der Elle. Er ist um die Speiche gewickelt und setzt auf ihrer Innenseite im oberen Drittel an. Er läßt die Speiche rotieren und dreht die Handfläche so, daß sie nach vorne weist.

Der **runde Einwärtsdreher** (M. pronator teres) verläuft vom Oberarmbein oberhalb des inneren Obergelenkknorrens, von der gemeinsamen **Faszie** (Fascia antebrachii) und einer kleinen Anheftungsfläche der Elle schräg abwärts zur Mitte der Speichenaußenseite. Durch diesen Gegenspieler zum Auswärtswender wird die Speiche gedreht und zwar so, daß die Handfläche nach hinten weist.

Der **viereckige Einwärtsdreher** (M. pronator quadratus) zieht nahe dem Handgelenk von der Elle zur Speiche. Da die Speiche der drehbare Knochen ist, führt die Kontraktion dieses Muskels zur Unterstützung der Arbeit des runden Einwärtsdrehers.

Der **lange Daumenbeuger** (M. flexor pollicis longus) entspringt an der Speichenvorderfläche und der Zwischenknochenmembran. Seine Sehne geht zum Endglied des Daumens, den er im Endgelenk beugt.

Der **tiefe Fingerbeuger** (M. flexor digitorum profundus) entspringt vorn am Ellenschaft und am ellenseitigen Teil der Zwischenknochenmembran. In der Mitte des Unterarms teilt er sich in vier Sehnen, die an den Endgliedern des zweiten bis fünften Fingers ansetzen. Die zum Zeigefinger ziehende Sehne ist gewöhnlich stärker von den übrigen gesondert. Der tiefe Fingerbeuger beugt in allen Fingergelenken durch Wirkung auf die Fingerspitzen.

Die an der Oberfläche liegenden Muskeln

Der Ursprung des **oberflächlichen Fingerbeugers** (M. flexor digitorum superficialis) befindet sich am inneren Obergelenkknorren des Oberarmbeins, am Vorsprung der Elle unterhalb des Ellbogens und am Vorderrand und der Vorderfläche der Speiche. Er spaltet sich in vier Muskelbäuche und vier Sehnen: Die zum Mittel- und Ringfinger verlaufenden Sehnen liegen dabei vor den zum Zeige- und Kleinfinger ziehenden. Sie setzen an den Mittelgliedern der vier langen Finger an und wirken bei der Beugung mit den Sehnen des tiefen Fingerbeugers zusammen.

Der **Oberarmspeichenmuskel** (M. brachioradialis) entspringt an der Außenseite des Oberarmknochens oberhalb des äußeren Obergelenkknorrens und setzt auf der Außenseite der Speiche oberhalb des Griffelfortsatzes an. Dieser Unterarmmuskel ist als Form für den Künstler besonders wichtig, da er immer sichtbar ist. Man kann ihn in der Nähe des Ellbogens mit Daumen und Zeigefinger erfassen. Er wird "Tragemuskel" genannt, weil er beim Tragen eines schweren Gegenstandes mit gebeugtem Arm gut hervortritt.

Der **Speichenhandbeuger** (M. flexor carpi radialis) entspringt an der gemeinsamen Faszie (Fascia antebrachii) und am inneren Obergelenkknorren des Oberarmbeins und greift an der Basis des zweiten Mittelhandknochens an. Er beugt die Hand im Handgelenk und bewirkt auch ihre Seitwärtsbeugung in Richtung Speiche.

Auch der **lange Hohlhandmuskel** (M. palmaris longus) entspringt an der gemeinsamen Faszie und dem inneren Obergelenkknorren. Er hat einen kurzen, dünnen Bauch und eine lange, dünne Sehne, die direkt unter der Haut in der Mittellinie der Handfläche in die Hand zieht. Hier geht sie fächerförmig in die Aponeurose der Handfläche (Palmaraponeurose) über, die an der Haut der Handfläche befestigt ist, sodaß diese sich fest anlegt. Der Muskel beugt die Hand im Handgelenk.

Der **Ellenhandbeuger** (M. flexor carpi ulnaris) entspringt an der gemeinsamen Faszie, dem inneren Obergelenkknorren des Oberarmbeins, am Ellbogenfortsatz und an der Hinterseite der Elle und endet am Erbsenbein, das an der Ellenseite des Handgelenks liegt. Das Erbsenbein ist kein echter Handwurzelknochen, sondern ein sogenanntes Sesambein, das sich in der Sehne des Ellenhandbeugers entwickelt hat. Es ist mit einem Band (Ligament) an der Basis des fünften Mittelhandknochens befestigt und läßt sich leicht tasten. Der Muskel arbeitet mit dem Speichenhandbeuger bei der Beugung im Handgelenk zusammen und beugt außerdem die Hand seitwärts, indem er sie in einem Winkel zum Unterarm (gegen die Elle) hinzieht.

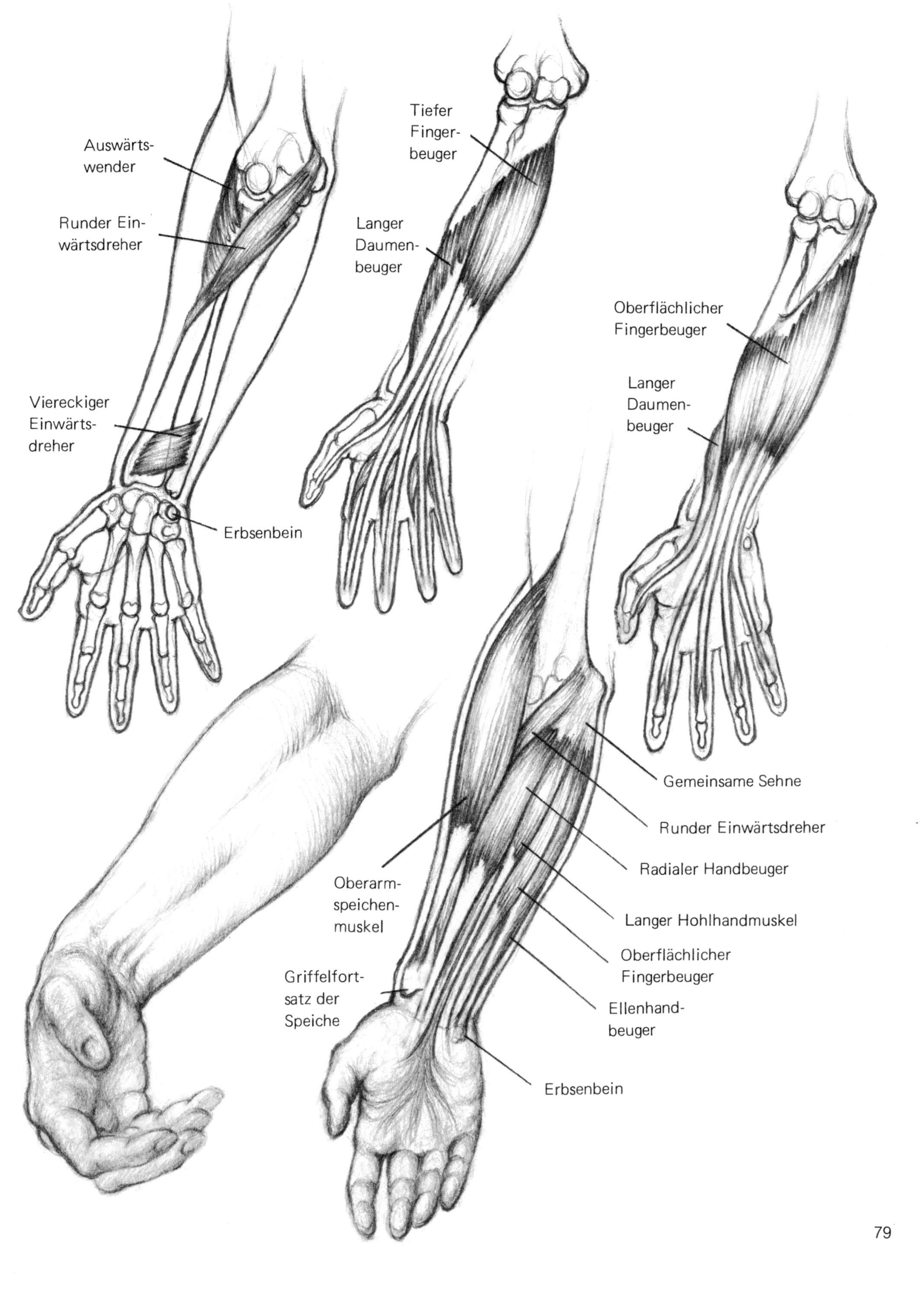
Auswärts-
wender
Runder Ein-
wärtsdreher
Viereckiger
Einwärts-
dreher
Erbsenbein
Tiefer
Finger-
beuger
Langer
Daumen-
beuger
Oberflächlicher
Fingerbeuger
Langer
Daumen-
beuger
Gemeinsame Sehne
Runder Einwärtsdreher
Radialer Handbeuger
Langer Hohlhandmuskel
Oberflächlicher
Fingerbeuger
Ellenhand-
beuger
Erbsenbein
Oberarm-
speichen-
muskel
Griffelfort-
satz der
Speiche

Die Streckseite des Unterarms

Die Daumenmuskeln

Der **lange Daumenabzieher** (M. abductor pollicis longus) entspringt an der Hinterfläche der Elle, der Zwischenknochenmembran und der hinteren Speichenoberfläche und setzt an der Speichenseite der Basis des ersten Mittelhandknochens an. Er zieht den Daumen von der Axiallinie ab.

Der **kurze Daumenstrecker** (M. extensor pollicis brevis) hat seinen Ursprung an der Speiche und der Zwischenknochenmembran. Seine Sehne zieht mit der des langen Daumenabziehers in einer Rinne an der Speichenrückseite und setzt dann an der Basis des Grundgliedes des Daumens an. Er streckt den Daumen (rückwärts).

Der **lange Daumenstrecker** (M. extensor pollicis longus) kommt vom Mittelteil des Ellenschaftes und der Zwischenknochenmembran. Seine lange Sehne zieht in einer Rinne auf der Speichenrückseite, die als eine Art Rolle wirkt, da die Sehne von hier an schräg verläuft, um schließlich an der Basis des Daumenendgliedes anzugreifen. Diese Sehne und oft auch die des kurzen Daumenstreckers sind bei gestrecktem Daumen gut sichtbar.

Diese drei Muskeln ergeben bei muskulösen Menschen eine ausgeprägte Oberflächenform des Unterarms, die bei weniger kräftigen Personen schwächer ausgebildet ist, aber nicht vernachlässigt werden sollte. Vom Handrücken zur Daumenseite ist bei gestrecktem Daumen außerdem entlang der Sehne des langen Daumenstreckers eine Änderung der Oberflächenneigung zu beobachten.

Streckmuskeln von Handgelenk und Fingern

Drei Muskeln, die an den Basen von drei Mittelhandknochen angreifen, bewirken die Streckung des Handgelenks. Diese und die fingerstreckenden Muskeln entspringen alle vom äußeren Obergelenkknorren sowie von jeweils verschiedenen Faszien und Bändern; eine Ausnahme bildet der Zeigefingerstrecker.

Der **Ellenhandstrecker** (M. extensor carpi ulnaris) setzt an der Basis des fünften Mittelhandknochens an. Er fixiert das Handgelenk, wenn die Hand zur Faust geballt ist, streckt das Handgelenk und hilft dem Ellenhandbeuger, die Hand zur Ellenseite hin zu ziehen.

Der **lange Speichenhandstrecker** (M. extensor carpi radialis longus) setzt an der Basis des zweiten Mittelhandknochens an. Der **kurze Speichenhandstrecker** (M. extensor carpi radialis brevis) setzt an der Basis des dritten Mittelhandknochens an. Die Sehnen beider Muskeln kreuzen sich mit denen der Daumenmuskeln. Die Speichenhandstrecker arbeiten mit den Fingerbeugern zusammen, denn sie stellen das Handgelenk fest, wenn die Finger sich greifend zusammenziehen. Außerdem strecken sie das Handgelenk.

Der **Zeigefingerstrecker** (M. extensor indicis) ist ein separater dünner Muskel, der von der hinteren Schaftseite der Elle kommt, und als zusätzlicher Streckmuskel dient. Seine Sehne zieht mit der des gemeinsamen Fingerstreckers zum Zeigefinger.

Der **Kleinfingerstrecker** (M. extensor digiti minimi) ist ein dünner Muskel, der meistens mit dem gemeinsamen Fingerstrecker verbunden ist. Von beiden zieht eine Sehne zum kleinen Finger.

Der **gemeinsame Fingerstrecker** (M. extensor digitorum communis) hat einen großen Muskelbauch, der sich in vier Sehnen aufspaltet, die zu den vier langen Fingern ziehen. Diese vier Sehnen sind auf dem Handrücken gut zu erkennen, besonders bei gestreckten Fingern. Beim Übergang über die Knöchel (Fingergrundgelenke) sind sie deutlich sichtbar, scheinen sich dann aber rasch an den Fingerrücken zu verlieren, da die Sehnen hier ihre langgestreckte seilartige Form verlieren und zu faserigen Sehnenplatten (Dorsalaponeurosen) werden. Die Fasern setzen an der Basis des Mittelgliedes jedes Fingers an, während seitliche Zipfel an der Basis des Endgliedes angreifen. Bei geschlossener Faust gleiten die Sehnen seitlich von den Knöcheln ab, am besten zu sehen am Knöchel des Zeigefingers.

Alle diese Bewegungen werden von sich zusammenziehenden Muskelbündeln im Unterarm hervorgerufen. Wenn sich die Stellung der Hand oder des Handgelenks also verändert, sind dort Formveränderungen zu beobachten.

Die Streckseite des Unterarms

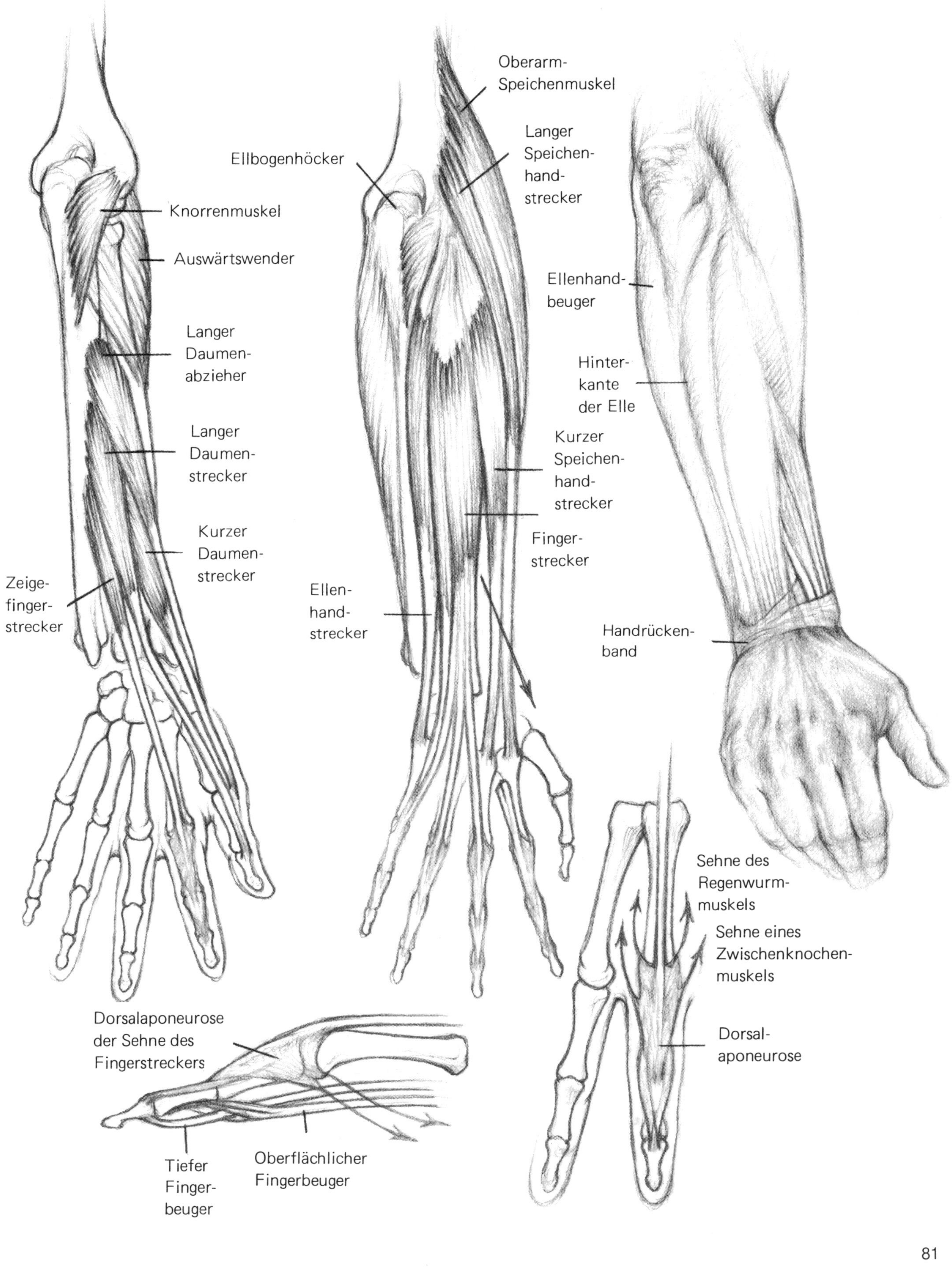

Die Streckseite des Unterarms

Die hintere Kante der Elle

Für den Künstler ist die hintere Ellenkante, d.h. die scharfe Knochenkante, die vom Ellbogenfortsatz bis zum Griffelfortsatz der Elle verläuft, als Orientierungslinie von besonderer Bedeutung. Da der Knochen hier direkt unter der Haut liegt, ist er vom Ellbogen bis zum Handgelenk gut zu tasten. An fast jedem Arm erscheint diese Kante als Furche, neben der sich die Streck- und Beugemuskeln wölben. Die Streckmuskeln verlaufen auf der Handrückenseite, um Hand und Handgelenk zurückzuziehen, während die Beugemuskeln zur Handflächenseite ziehen, um das Handgelenk zu beugen und die Greifbewegung der Finger auszuführen.

Gegen das Handgelenk hin laufen die Muskeln in Sehnen aus, die vom Unterarm ziehen und an den Handwurzel-, den Mittelhand- und den Fingerknochen angreifen. Der Übergang von der großen Masse der Muskelbündel zu der viel geringeren der Sehnen ist Ursache für das Schlankerwerden des Unterarms von oben nach unten.

Hängt der Arm entspannt herunter, kann die Hand um fast 360 Grad gedreht werden; dagegen nur um etwa 140 Grad bei gebeugtem Ellbogen. Und zwar deshalb, weil der Oberarmkopf in dieser Stellung ziemlich ungehemmt drehbar ist und auch der Schultergürtel an der Bewegung teilnehmen kann.

Das Verständnis für alle diese Armbewegungen wird sehr dadurch gefördert, daß man sie vor dem Spiegel selbst ausführt und dabei nicht nur auf die Bewegungen, sondern auch auf die durch die Knochen hervorgerufenen Oberflächenmerkmale achtet.

Die Streckseite des Unterarms

Drehen des aufgestützten Unterarms mit Orientierungspunkten

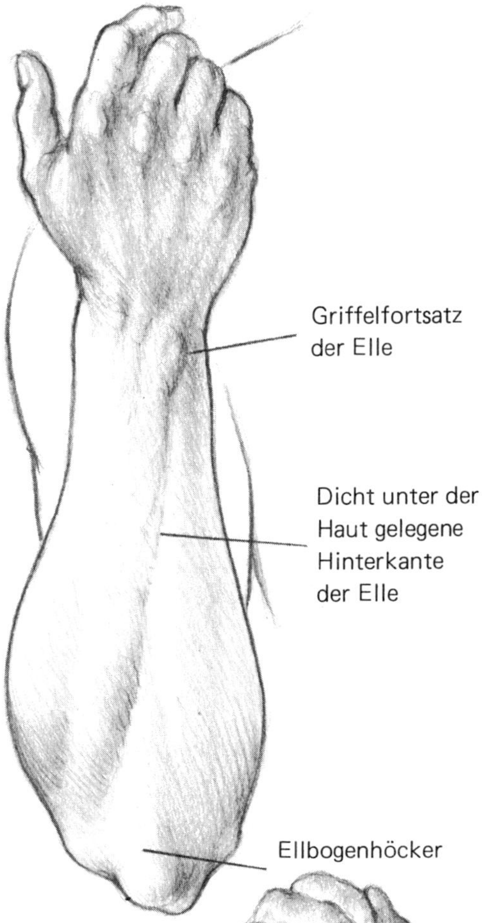

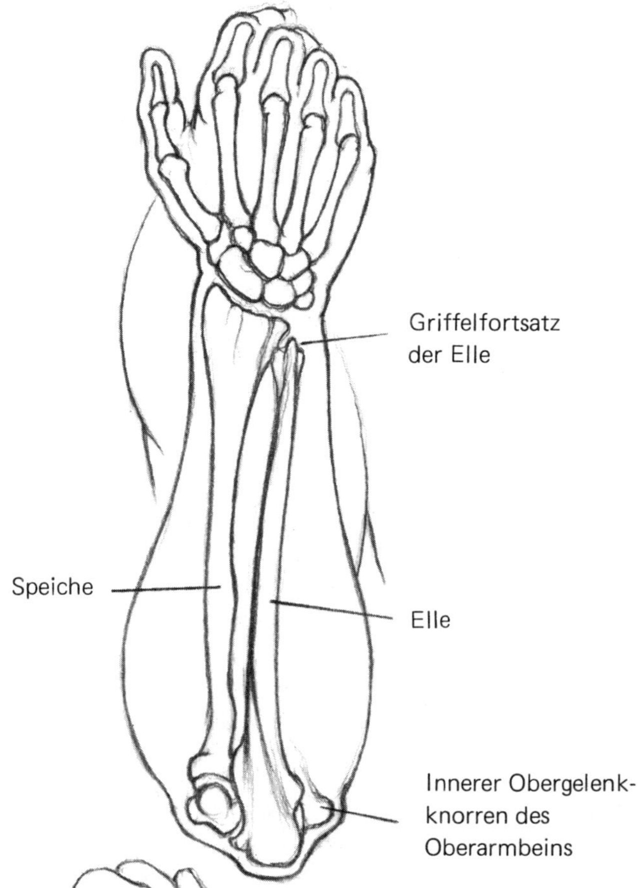

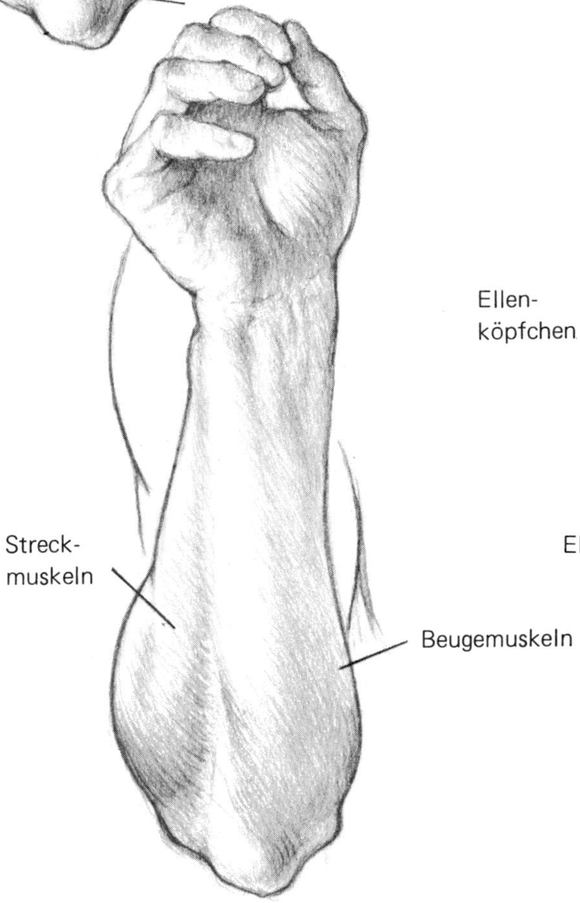

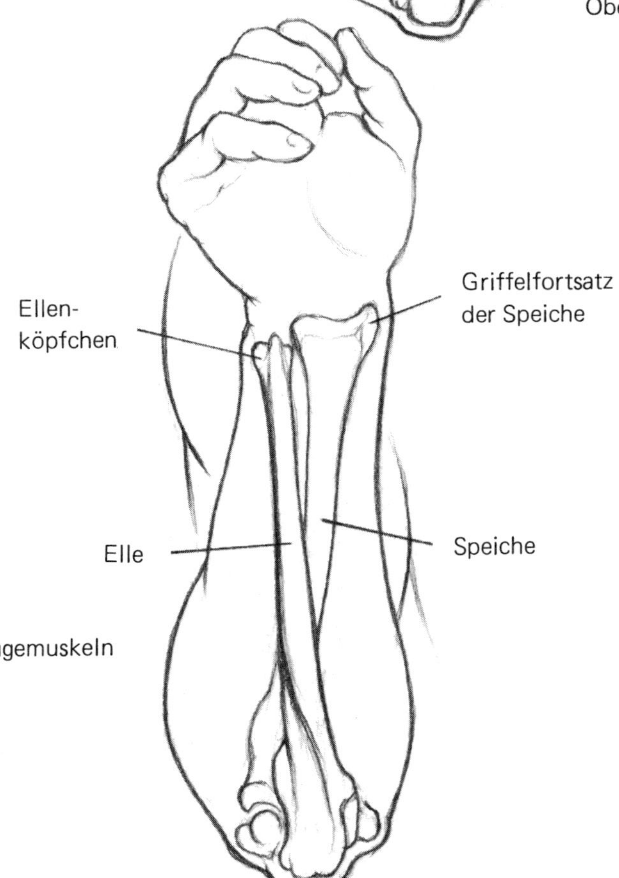

Die Knochen, Muskeln und Bewegungen der Hand

Die 8 annähernd würfelförmigen **Handwurzelknochen** (Ossa carpi) sind bogenförmig angeordnet – bei gebeugtem Handgelenk besonders gut sichtbar –, besitzen Gelenkflächen für Gelenke mit den angrenzenden Knochen und werden durch straffe Bänder (Ligamente) zusammengehalten.

Das Handgelenk beugt sich im Gelenk zwischen Speiche und Handwurzelknochen; vier Bewegungen sind hier möglich: Das Handgelenk kann vorwärts gebeugt werden (Flexion), rückwärts gestreckt werden (Extension), abgespreizt werden (Abduktion, die Hand dreht sich vom Körper weg) und angezogen werden (Adduktion, die Hand dreht sich zum Körper hin). Durch Ausführen aller vier Bewegungen nacheinander läßt sich eine Art Kreisbewegung erzielen.

Die 5 **Mittelhandknochen** (Ossa metacarpalia) sind die Knochen der eigentlichen Hand. Der erste Mittelhandknochen ist der des Daumens. Die Mittelhand-Handwurzelgelenke sind fähig zu verschiedenen Bewegungen, die für den Künstler wichtig sind. Der vierte und fünfte Mittelhandknochen bilden mit den Handwurzelknochen ein Scharniergelenk, das sich so beugen kann, daß Klein- und Ringfinger beim Greifen und Schließen der Faust mehr nach innen gefaltet werden können. Das ergibt eine abfallende Fläche auf dieser Seite der Hand. Der zweite und dritte Mittelhandknochen sind dagegen unbeweglich, da sie fest mit den Handwurzelknochen verbunden sind. Die Aktionsebene des ersten Mittelhandknochens steht im rechten Winkel zu den Aktionsebenen der übrigen Mittelhandknochen, sodaß bei geschlossener Faust der Handrücken gegenüber der Daumenseite der Mittelhand fast einen rechten Winkel bildet.

Die Fingerknochen der langen Finger und des Daumens werden **Fingerglieder** (Phalangen) genannt. Die langen Finger haben drei, der Daumen nur zwei Glieder. Man beachte, daß die Mittelhand-Fingergelenke ziemlich tief in der eigentlichen Hand stecken und daß noch etwa 2 cm Gewebe zwischen den Fingerknochen liegen bis die Finger sich äußerlich ganz voneinander trennen.

Es gibt sieben **Zwischenknochenmuskeln** (M. interossei palmares und dorsales), vier auf der Rückseite und drei auf der Innenseite der Hand. Die rückwärtigen (dorsalen) füllen die Zwischenräume zwischen den Mittelhandknochen aus, an deren Seiten sie entspringen. Ihre Sehnen setzen teils an den Außenseiten der Grundglieder der Finger und teils an deren Streckaponeurosen an. Sie spreizen die Finger von der durch den Mittelfinger verlaufenden Axiallinie ab. Der Kleinfinger wird durch den **Kleinfingerabzieher** (M. abductor digiti minimi) von der Axiallinie abgespreizt. Die Zwischenknochenmuskeln der Handinnenseite (die palmaren) entspringen an der Innenseite der Mittelhandknochen und ihre Sehnen setzen teils an den Grundgliedern der Finger und teils an deren Streckaponeurosen an. Sie ziehen die Finger zur Mittelhandlinie hin, schließen sie also. Durch abwechselnde Betätigung beider Gruppen kann man mit allen Fingern wackeln.

Die Knochen, Muskeln und Bewegungen der Hand

Die Hand und die Bewegungen der Finger

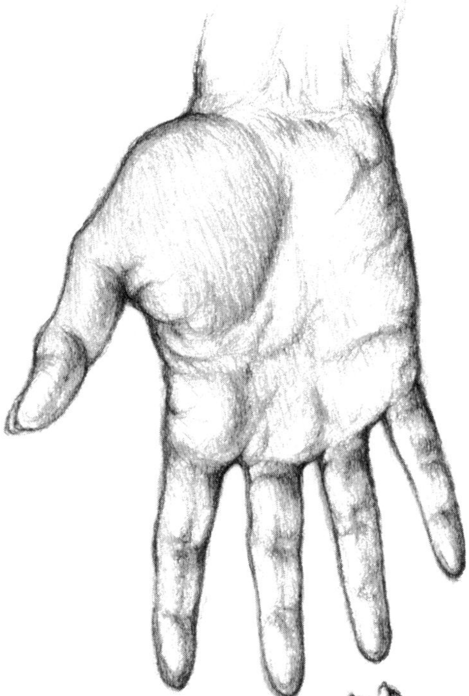

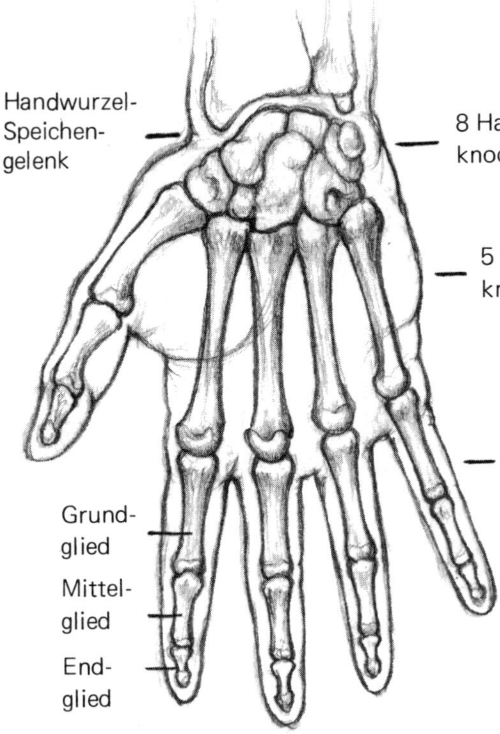

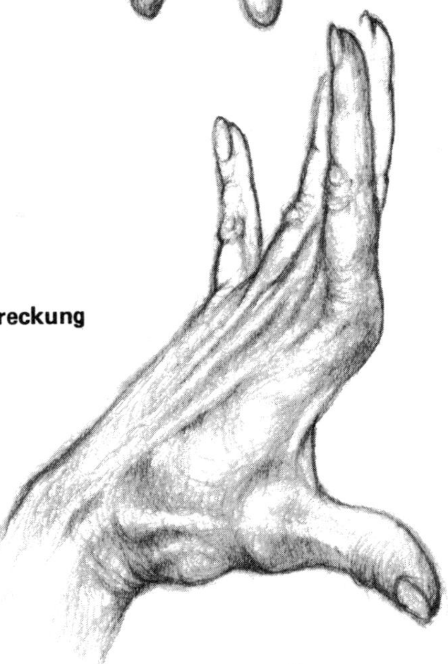

Streckung

Abspreizen

durch 4 Zwischenknochen-muskeln der Handrückseite

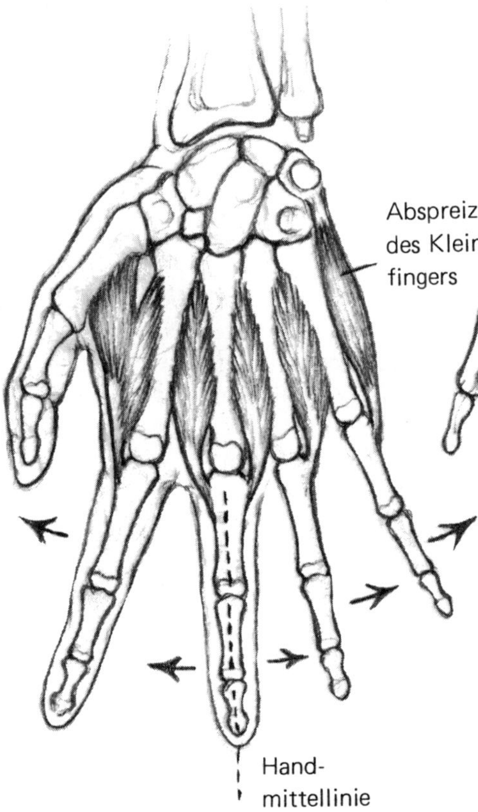

Anziehen

durch 3 Zwischenknochen-muskeln der Handfläche

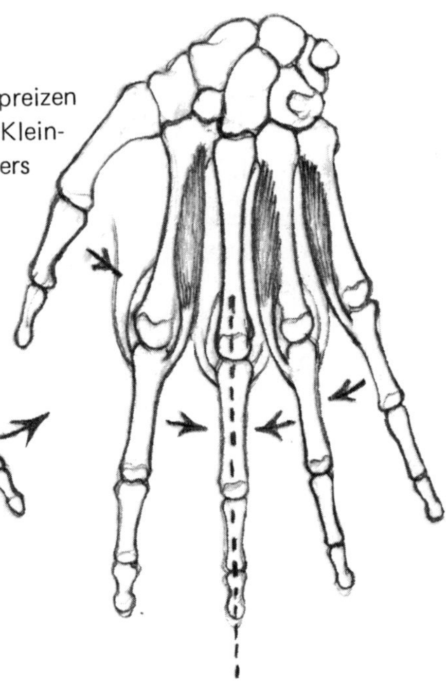

Beugung

Die Knochen, Muskeln und Bewegungen der Hand

Die Hand und die Bewegungen der Finger

Die Daumenmuskeln

Drei Muskeln bilden die Masse des Daumenballens; sie haben ihren Ursprung am **Querband der Handwurzel** (Flexor retinaculum) und den Handwurzelknochen.

Die Muskelbündel des **Daumengegenstellers** (M. opponens pollicis) gegen die Handfläche ziehen seitwärts und diagonal abwärts und setzen an der ganzen Länge des ersten Mittelhandknochens an. Dieser Muskel zieht den Mittelhandknochen zur Axiallinie hin, was man Opposition nennt, und es kann zur Berührung von Daumenspitze und Kleinfingerspitze kommen, falls der entsprechende Kleinfingermuskel auch in Aktion tritt.

Der **kurze Daumenabzieher** (M. abductor pollicis brevis) setzt am Grundglied des Daumens an und zieht den Daumen im rechten Winkel zur Handfläche und zur Handmittellinie hin.

Der **kurze Daumenbeuger** (M. flexor pollicis brevis) greift ebenfalls am Grundglied an und vereint sich mit dem Daumengegensteller. Er arbeitet mit diesem bei der Drehung des ersten Mittelhandknochens zusammen und beugt das Grundglied des Daumens.

Der **Daumenanzieher** (M. adductor pollicis) liegt tief im Handteller und entspringt am mittleren Mittelhandknochen, an zwei Handwurzelknochen und an den Bändern der Handwurzel. Er ist an beiden Seiten der Basis des Daumengrundgliedes befestigt, zieht den ersten Mittelhandknochen über den Handteller und hält den Daumen in dieser Stellung fest.

Die Sehne des **tiefen Fingerbeugers** (M. flexor digitorum profundus) zieht vor den Handwurzelknochen unter dem Querband der Handwurzel in die Hand und weiter bis zu seinen Ansätzen an der Basis der Endglieder der langen Finger. Vier Muskeln, die sogenannten **Regenwurmmuskeln** (M. lumbricales) entspringen in der Hohlhand an den Seiten dieser zu den vier langen Fingern ziehenden Sehnen. Darüber liegt die Sehne des **oberflächlichen Fingerbeugers** (M. flexor digitorum superficialis), die, in jeweils 2 Züge aufgespalten, am Mittelglied eines jeden Fingers ansetzt. Diese beiden Muskeln beugen die langen Finger.

Die Kleinfingermuskeln

Der **Kleinfingerabzieher** (M. abductor digiti minimi) entspringt am Erbsenbein und setzt an der Dorsalaponeurose (flächige Sehne auf dem Fingerrücken) des Kleinfingers an. Er spreizt den Kleinfinger von der Axiallinie ab.

Der **Kleinfingergegensteller** (M. opponens digiti minimi) und der **Kleinfingerbeuger** (M. flexor digiti minimi) haben beide ihren Ursprung am Querband der Handwurzel. Der Gegensteller setzt am 5. Mittelhandknochen, der Beuger am Grundglied des Kleinfingers an.

Die Handinnenfläche und der Daumen

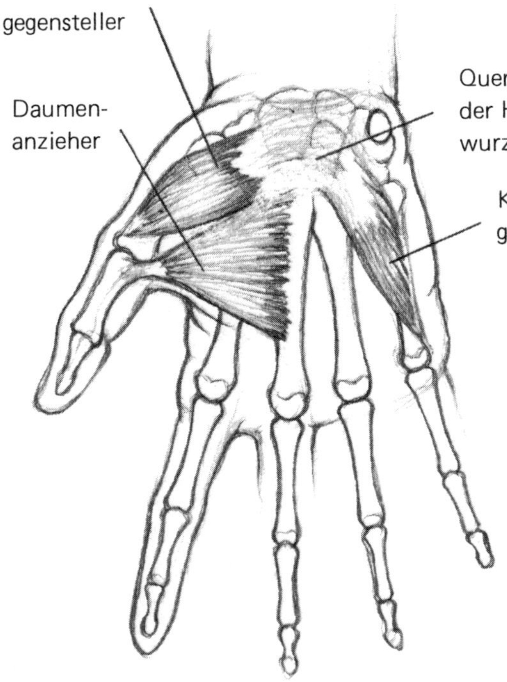

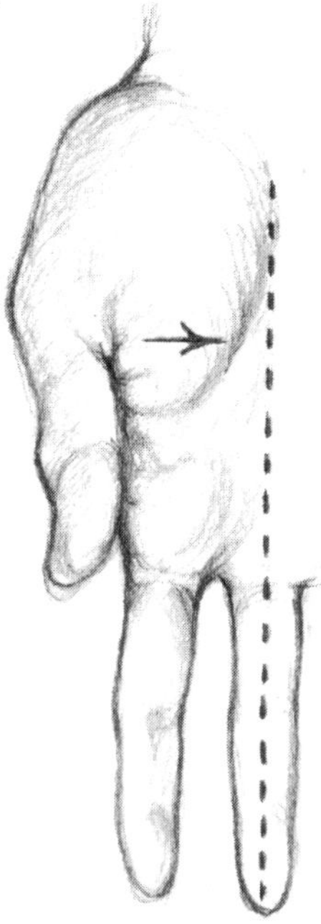

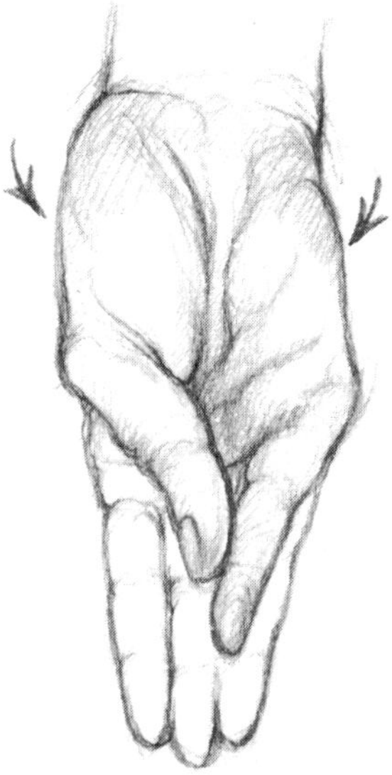

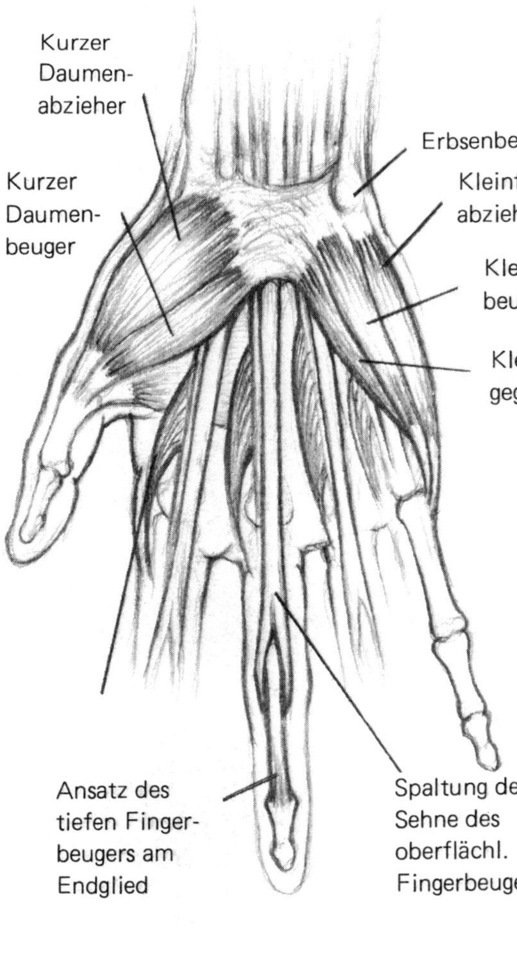

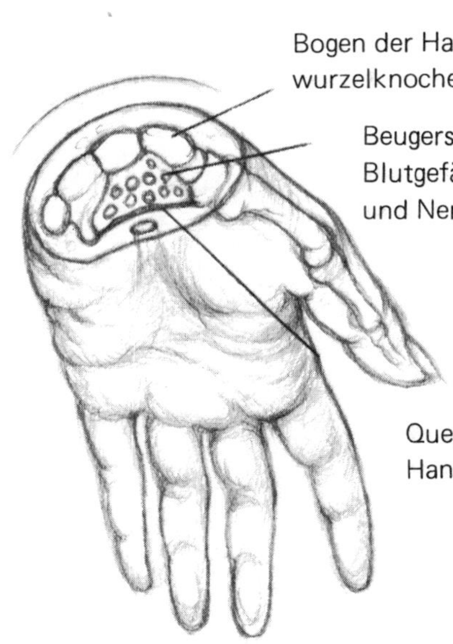

Die Handwurzelknochen bilden einen Bogen am Handgelenk, unter dem die Beugersehnen geschützt liegen. Ein faseriges Band, das Querband der Handwurzel, überspannt sie, sichert den Bogen und ist an der inneren und äußeren Seite an den Handwurzelknochen befestigt.

Die Knochen, Muskeln und Bewegungen der Hand

Der Arm als Einheit

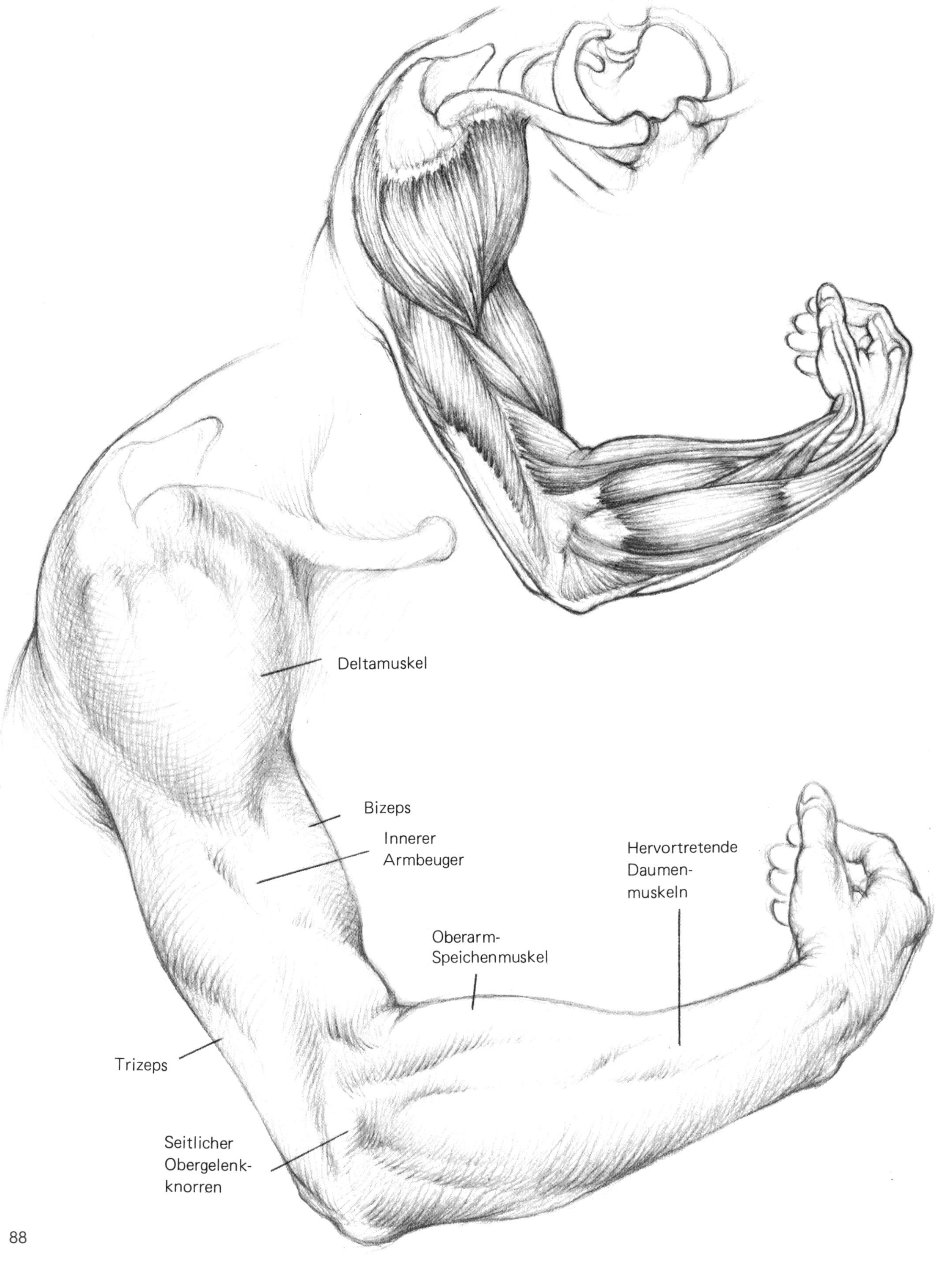

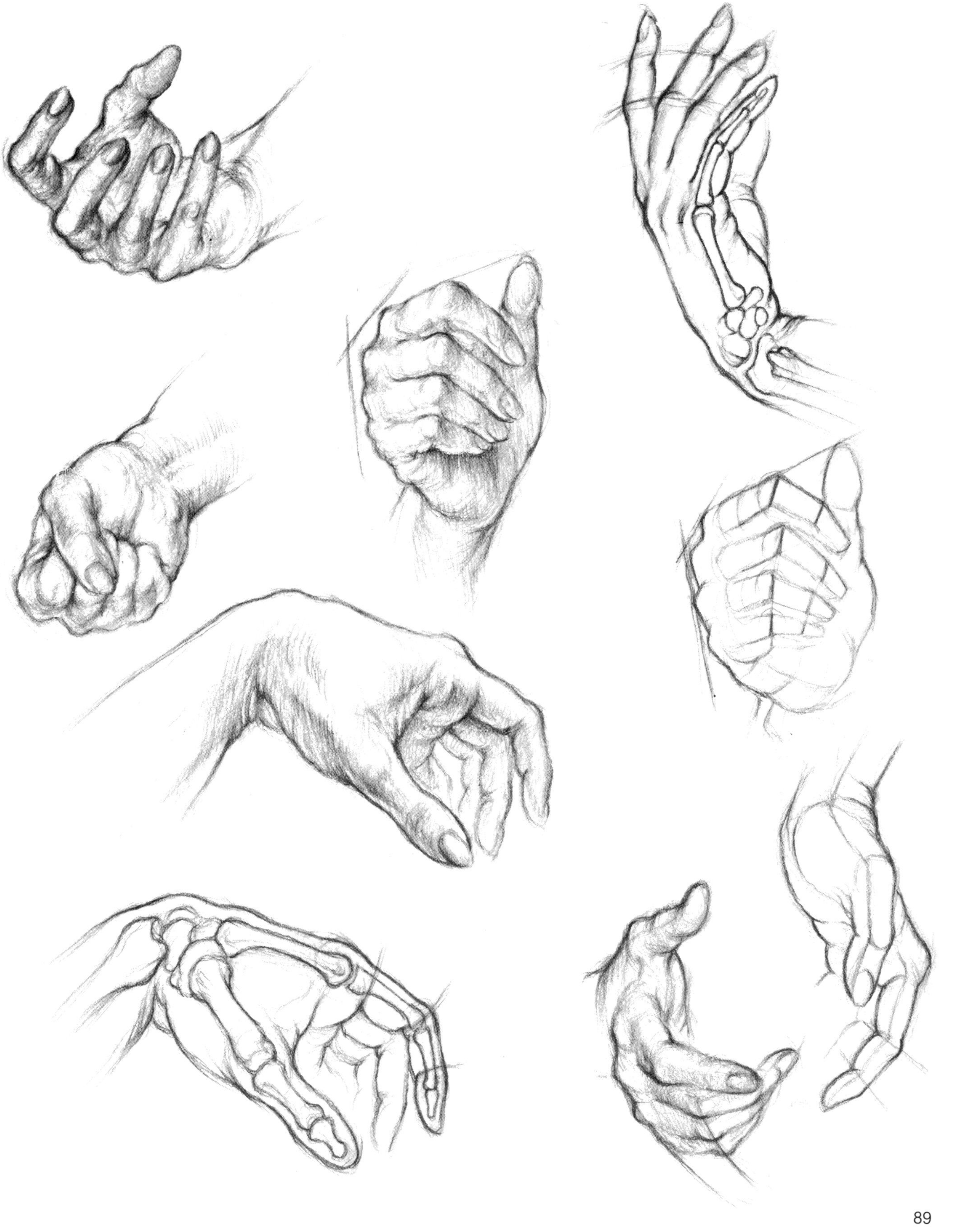

Der Oberschenkel

Hüft-Lenden-Muskel und Knochen

Der **Oberschenkelknochen** (Femur) ist der längste Knochen des Körpers. Nach oben schließt er mit einem Gelenk zum Becken an, unten ist er mit dem **Schienbein** (Tibia) verbunden. Der Oberschenkelkopf, der nahezu einer Kugel gleicht, ist gelenkig mit der tiefen Pfanne (Essignäpfchen) des Hüftbeins verbunden. Da die Knochen im Hüftgelenk tiefer ineinandergreifen als im Schultergelenk, ist ihr Zusammenhalt zwar größer, die Beweglichkeit jedoch eingeschränkter. Der Oberschenkelhals verläuft schräg nach unten und geht in einen langen Schaft über. Beim Kind ist das Becken schmal und wird erst dann breiter, wenn die Eingeweide und die Blase hinabsteigen und von ihm getragen werden. Kopf, Hals und Schaft des Oberschenkelknochens verlaufen zunächst noch in fast gerader Linie, weshalb Kinder ein kleines enges Gesäß und gerade Oberschenkel haben. Bei der Frau ist das Becken weiter als beim Mann, die Essignäpfchen stehen weiter auseinander, die Oberschenkelhälse verlaufen unter einem spitzeren Winkel und die Oberschenkelknochen stehen schräger.

Wo Schenkelhals und Schaft zusammenkommen, befinden sich zwei Knochenvorsprünge, der **große** und der **kleine Rollhügel** (Trochanter major und minor), die durch Sehnenzug geformt worden sind. Der große Rollhügel liegt dicht unter der Haut und kann an der Seite der Hüfte getastet werden.

Der Schaft ist nach vorne gebogen und zeichnet sich an der Vorderseite des Oberschenkels als eine vorwärts schwingende Linie unter den Muskeln ab.

Zum unteren Ende verdickt sich der Oberschenkelknochen und läuft im **inneren** und **äußeren Gelenkknorren** (Condylus medialis und Condylus lateralis) und im **inneren** und **äußeren Obergelenkknorren** (Epicondylus medialis und Epicondylus lateralis) aus. Die Gelenkknorren sind mit Knorpel überzogen und mit dem Schienbein beweglich verbunden. Der äußere Knorren ist höher und hat eine scharfe Kante, die man am Knie fühlen und bei gebeugtem Knie oft auch als Grat erkennen kann. Der innere Gelenkknorren und sein Fortsatz bilden eine große Rundung auf der Innenseite des Knies, die ebenfalls tastbar und sichtbar ist. Auf der Rückseite des Oberschenkelschaftes befindet sich eine längs verlaufende **rauhe Leiste** (Linea aspera), an der die Oberschenkelmuskeln ansetzen.

Der **Hüft-Lenden-Muskel** (M. iliopsoas) besteht aus zwei Teilen, dem **Darmbeinmuskel** (M. iliacus), der fächerförmig an der inneren gebogenen Darmbeinoberfläche entspringt, und dem **Lendenmuskel** (M. psoas), der Teil des Darmbeinmuskels ist und von den Lendenwirbeln und Zwischenwirbelscheiben ausgeht. Die Muskeln ziehen unter dem Leistenband hindurch und greifen mit einer gemeinsamen Sehne am kleinen Rollhügel an. Die Oberschenkelarterie sowie die Vene und der Nerv, die die Oberschenkelvorderseite versorgen, liegen bei ihrem Eintritt in den Oberschenkel vor dem Muskel, aber hinter dem Leistenband. Dadurch entsteht eine Form, die als Oberschenkeldreieck bezeichnet wird. Der Hüft-Lenden-Muskel beugt den Oberschenkel im Hüftgelenk und dreht ihn nach außen, außerdem beugt er den Unterkörper nach vorn.

Der Oberschenkel

Hüft-Lenden-Muskel und Knochen

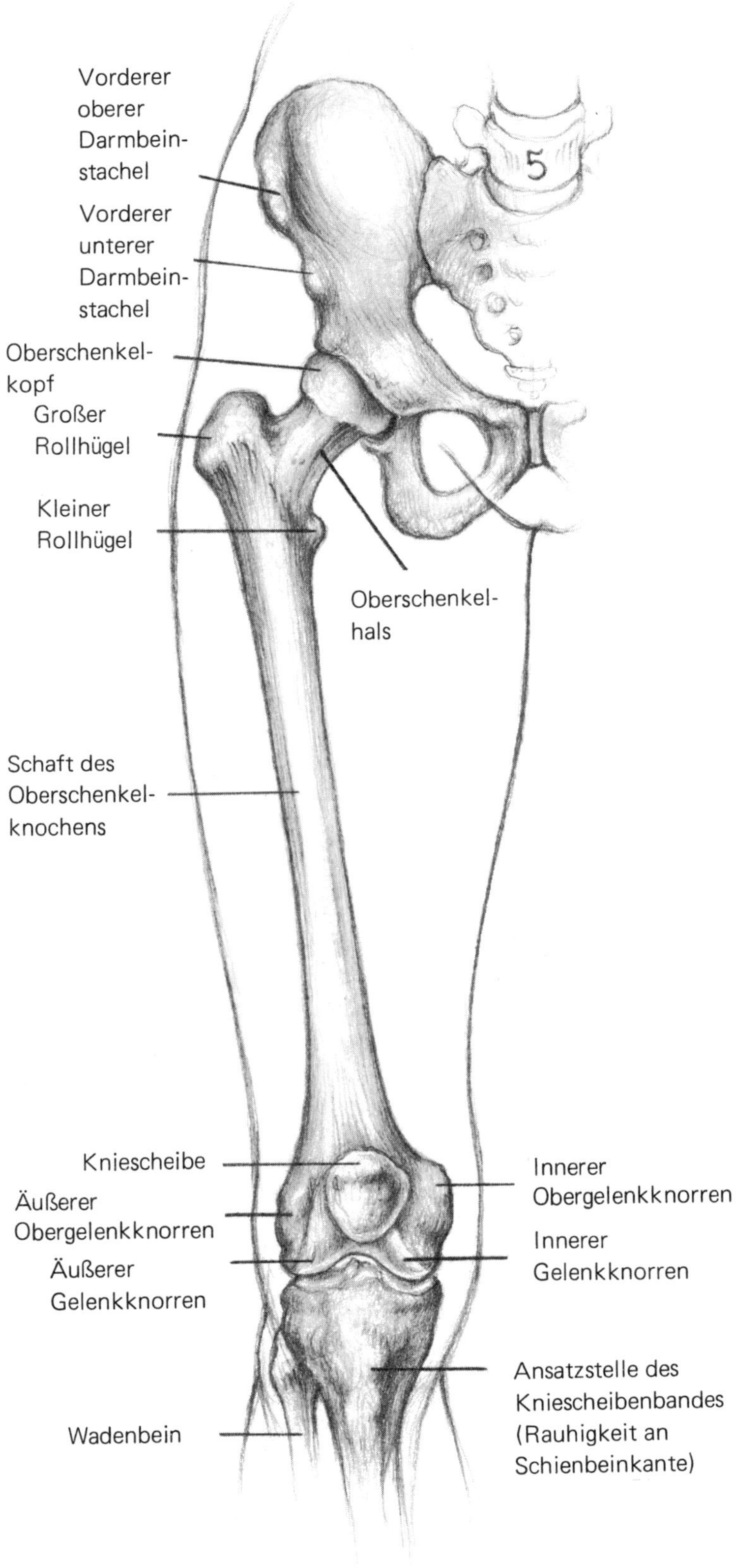

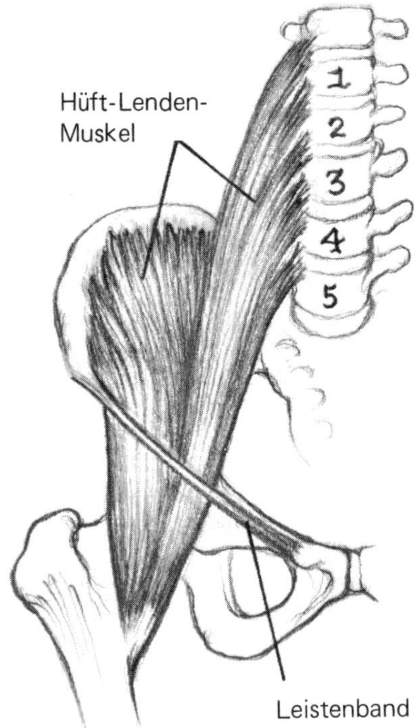

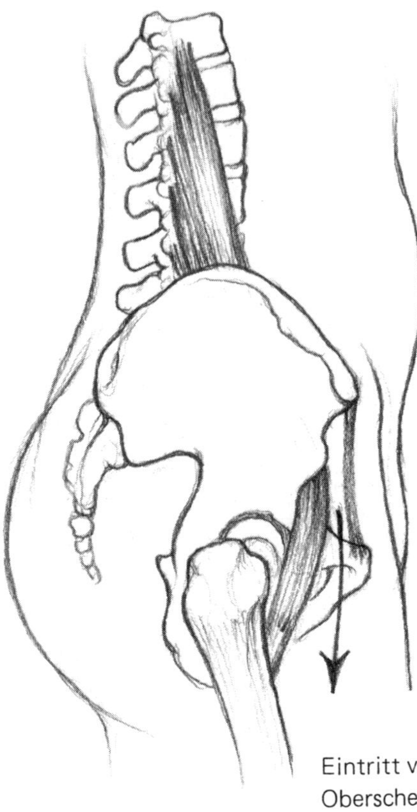

Der Oberschenkel

Die Oberschenkelmuskeln

Der Oberschenkelanzieher

Der **Kammuskel** (M. pectineus) entspringt seitlich des Schambeinhöckers vorn am Schambein und setzt am Oberschenkelknochen an einer Linie an, die vom kleinen Rollhügel zur Linea aspera verläuft. Bei seiner Verkürzung zieht er den Oberschenkel zur Körpermittellinie hin (Adduktion). Beim Beugen und nach außen drehen des Oberschenkels im Hüftgelenk hilft er mit.

Der **lange Oberschenkelanzieher** (M. adductor longus) entspringt mit flacher Sehne nahe der Schambeinfuge. Er verbreitert sich stark zu einem dreieckigen Bauch, der mit einer flächigen Sehne (Aponeurose) im mittleren Drittel der Linea aspera ansetzt. Der **kurze Oberschenkelanzieher** (M. adductor brevis) liegt hinter dem Kammuskel und dem langen Oberschenkelanzieher. Er entspringt an dem zwischen Sitzbein und Schambeinfuge gelegenen Teil des Schambeins, am absteigenden Schambeinast, und greift am oberen Teil der Linea aspera an.

Der **große Oberschenkelanzieher** (M. adductor magnus) ist ein dicker, großer, dreieckiger Muskel auf der Innenseite des Oberschenkels, der vom Sitzbeinast und dem unteren Rand des Sitzbeinhöckers ausgeht. Er endet an den oberen zwei Dritteln der Linea aspera und mit einer seilartigen Sehne am inneren Obergelenkknorren des Oberschenkelknochens.

Alle drei Oberschenkelanzieher ziehen den Oberschenkel zur Körpermitte hin, können das Übereinanderschlagen der Beine bewirken und sind beim Gehen und Laufen aktiv. Daneben hilft der lange Oberschenkelanzieher das Bein im Hüftgelenk zu beugen, der kurze den Oberschenkel zu strecken und nach außen zu drehen, während der große den Oberschenkel ebenfalls streckt, aber auch an der Einwärtsdrehung beteiligt ist.

Der **schlanke Muskel** (M. gracilis) ist ein dünner Muskel, breit an seinem Ursprung am absteigenden Ast des Schambeins und längs der Schambeinfuge und langsehnig beim Ansatz im oberen Teil der Innenseite des Schienbeinschaftes. Er zieht den Oberschenkel heran und hilft im Kniegelenk beugen.

Die Oberschenkelmuskeln

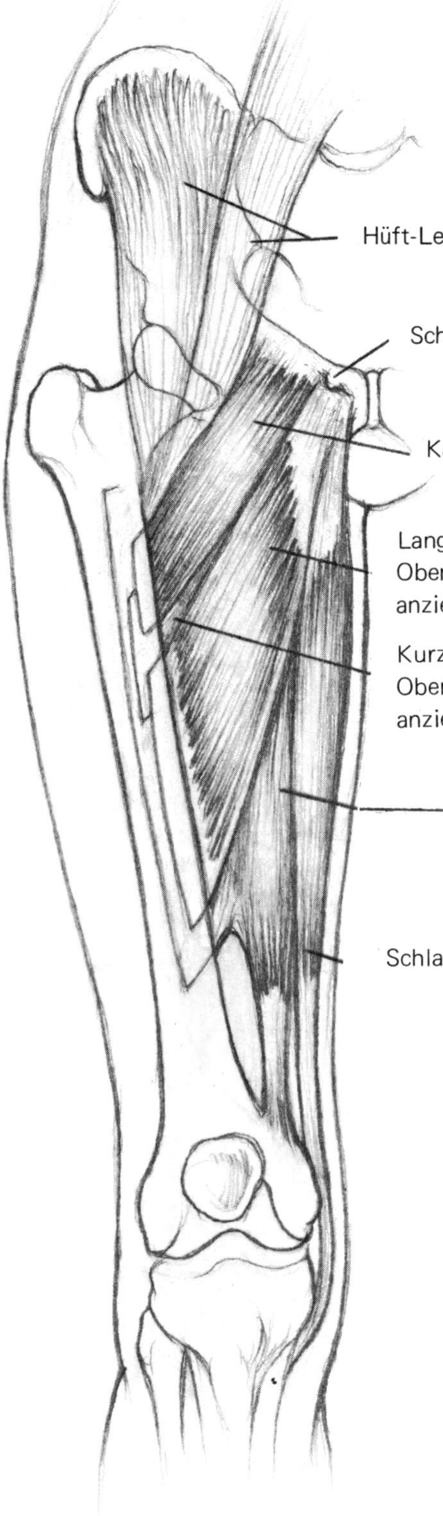

Vorderansicht

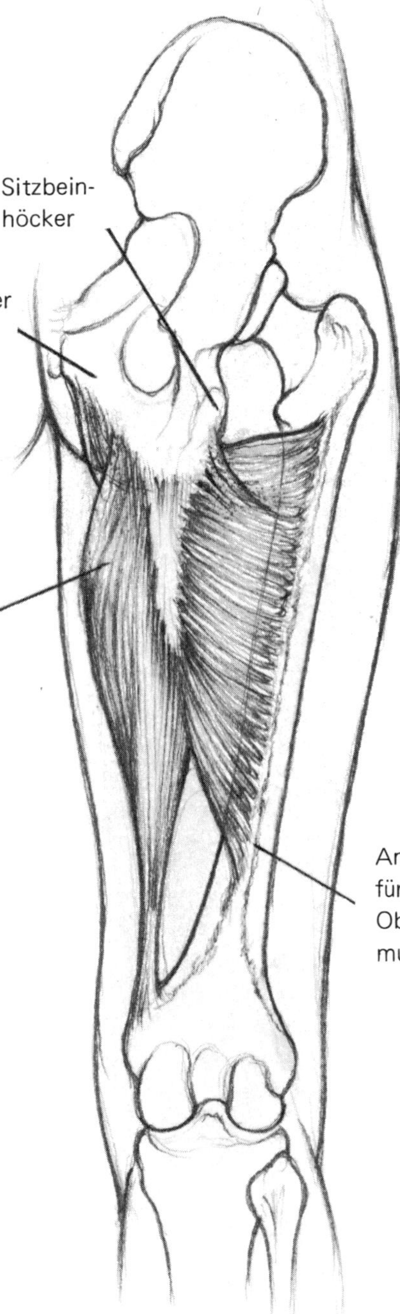

Dieses ist die Gruppe der **Anzieher**-Muskeln, die die Innenseite des Oberschenkels formen. Da sie an seiner Rückseite befestigt sind, ziehen sie den Oberschenkelknochen zur Mittellinie des Körpers heran. Sie bewirken Außen- und Einwärtsdrehung und können einen Oberschenkel über den anderen herüberziehen.

Der Oberschenkel

Die Oberschenkelmuskeln

Der vierköpfige Schenkelstrecker

Der vierköpfige Schenkelstrecker (M. quadriceps femoris) besteht aus vier Muskeln, die mit einer gemeinsamen Sehne an der Tuberositas tibiae, einer rauhen Stelle am oberen Ende der vorderen Schienbeinkante, ansetzen. Die Sehne zieht zum unteren Ende des Oberschenkelknochens. Die Kniescheibe ist in sie eingelagert. Der Teil, der von der Kniescheibe (Patella) abwärts zieht, heißt Kniescheibenband (Ligamentum patellae).

Der **gerade Schenkelmuskel** (M. rectus femoris) hat seinen Ursprung am vorderen unteren Darmbeinstachel und an einem Teil des Randes der Hüftgelenkpfanne (Essignäpfchen). Er hat eine vorne liegende Ursprungssehne, und die von ihr ziehenden Muskelbündel sind kurz und doppelt gefiedert. Beim Zusammenziehen ergibt sich eine Wölbung an der Oberschenkelvorderseite. Die abgegrenzte, platte, gespannte Form der Sehne oberhalb der Kniescheibe ist oft gut sichtbar. Das Knie wird durch die Kontraktion dieses Muskels und den Zug an der Kniescheibe gestreckt. Der Muskel hilft dem Hüft-Lenden-Muskel bei der Beugung im Hüftgelenk.

Der **äußere** und **innere Schenkelmuskel** (M. vastus lateralis und medialis) entspringen mit einer Aponeurose an der Rückseite des Oberschenkelknochens entlang der Linea aspera. Sie enden nebeneinander am Kniescheibenrand, wobei der innere Muskel zwei Drittel des inneren Randes und einen kleinen Teil der Basis, der äußere den Rest der Basis und einen Teil des äußeren Randes der Kniescheibe beansprucht. Die Muskeln überdecken beide Seiten des Oberschenkelknochens, wobei der innere Schenkelmuskel eine füllige Form oberhalb des Kniegelenks ergibt, während der äußere eine mehr abgeplattete Form an der Oberschenkelaußenseite hervorruft.

Der **mittlere Schenkelmuskel** (M. vastus intermedius) entspringt an der Vorder- und Außenseite des Oberschenkelknochens. Er liegt tief unter dem geraden Schenkelmuskel und trägt zu der üppig gewölbten Form der Oberschenkelvorderseite bei.

Die drei letzten Schenkelmuskeln (Vasti) arbeiten mit dem geraden Schenkelmuskel beim Strecken des Unterschenkels im Knie zusammen, so z.B. beim Gehen und Kicken, indem sie auf das Schienbein einen Zug ausüben. Der äußere und innere Schenkelmuskel wirken bei Bewegungen stabilisierend auf das Knie.

Ist eine Sehne besonderer Belastung und Abnutzung durch Druck und Bewegung eines darunterliegenden Knochens ausgesetzt, kann sie zur Entlastung einen eigenen Knochen entwickeln. Die Kniescheibe ist ein Beispiel dafür; sie gehört zu den sogenannten Sesambeinen. Es gibt Sesambeine in einigen Daumensehnen, unter dem großen Zeh in den Sehnen des kurzen Beugers und am Handgelenk (das Erbsenbein).

Der Oberschenkel

Die Oberschenkelmuskeln

Der Schenkelstrecker besteht aus vier Muskeln mit einer gemeinsamen Ansatzstelle:

dem geraden Schenkelmuskel,
dem äußeren Schenkelmuskel,
dem mittleren Schenkelmuskel,
dem inneren Schenkelmuskel.

Vorderansicht

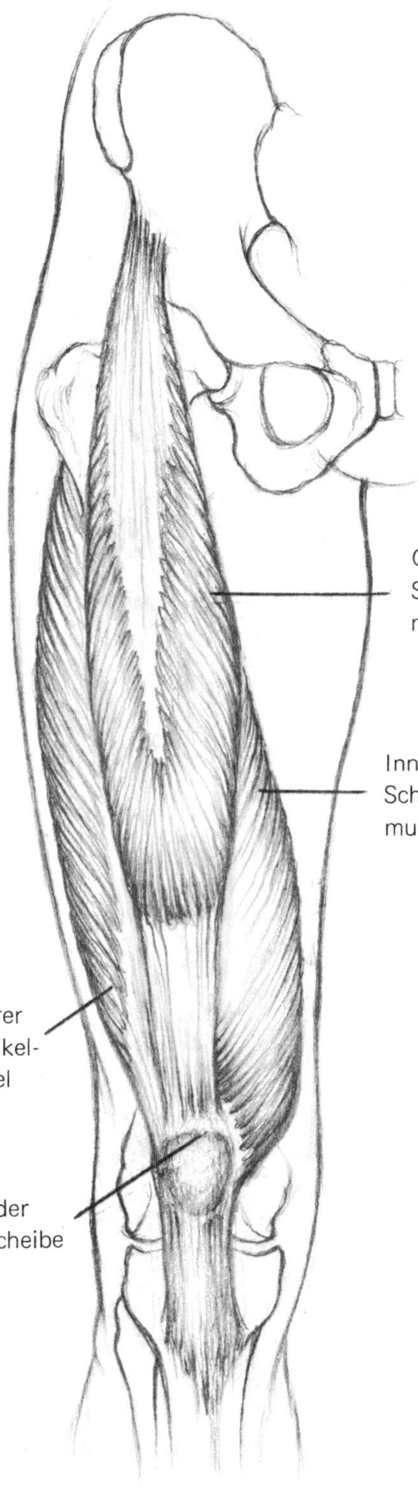

Ansatz des Schenkelstreckers mit einer gemeinsamen Sehne (dem Kniescheibenband) an der Schienbeinkante.

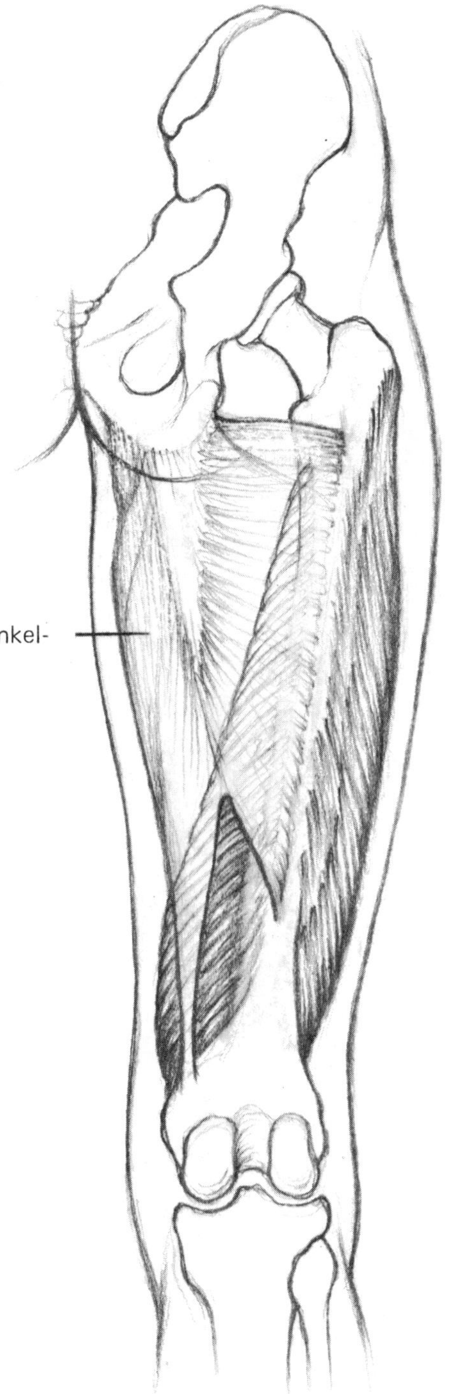

Der innere und äußere Schenkelmuskel umhüllen den Oberschenkelknochen und sind an seiner Rückseite befestigt.

Der Oberschenkel

Die Oberschenkelmuskeln

Vorderansicht

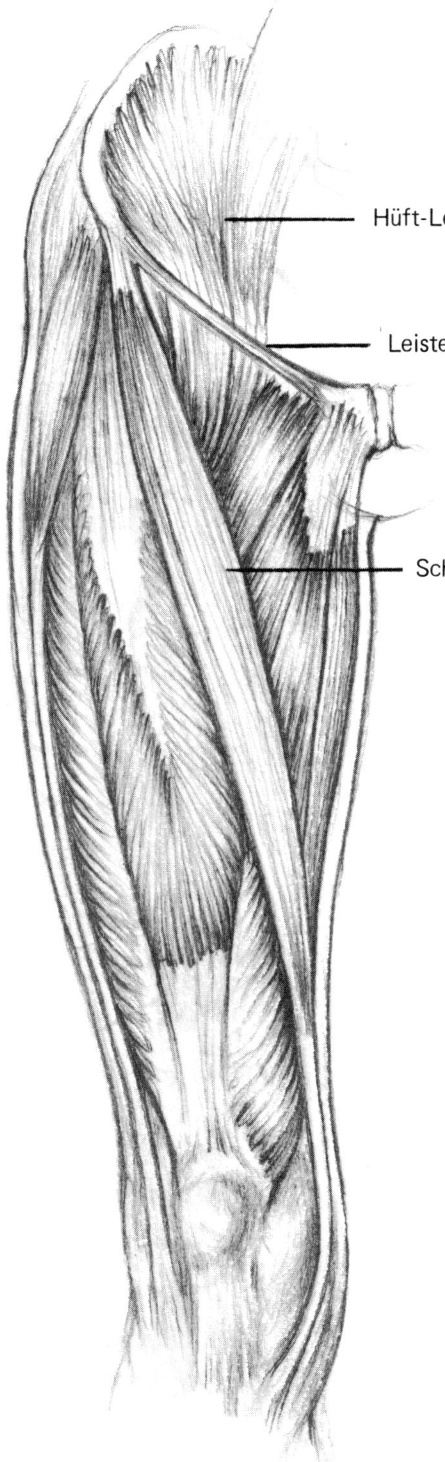

Der **Schneidermuskel** (M. sartorius) grenzt den massigen Schenkelstrecker an der Vorderseite von der Masse der Oberschenkelanzieher an der Innenseite des Oberschenkels ab. Seine eigentliche Form ist nur bei mageren und dabei sehr muskulösen Menschen zu erkennen. Man beachte, wie verschieden die beiderseits von ihm liegenden Formen sind.

Der lange, diagonale Schneidermuskel ist der längste Muskel des Körpers, der als schmales Band am vorderen oberen Darmbeinstachel entspringt und mit langer flacher Sehne an der Innenseite des Knies, an der Tuberositas tibiae ansetzt. Wenn er sich zusammenzieht und dabei um etwa 15 cm kürzer wird, beugt er den Körper in der Hüfte, dreht den Oberschenkel nach außen und beugt das Knie. Treten beide Schneidermuskeln in Aktion, werden die Beine wie beim Schneidersitz gekreuzt.

Man beachte das etwas zurücktretende Dreieck oben am Oberschenkel, dessen Basis das Leistenband bildet. Der Hüft-Lenden-Muskel bildet den Boden dieses Dreiecks und Arterie, Vene und Nerv des Oberschenkels treten hier vom Rumpf aus den Hüft-Lenden-Muskel überlagernd in das Bein ein. Dieses ist das sogenannte Oberschenkeldreieck, eine abgegrenzte, eigene Form, die es für den Künstler zu beachten gilt.

Das Kniegelenk

Besonders wichtig beim Zeichnen oder Modellieren des Knies sind die Knochen. Da Teile von ihnen dicht unter der Haut liegen, kann man sie zur Orientierung benutzen. Am besten läßt sich der Bau des Knies bei gebeugtem Knie studieren, weil dann Sehnen und Gewebe über den Knochen straff gespannt sind. Deshalb betrachte man das eigene Knie im Spiegel und suche nach den vier wichtigsten von vorne sichtbaren Formen: Das sind der innere und äußere Gelenkknorren des Oberschenkelknochens, die Kniescheibe und die ungefähr dreieckige Form darunter, die durch den Ansatz des Kniescheibenbandes entsteht.

Der **innere** und **äußere Knorren** des Oberschenkelbeins ruhen auf den entsprechenden Knorren des Schienbeins. Der innere Knorren und sein Obergelenkknorren bedingen eine ausgeprägte, große, runde Form an der Innenseite des Knies. Die äußere Seite des Knies ist flacher und der Gelenkknorren hat eine scharfe Kante, die die Oberflächenneigung hier deutlich verändert. Bei einem mageren Knie sind die abgerundeten Formen auf der Vorderseite gut zu sehen.

Das obere Ende des Schienbeins trägt eine Fläche mit zwei flachen Tellern, auf denen die Oberschenkelknorren ruhen. Die Oberflächen sind mit Knorpel überzogen, außerdem gibt es je eine mondförmige Knorpelscheibe. An der Vorderseite des oberen Schienbeinendes befindet sich eine dreieckige, grobe, rauhe Stelle (Tuberositas tibiae) als Ansatz des Kniescheibenbandes. Von der unteren Spitze dieses Dreiecks aus kann man die vordere Schienbeinkante mit den Fingern hinunterfahren und die innere Seite des Schienbeins tastend bis zum **inneren Knöchel** (Malleolus medialis) verfolgen, da der Knochen hier dicht unter der Haut liegt.

Die **Kniescheibe** ist ein annähernd dreieckiger Knochen, dessen Basis nach oben gerichtet ist. Ihre Rückseite trägt Facetten, mit denen sie sich den Knorren des Oberschenkelknochens anpaßt. Beim Stehen wird die Kniescheibe nur locker von ihren Sehnen gehalten, und man kann ihre Ränder tasten und sie leicht verschieben. Ihre obere Fläche ist besonders geformt und es besteht ein ausgesprochener Neigungswinkel zur Vorderfläche. Die Hinterfläche ist eher keilförmig und läuft innerhalb der Furche zwischen den Oberschenkelknorren.

Die Haut in der Kniescheibengegend ist lose und kann sich in gröbere oder feinere Falten legen, wenn sich die Sehnen, die die Kniescheibe halten, beim Strecken des Knies spannen.

Das Kniegelenk

Das Kniegelenk, seine Struktur und Bewegungen

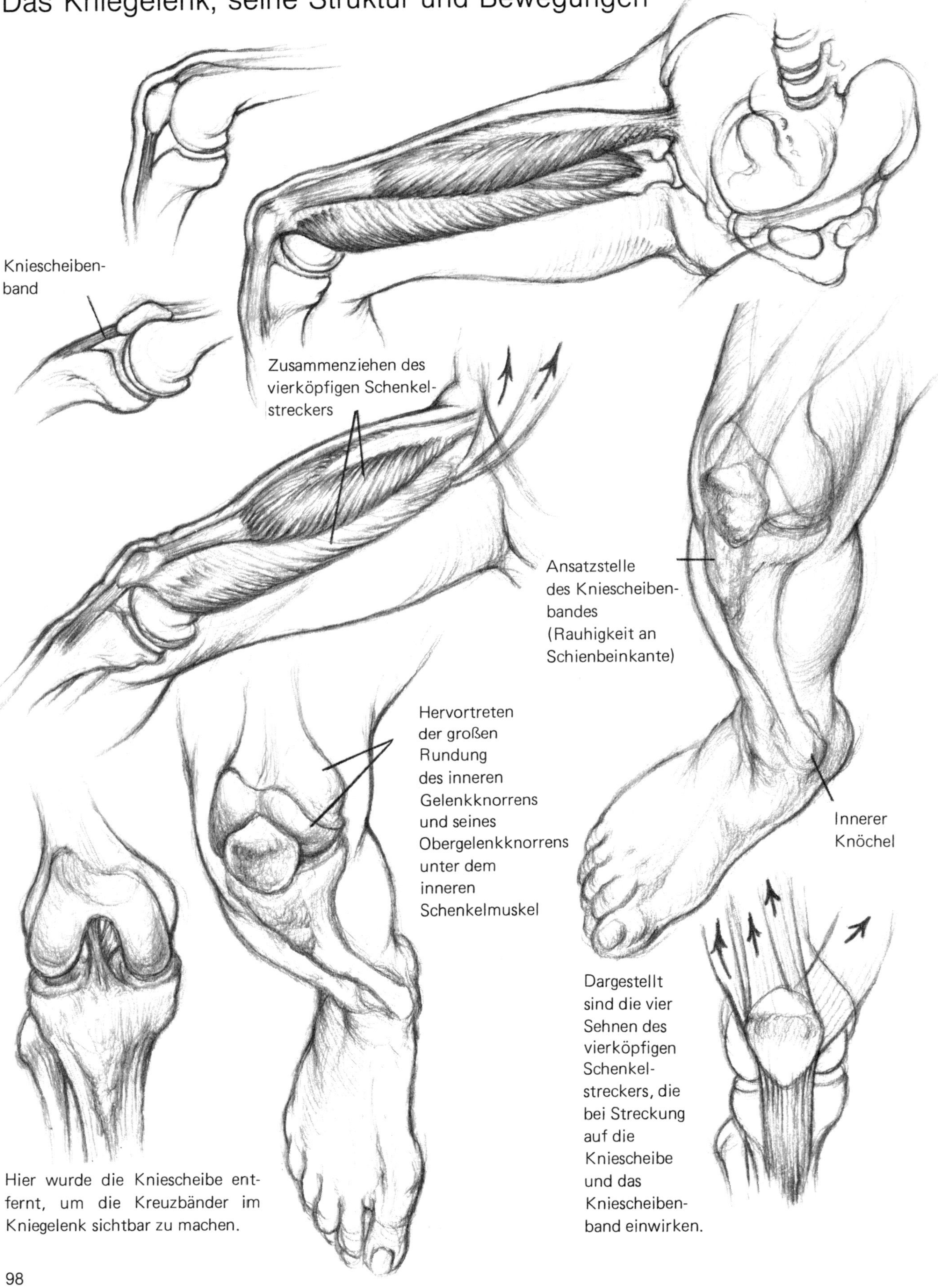

Hier wurde die Kniescheibe entfernt, um die Kreuzbänder im Kniegelenk sichtbar zu machen.

Dargestellt sind die vier Sehnen des vierköpfigen Schenkelstreckers, die bei Streckung auf die Kniescheibe und das Kniescheibenband einwirken.

Das Kniegelenk

Das Kniegelenk, seine Struktur und Bewegungen

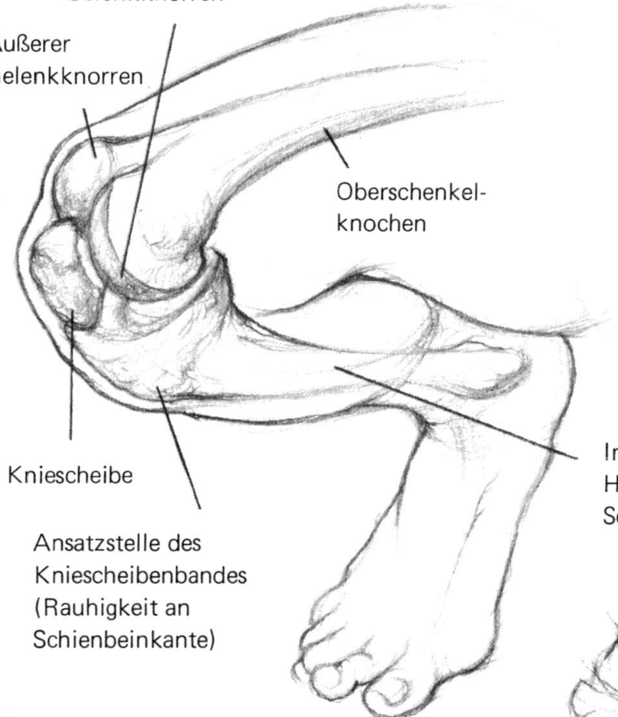

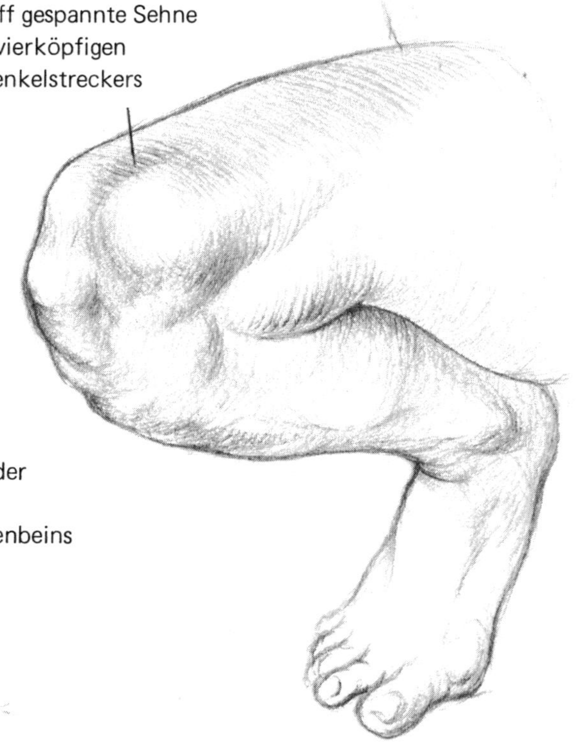

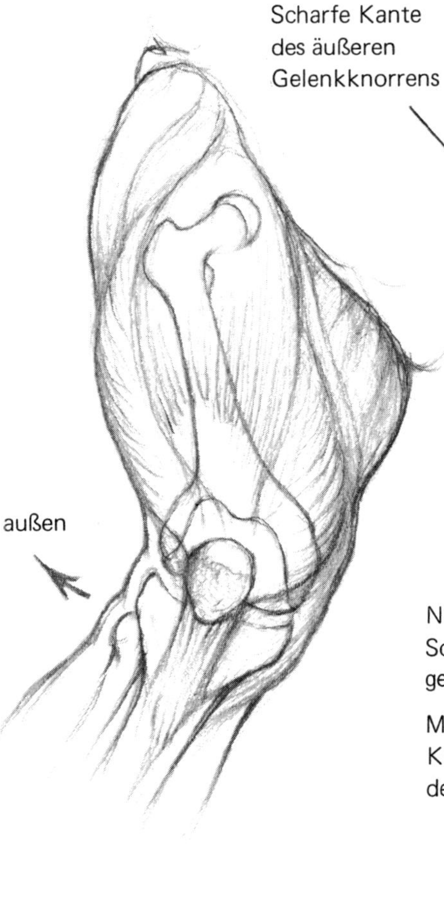

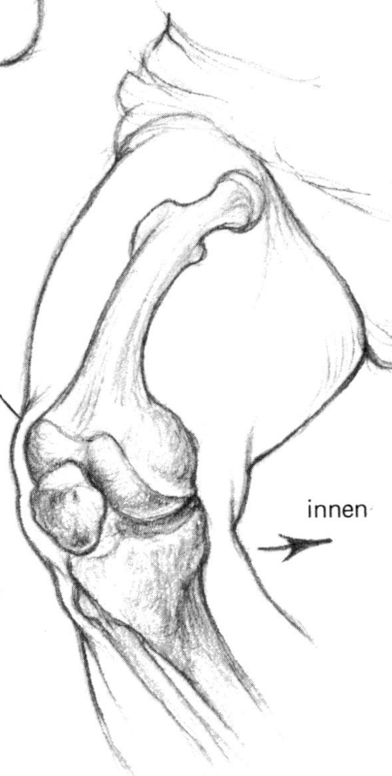

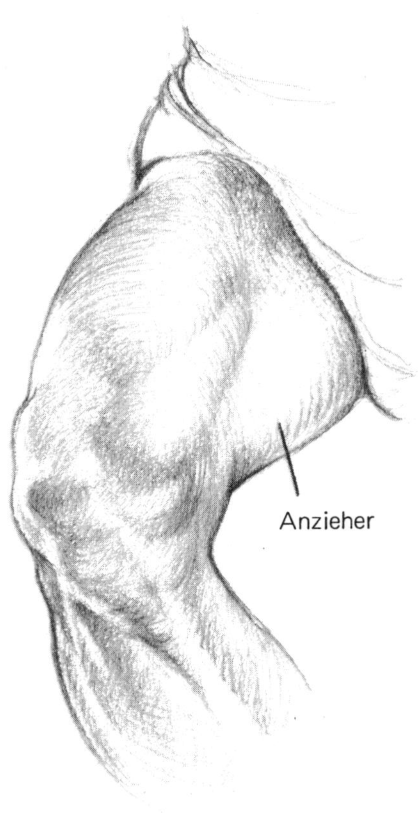

Nur wenn das Knie gebeugt ist, kann das Schienbein nach innen und außen schwingen und drehen.

Man beachte auch das Ausweichen der Kniescheibe nach außen bei Beugung des Knies.

Die Knochen des Unterschenkels

Der Unterschenkel hat zwei Knochen, das größere und stärkere Schienbein an der Innen- und das schlankere und kürzere Wadenbein an der Außenseite.

Das **Schienbein** (Tibia) ist der tragende Knochen, dessen Oberteil zu zwei Gelenkknorren aufgetrieben das vom Oberschenkelknochen übertragene Körpergewicht auffängt. Die Knorren des Oberschenkelknochens bilden mit den beiden Tellern des inneren und äußeren Knorrens des Schienbeins ein Gelenk. Besonders auffallend ist an der Vorderseite des oberen Endes des Schienbeins die dreieckige grobe **Rauhigkeit** (Tuberositas tibiae), an der das Kniescheibenband ansetzt. Durch den Zug seiner Fasern ist der Knochen hier rauh und höckrig, sodaß die Form der Tuberositas äußerlich gut sichtbar ist. Die Dreieckspitze geht in die vordere Schienbeinkante über, die direkt unter der Haut liegt.

Der Schienbeinschaft ist im Querschnitt etwa dreieckig, mit einer hinteren und zwei seitlichen Flächen. Die innere Seitenfläche liegt ebenfalls dicht unter der Haut. Sie ist gut sichtbar und vom Knie bis zum dicken **inneren Knöchel** (Malleolus medialis), einem kräftigen Knochenfortsatz, auch tastbar. Das untere Ende des Schienbeins bildet mit der Oberfläche des **Sprungbeins** (Talus) – der **Sprungbeinrolle** (Trochlea tali) – ein Scharniergelenk. Nur zwei Bewegungen sind in ihm möglich: die Hebung des Fußes zum Fußrücken (Dorsalextension oder -flexion) und die Beugung zur Fußsohle hin (Plantarflexion).

Das **Wadenbein** (Fibula) bildet mit seinem Köpfchen ein Gelenk mit dem Schienbein unterhalb und dadurch ein wenig hinter dessen äußerem Knorren. Man kann das Köpfchen gelegentlich an der Außenseite des Beines etwas hervortreten sehen, während der Wadenbeinschaft von Muskeln überdeckt und somit nicht sichtbar ist. Das untere Schaftende ist länglich und verdickt und bildet den **äußeren Knöchel** (Malleolus lateralis), der etwas weiter hinabreicht als der innere Knöchel, was beim Zeichnen oder Modellieren zu beachten ist.

Die Knochen des Unterschenkels

Die Knochen und Beugemuskeln des Ober- und Unterschenkels

Rückansicht

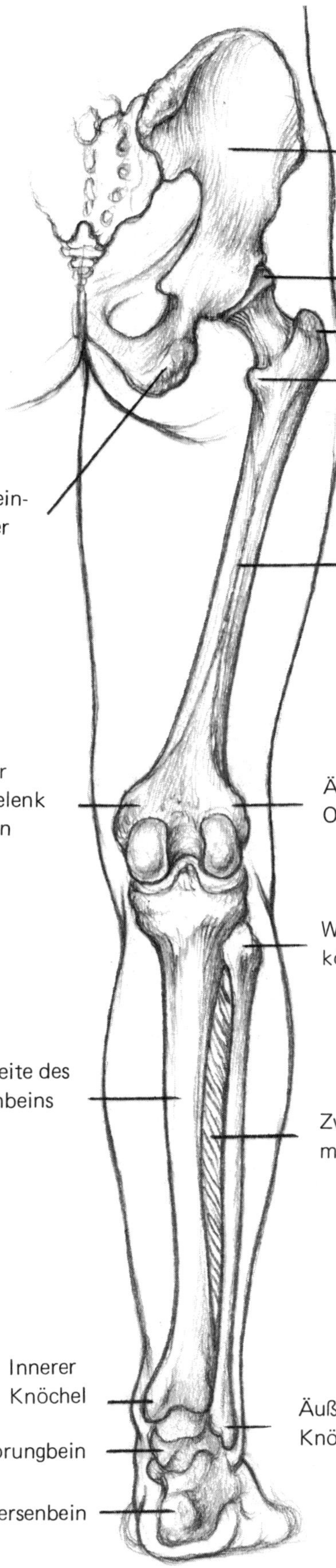

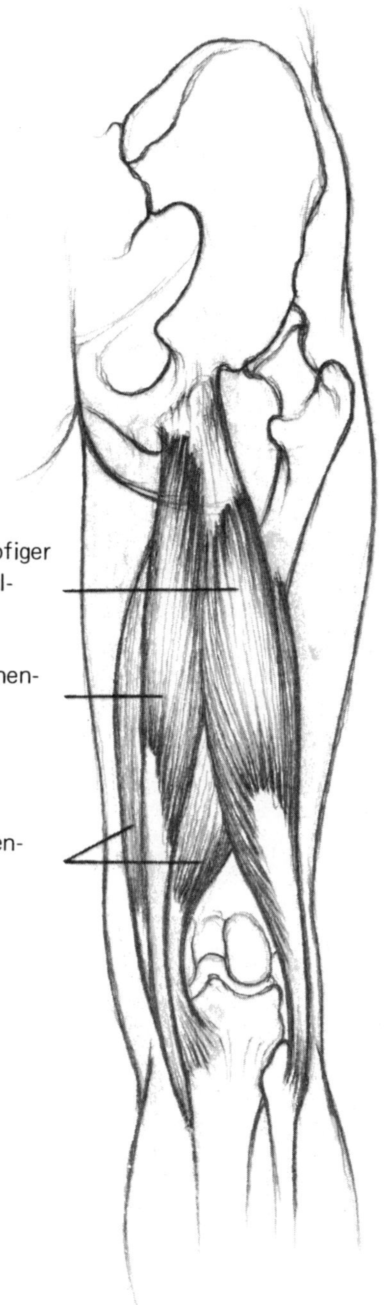

Die drei am Sitzbeinhöcker entspringenden Beugemuskeln des Kniegelenks:

der zweiköpfige Schenkelmuskel,
der Halbsehnenmuskel,
der Plattensehnenmuskel.

Die Beugemuskeln des Kniegelenks

Würde man die Sehnen der folgenden Muskeln hinter dem Knie durchschneiden, so könnte das Knie nicht gebeugt und kein Schritt gemacht werden.

Es handelt sich hier um den **zweiköpfigen Schenkelmuskel** (M. biceps femoris), den **Plattsehnenmuskel** (M. semimembranosus) und den **Halbsehnenmuskel** (M. semitendinosus), die am Sitzbeinhöcker entspringen. Nur der kurze Kopf des zweiköpfigen Schenkelmuskels macht eine Ausnahme: Er hat seinen Ursprung an der Hinterfläche des Oberschenkelschaftes. Die Muskelbäuche dieser drei ergeben die starke Rundung auf der Oberschenkelrückseite.

Die beiden Köpfe des zweiköpfigen Schenkelmuskels setzen mit einer gemeinsamen Sehne am Wadenbeinköpfchen an. Der Plattsehnenmuskel geht mit einer dicken Sehne an den inneren Gelenkknorren des Schienbeins, während der Halbsehnenmuskel eine längere Sehne hat, die von der Rückseite des Knies kommend am inneren Rand der Tuberositas tibiae ansetzt. Diese Sehnen lassen sich beiderseits an der Rückseite des gebeugten Knies tasten, und sie bedingen bei gestrecktem Knie den Eindruck einer inneren und äußeren "Säule" auf der Rückseite des Gelenks.

Die Gesäßmuskulatur

Die drei Gesäßmuskeln

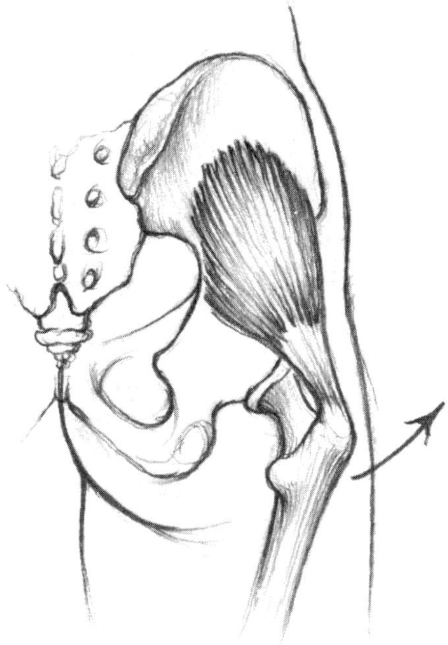

Der kleine Gesäßmuskel entspringt am unteren Teil der Darmbeinrückseite und setzt am großen Rollhügel an.

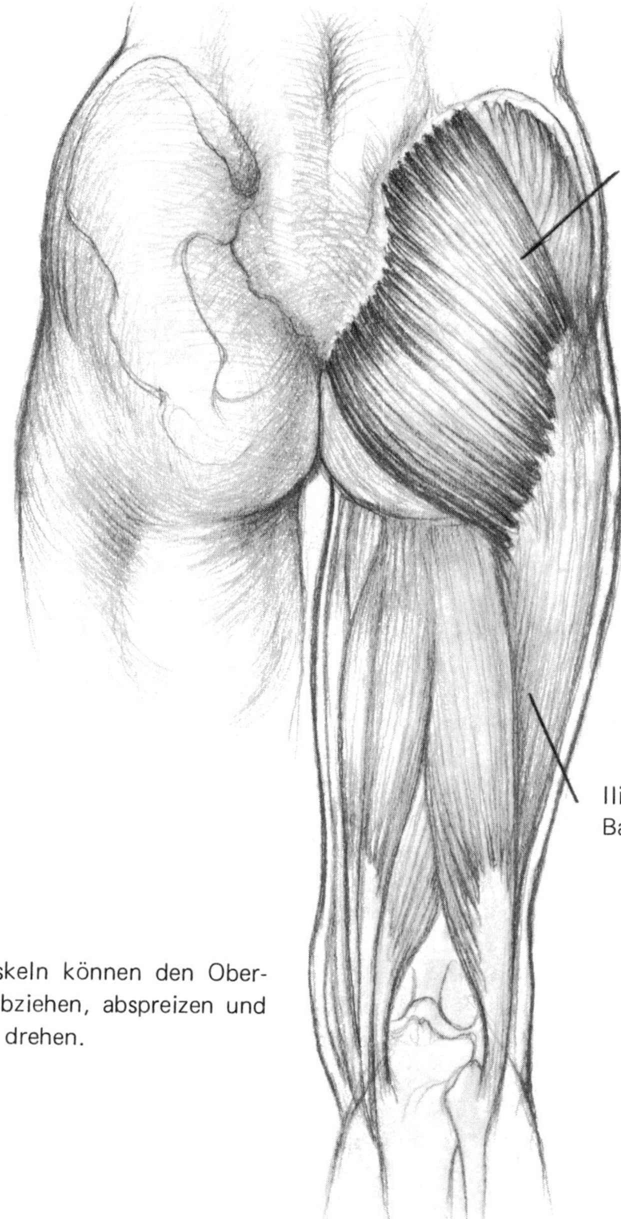

Beide Muskeln können den Oberschenkel abziehen, abspreizen und nach innen drehen.

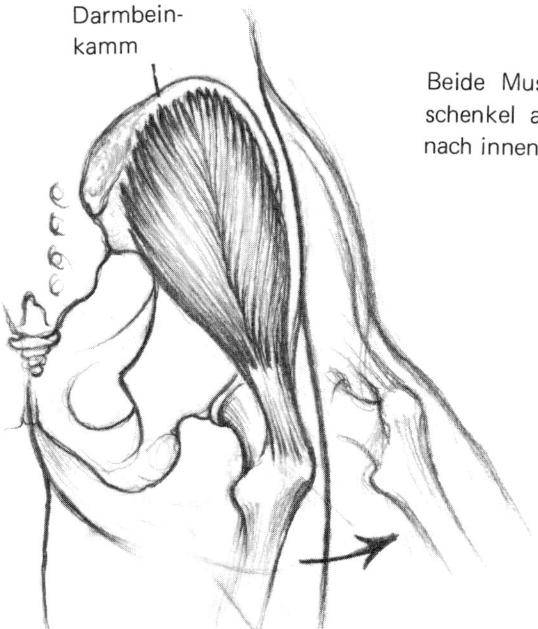

Der mittlere Gesäßmuskel entspringt an der oberen freien Fläche der Darmbeinrückseite und setzt am großen Rollhügel an.

Der mittlere Gesäßmuskel bewirkt eine ausgesprochene Rundung oben an der Hüfte, insbesondere wenn er sich zusammenzieht. Die Muskeln werden zu ihren Ansatzstellen hin sehnig; dort findet sich oberhalb des vorspringenden großen Rollhügels eine vertiefte Stelle an der Hüfte.

Die Gesäßmuskulatur

Der große Gesäßmuskel, der Spanner der Oberschenkelbinde und das iliotibiale Band

Der **Spanner der Oberschenkelbinde** (M. tensor fasciae latae) ist ein kleiner, etwa 15 cm langer Muskel, der vom vorderen oberen Darmbeinstachel ausgehend am iliotibialen Band der **Schenkelbinde** (Tractus iliotibialis fasciae latae) ansetzt.

Das **iliotibiale Band** (Tractus iliotibialis) ist ein verstärkter Teil der gesamten Bindegewebshülle der Oberschenkelmuskeln. Die Faszie der Oberschenkelmuskeln ist besonders kräftig und wird **große Schenkelbinde** (Fascia lata) genannt. Faszien sind breitflächige Bindegewebshüllen, die den Körper unter der Haut überziehen. Die Fasern der Muskelhülle sind kreisförmig angeordnet, mit Ausnahme des an der Außenseite des Oberschenkels liegenden vertikalen iliotibialen Bandes. Dieses Faserband ist für den Künstler besonders wichtig, nicht nur weil es sich an der Seite des Oberschenkels als gespanntes Band abzeichnet, sondern auch weil sich eine Furche längs der Hinterkante dieses Bandes ergibt. Das kommt daher, weil das iliotibiale Band im Verlauf an der **derben Muskelhaut** (Septum intermusculare laterale) zwischen dem äußeren und dem zweiköpfigen Schenkelmuskel befestigt ist. Diese derbe Muskelhaut ist ihrerseits an der ganzen Länge der Linea aspera angeheftet. Die lange Furche zwischen den beiden Muskelmassen ist bei fast allen Menschen mehr oder weniger deutlich sichtbar. Sie verläuft ziemlich weit hinten an der Oberschenkelaußenseite. Der Spanner der Oberschenkelbinde kann wegen seines Ansatzes die große Schenkelbinde spannen und helfen, den Unterschenkel zu strecken. Er hilft auch, das Becken auf dem Oberschenkelkopf zu stabilisieren und ist besonders bei Ballettänzern gut ausgebildet, denn die ständigen Hüftbewegungen stärken ihn ebenso wie den **mittleren** und den **kleinen Gesäßmuskel** (M. glutaeus medius u. glutaeus minimus). Zusammen mit diesen beiden Muskeln dient der Spanner der Oberschenkelbinde auch dem Abspreizen des Oberschenkels.

Der **große Gesäßmuskel** (M. glutaeus maximus) ist ein mächtiger rhombischer Hüftmuskel. Er entspringt am hinteren Teil des Hüftbeinkammes, an der Außenfläche der Darmbeinschaufel, an der Rückseite des Kreuzbeins, an Sehnen und Bändern dieser Region, die auch am Steißbein befestigt sind. Seine Unterkante zieht vom Steißbein kommend entlang dem oberen Drittel des Oberschenkelknochens, seine Oberkante verläuft der Unterkante parallel. Der innere untere Abschnitt des Muskels setzt mit etwa einem Viertel der Muskelmasse direkt am Oberschenkelknochen an. Die übrigen drei Viertel sind am iliotibialen Band befestigt. Dadurch wird der große Gesäßmuskel zum kraftvollen Kniestrecker, denn das iliotibiale Band setzt am äußeren Gelenkknorren des Schienbeins vor der Achse des Kniegelenks an. Der Muskel wird u.a. beim Laufen und Steigen gebraucht.

Der große Gesäßmuskel, der Spanner der Oberschenkelbinde und das iliotibiale Band

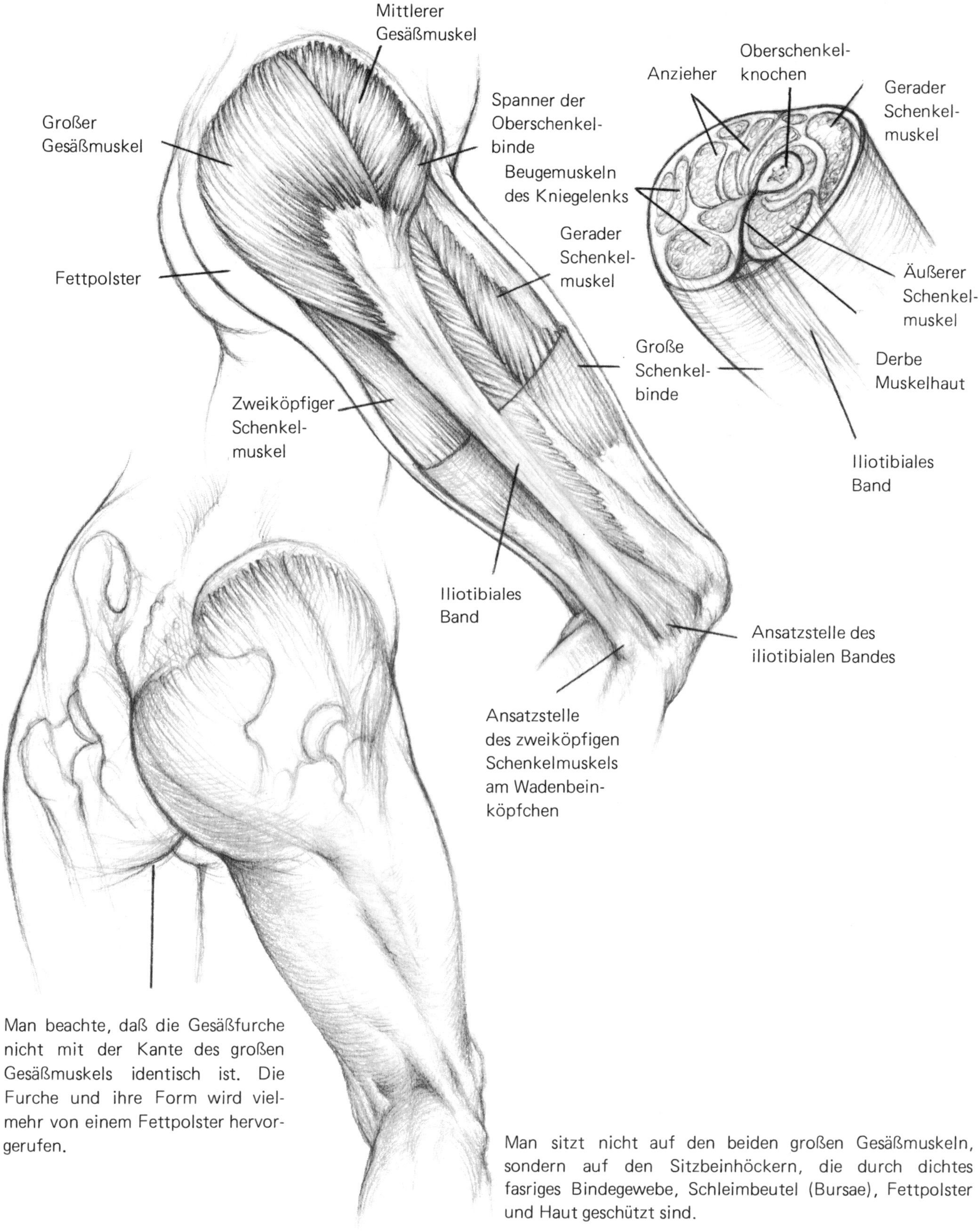

Man beachte, daß die Gesäßfurche nicht mit der Kante des großen Gesäßmuskels identisch ist. Die Furche und ihre Form wird vielmehr von einem Fettpolster hervorgerufen.

Man sitzt nicht auf den beiden großen Gesäßmuskeln, sondern auf den Sitzbeinhöckern, die durch dichtes fasriges Bindegewebe, Schleimbeutel (Bursae), Fettpolster und Haut geschützt sind.

Die Muskeln des Unterschenkels

Vorderansicht

Es gibt keine Muskeln, die an der dicht unter der Haut liegenden Innenseite des Schienbeins entspringen, doch sind die Formen des auf der Rückseite liegenden **Zwillingswadenmuskels** (M. gastrocnemius) und **Schollenmuskels** (M. soleus) an der Innenseite des Unterschenkels zu sehen.

Die vordere Muskelgruppe

Folgende vier Muskeln, deren Sehnen zum Fußrücken ziehen, kommen von der Schienbeinaußenseite, der Zwischenknochenmembran und dem Wadenbein her:

Der **vordere Schienbeinmuskel** (M. tibialis anterior) entspringt am äußeren Schienbeinknorren, an den oberen zwei Dritteln der Schienbeinaußenseite und der Zwischenknochenmembran. Seine Muskelbündel rufen eine stark hervortretende Form am vorderen oberen Teil des Unterschenkels hervor. Seine Sehne verläuft diagonal und setzt am ersten Keilbein und dem ersten Mittelfußknochen an der Fußinnenseite an. Diese starke Sehne ist häufig sichtbar, wie sie über das Schienbein hinüber zu ihrer Ansatzstelle zieht, ein für den Künstler wichtiges Merkmal. Der Muskel hält das Längsgewölbe des Fußes aufrecht und wirkt als Fußrückenstrecker.

Der **lange Zehenstrecker** (M. extensor digitorum longus) kommt vom äußeren Schienbeinknorren, der Zwischenknochenmembran und den oberen drei Vierteln der Vorderseite des Wadenbeinschaftes. Er bedingt die große Rundung, die sich an der Außenseite des Unterschenkels hinzieht. Seine Sehne zieht am Fußgelenk unter den **Verstärkungsbändern** (Retinacula musculorum extensorum) hindurch, die der Führung der Streckersehnen am Fuß dienen. Nach Teilung der vier Sehnen, die gut sichtbar über den Fußrücken verlaufen, setzt er am 2., 3., 4. und 5. Zeh mit Hilfe von Aponeurosen an. Hinzu kommen noch die Sehnen des **kurzen Zehenstreckers** (M. extensor digitorum brevis), der im Fuß entspringt. Beide Muskeln strecken sowohl die Zehen, als auch den Fußrücken. Legt man seine Hand auf den oberen Teil des Unterschenkels und zieht die Zehen hinauf, so kann man fühlen, wie sich aufgrund der Verkürzung der Muskelzellen eine Wölbung bildet. Gleichzeitig sieht man, wie die Sehnen des Zehenstreckers und des vorderen Schienbeinmuskels auf dem Fußrücken hervortreten.

Der **lange Großzehenstrecker** (M. extensor hallucis longus) ist von den beiden oben erwähnten Muskeln teilweise verdeckt. Er entspringt am Mittelteil des Wadenbeins und der Zwischenknochenmembran, und seine starke Sehne zieht schräg zur Großzehe. Beim Hochziehen, also Strecken der Großzehe tritt sie deutlich hervor. Für den Künstler ist dies um so beachtenswerter, als sich längs der Sehne auch ein Wechsel der Oberflächenneigung vollzieht.

Vorderansicht

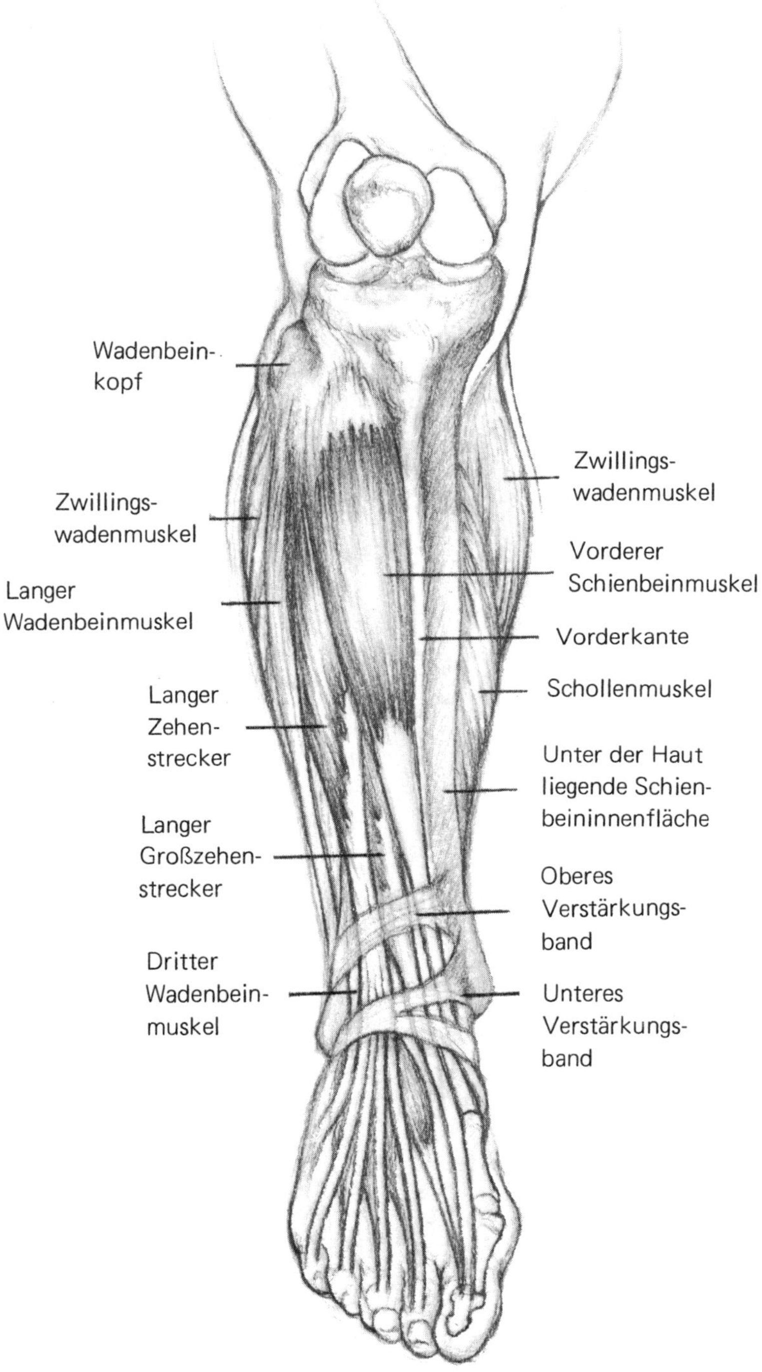

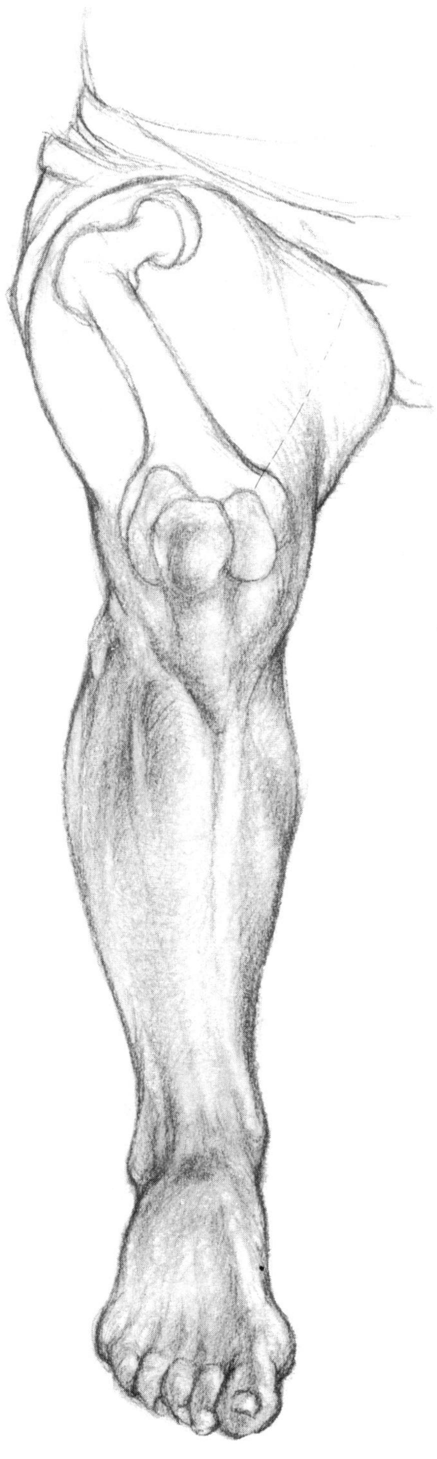

Die Muskeln des Unterschenkels

Der Fuß und Knöchel

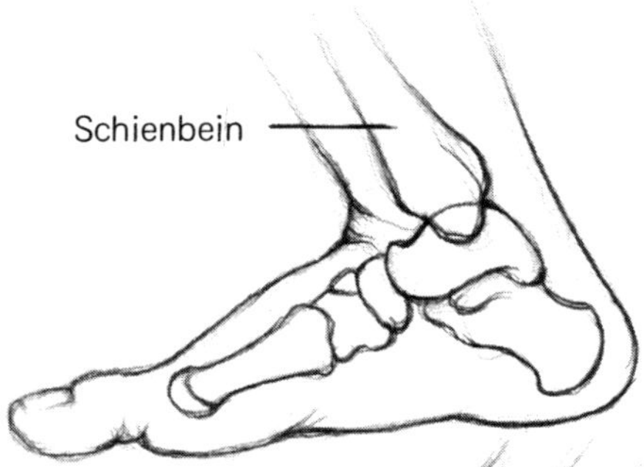

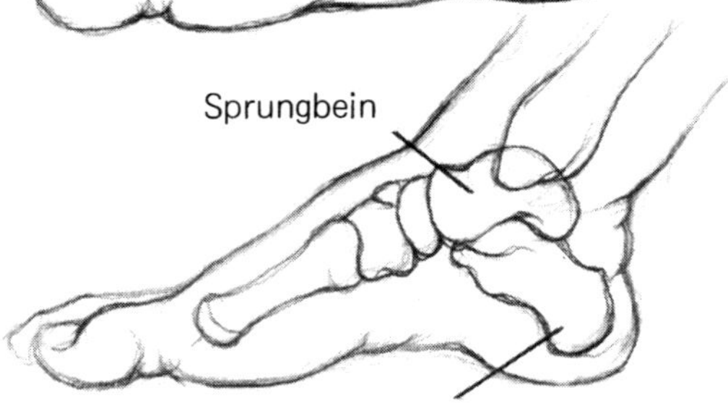

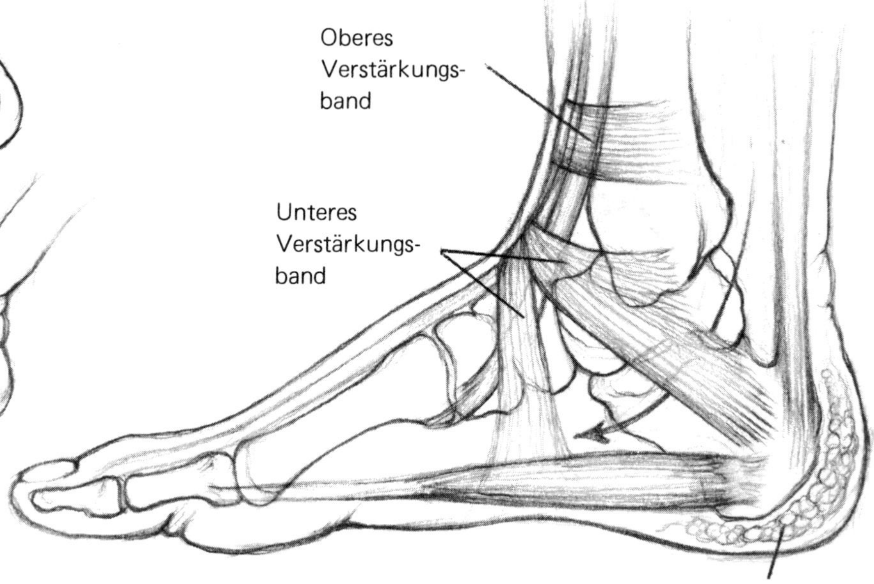

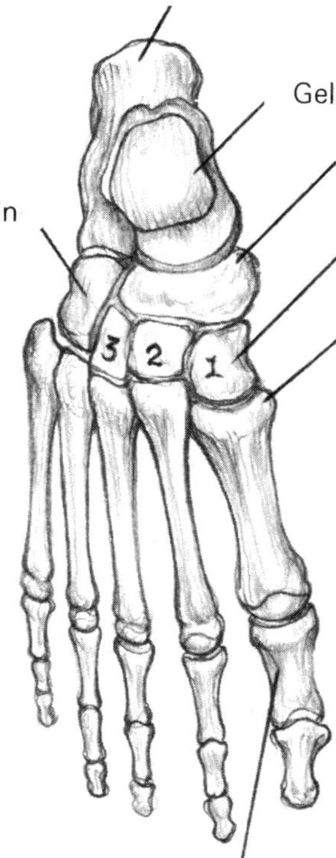

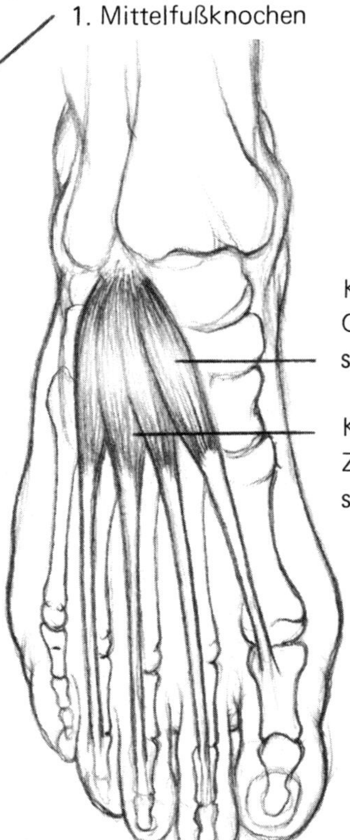

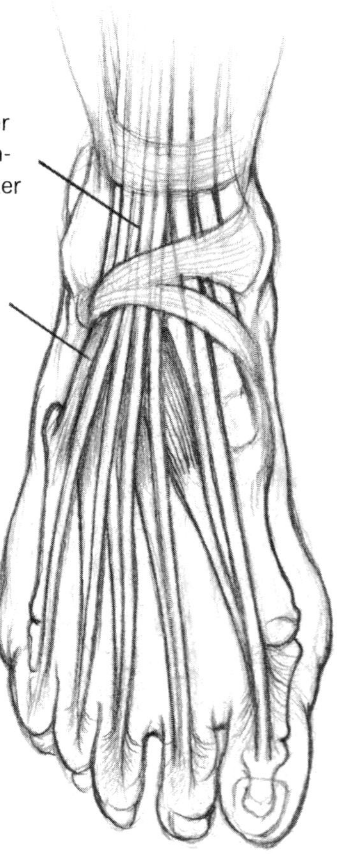

Die Knochen und Muskeln von oben

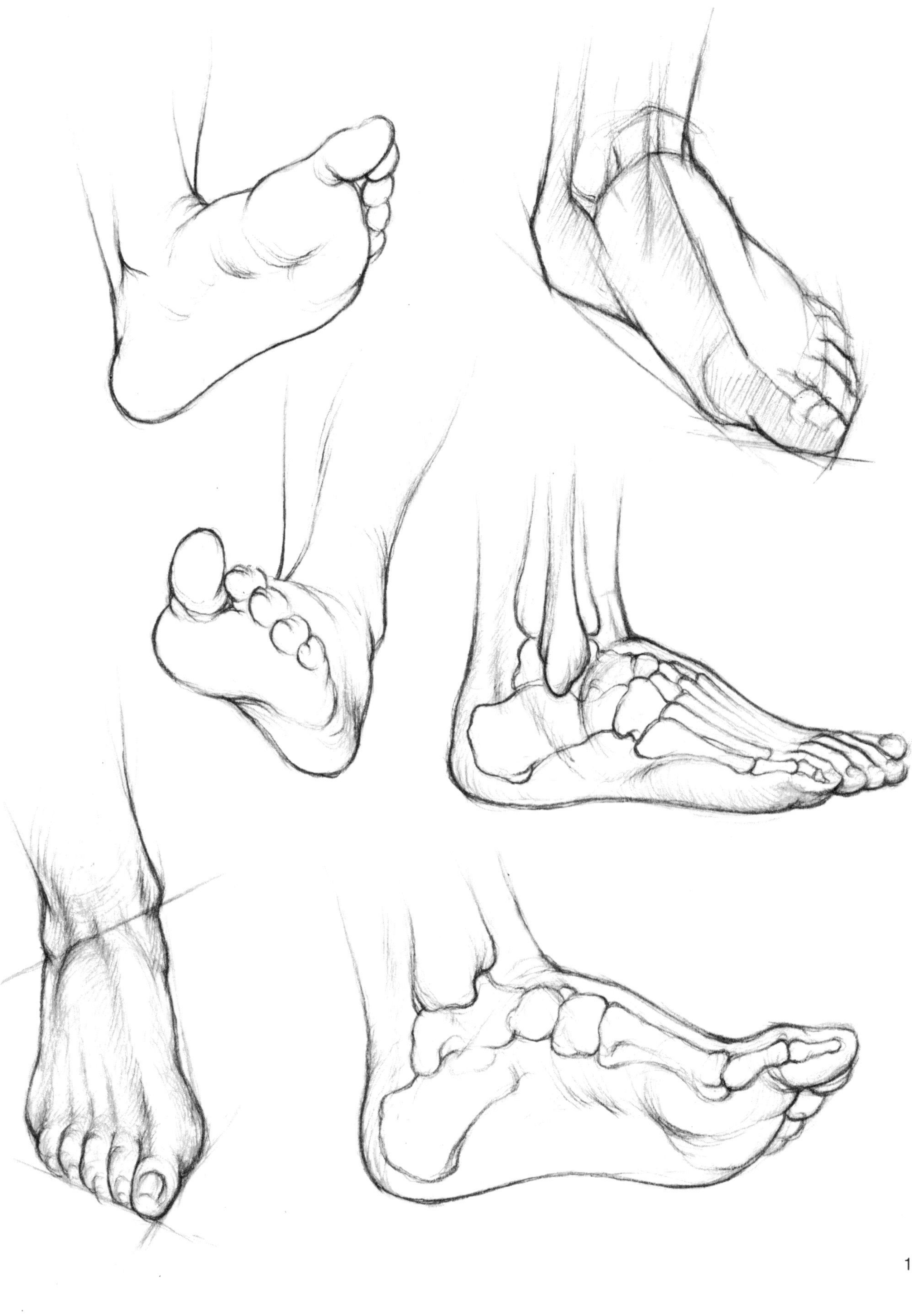

Die Muskeln des Unterschenkels

Der **dritte Wadenbeinmuskel** (M. peroneus tertius) ist ein Teil des langen Zehenstreckers mit dem Ursprung am unteren Drittel der Wadenbeinvorderfläche. Seine Sehne endet am oberen Teil der Basis des fünften Mittelfußknochens und dehnt sich oft entlang diesem Knochen aus. Der Muskel ist nicht immer vorhanden. Seine Funktion besteht darin, den Fußrücken zu strecken und die Außenseite des Fußes zu heben.

Der **lange Wadenbeinmuskel** (M. peroneus longus) mit Sehne erstreckt sich vom Kopf des Wadenbeins und den oberen zwei Dritteln der Wadenbeinaußenseite hinter dem äußeren Knöchel über das Fersenbein schräg nach unten, bevor er in den Fuß eintritt. Er überquert die Fußsohle und setzt am ersten Mittelfußknochen und ersten Keilbein an. Der Muskel hebt den äußeren Fußrand, dreht den Fuß nach außen und ist an der Beugung des vorderen Fußabschnitts zur Fußsohle hin beteiligt. Ebenso hilft er bei der Aufrechterhaltung des Fußquer- und Längsgewölbes.

Der **kurze Wadenbeinmuskel** (M. personeus brevis) entspringt an den unteren zwei Dritteln der Außenseite des Wadenbeins und zieht über das Fersenbein zur Basis des fünften Mittelfußknochens. Er hat die gleichen Funktionen wie der lange Wadenbeinmuskel.

Der **kurze Großzehenstrecker** (M. extensor hallucis brevis) und der kurze Zehenstrecker entspringen an der oberen und äußeren Fläche des Fersenbeinvorderteils. Ihre Muskelbäuche ergeben eine kleine Vorwölbung am Fußrücken.

Die **Verstärkungsbänder zur Führung der Streckersehnen** (Retinacula mm. externsorum inferius und superius) sind aus starkem fasrigem Bindegewebe. Es gibt ein oberes (superius) und ein unteres (inferius) Band, die die Sehnen zurückbinden und fixieren und dadurch eine gewisse Spannung an der Vorderseite der Knöchelregion bewirken, was beim Zeichnen und Modellieren berücksichtigt werden sollte. Die Verstärkungsbänder sind beiderseits fest verankert, da sie in die Substanz des Schienbeins, Wadenbeins und Fersenbeins übergehen. Beim seitlichen Zeichnen der Fessel beachte man auch die beträchtliche diagonale Spannweite zwischen der Stelle, wo das untere Verstärkungsband die Sehnen vorne am Fuß zurückbindet bis zur Rückseite der Ferse. Übrigens führen auch jene Sehnen unter dem Band hindurch, die von der Rückseite des Unterschenkels in den Fuß ziehen.

Die Muskeln des Unterschenkels

Der Fuß und der Unterschenkel

Man beachte die Formen des Wadenmuskels und der Achillessehne, die lang und gerade zum Fersenbein zieht, die diagonalen Bewegungen des langen und kurzen Wadenbeinmuskels, deren Sehnen hinter dem äußeren Knöchel hindurchziehen, und die Masse des langen Zehenstreckers und des vorderen Schienbeinmuskels an der Vorderseite des Unterschenkels. Die zur Verkürzung fähigen Muskelbündel befinden sich ziemlich weit oben am Unterschenkel, der dort, wo die Muskeln in Sehnen übergehen, deutlich schlanker wird.

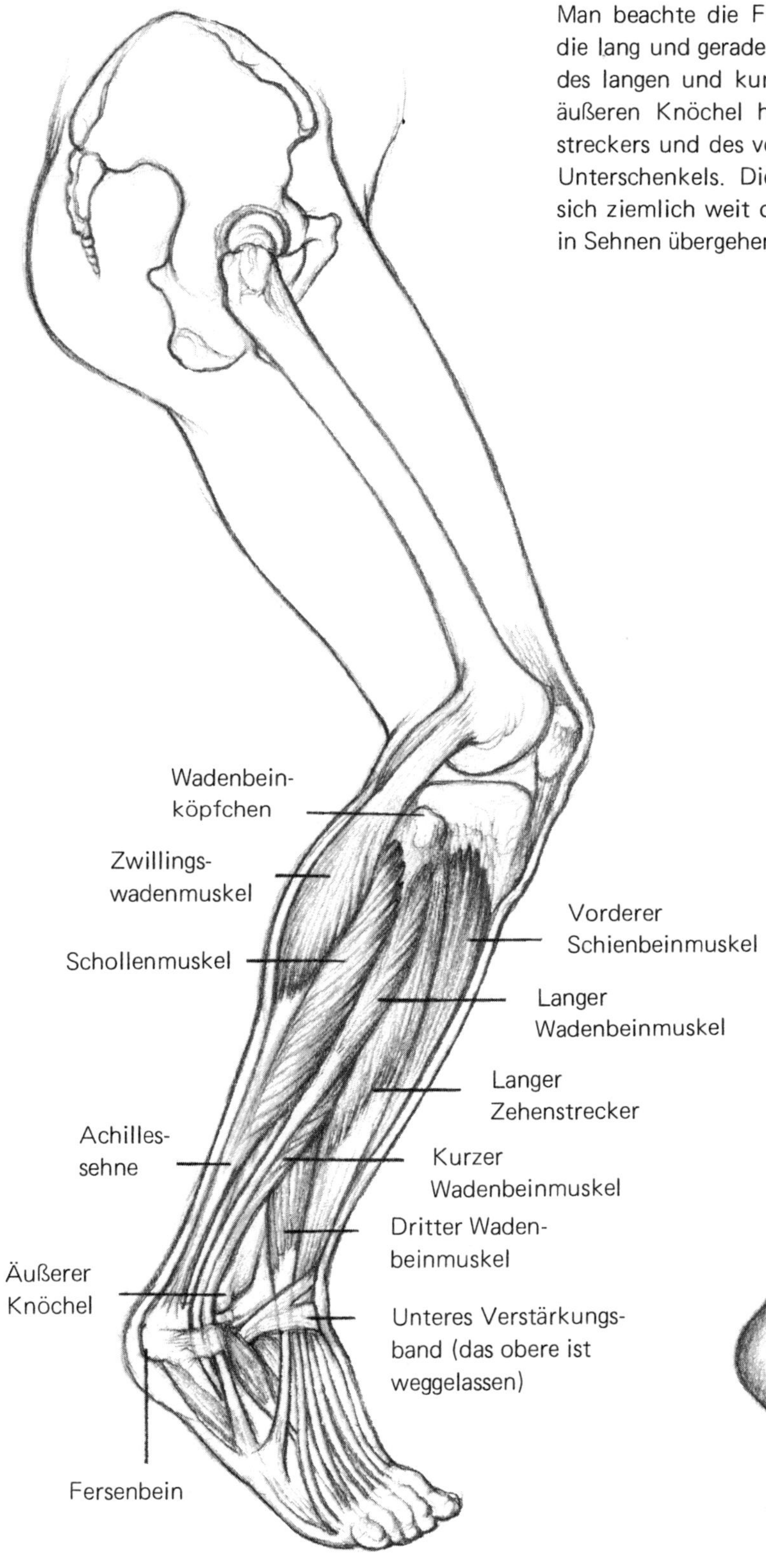

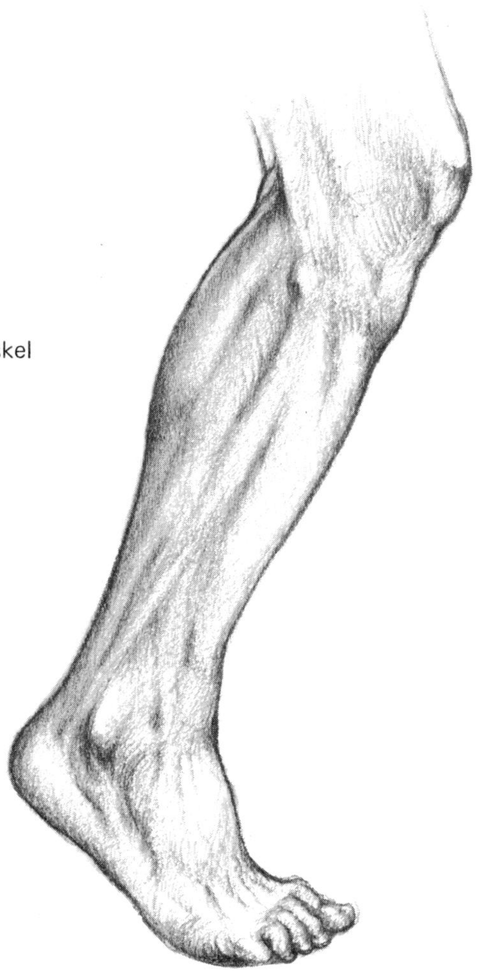

Die Muskeln des Unterschenkels

Rückansicht

Es gibt drei tiefliegende Muskeln an der Rückseite des Unterschenkels, deren Sehnen hinter dem Schienbein verlaufen und dann nach vorne in den Fuß ziehen. Sie sind alle doppelt gefiedert.

Der **hintere Schienbeinmuskel** (M. tibialis posterior) entspringt an der äußeren hinteren Schienbeinfläche, der Zwischenknochenmembran und am oberen Teil der Wadenbeininnenseite. Seine Sehne verläuft hinter dem inneren Knöchel in einer Furche nach vorne und unten bis zu ihrem Ansatz am Kahnbein sowie mit Ausläufern an den drei Keilbeinen und den Basen der drei mittleren Mittelfußknochen.

Der hintere Schienbeinmuskel ist der Haupteinwärtskanter des Fußes mit Hebung des inneren Fußrandes. Die Sehnenausläufer, die an der Fußsohle an den Keilbeinen und Mittelfußknochen ansetzen, stützen das Längsgewölbe des Fußes bei Belastung.

Der **lange Großzehenbeuger** (M. flexor hallucis longus) entspringt an den hinteren, unteren zwei Dritteln des Wadenbeinschaftes und dem unteren Teil der Zwischenknochenmembran. Seine Sehne verläuft in einer Furche an der Hinterseite des unteren Schienbeinendes und des Sprungbeins und zieht dann unter einem kleinen Knochenvorsprung an der Innenseite des Fersenbeins hindurch zum Endglied der großen Zehe. Ist der Fuß vom Boden abgehoben, so beugt dieser Muskel die Großzehe. Ist der Fuß aufgesetzt, dann klammert sich die Großzehe mit Hilfe dieses Muskels und des kurzen Großzehenbeugers an den Boden.

Der **lange Zehenbeuger** (M. flexor digitorum longus) entspringt an der Rückseite des Schienbeins und mit einem Sehnenbogen am unteren Drittel des Wadenbeins. Seine lange Sehne zieht hinter dem inneren Knöchel und unter der Sehne des langen Großzehenbeugers hindurch und spaltet sich dann in vier Sehnen auf, die an den Endgliedern der 2. bis 5. Zehe ansetzen. Auf diesem Weg durchbohren diese vier Sehnen die zu den Mittelgliedern derselben Zehen ziehenden dünnen Sehnen des **kurzen Zehenbeugers** (M. flexor digitorum brevis). Die Muskelbündel an der Unterschenkelrückseite beugen die Zehen, wenn der Fuß vom Boden abgehoben ist. Ist der Fuß aufgesetzt, so klammern sich die Zehen mit Hilfe des langen Zehenbeugers und kleinerer Fußmuskeln an den Boden.

Die Muskeln des Unterschenkels

Der Fuß und der Unterschenkel – Rückansicht
Die tiefliegenden Muskeln

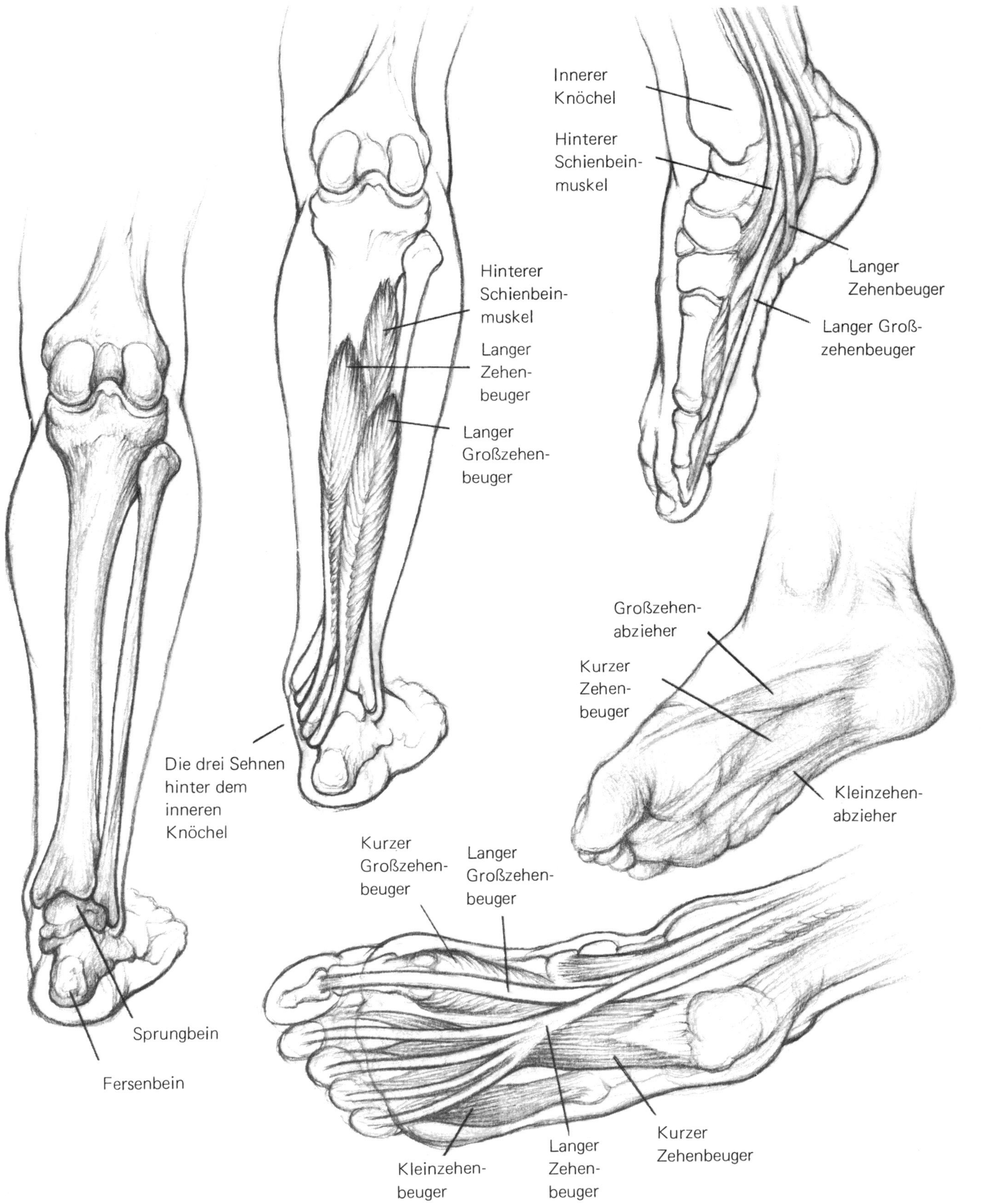

Die Muskeln des Unterschenkels

Rückansicht

Der **Kniekehlenmuskel** (M. popliteus) entspringt mit einer starken Sehne am äußeren Obergelenkknorren des Oberschenkelknochens. Er zieht hinter dem oberen Ende des Schienbeins zu seiner breiten Ansatzstelle an der Hinterseite des Schienbeins oberhalb des Ursprungs des Schollenmuskels. Er beugt den Unterschenkel und bewirkt Einwärts-Drehung im Kniegelenk.

Der **Schollenmuskel** (M. soleus) ist ein großer flacher Muskel mit einem hufeisenförmigen Ursprung am oberen Viertel und am Kopf des Wadenbeins, an einem Sehnenbogen zwischen Waden- und Schienbein und an der Hinterseite des Schienbeins. Seine Muskelbündel sind kurz und enden in einer großen Sehne, die sich mit der des Wadenmuskels zur Achillessehne vereinigt. Dieser Muskel trägt zu der Wölbung im Oberteil der Unterschenkelrückseite bei. Sein äußerer Teil tritt außen im unteren Teil des Unterschenkels in Erscheinung. Man beachte beim Zeichnen, wie sich die Konturen von Innen- und Außenseite des Unterschenkels aufgrund dieses Muskels unterscheiden.

Der **Sohlenspanner** (M. plantaris) ist ein kleiner Muskel mit sehr langer Sehne, der am äußeren Obergelenkknorren des Oberschenkelknochens entspringt. Seine Sehne zieht zwischen Schollen- und Wadenmuskel an die Innenseite der Achillessehne. Im Fuß wird ein Teil von ihr zur Sohlenaponeurose unter der Haut der Fußsohle und wirkt bei der Aufrechthaltung des Längsgewölbes mit.

Der **Zwillingswadenmuskel** (M. gastrocnemius) ist der große Oberflächenmuskel an der Unterschenkelrückseite, der in erster Linie für die Form der Wade verantwortlich ist. Er hat zwei Köpfe, die mit starken flachen Sehnen an den beiden Obergelenkknorren des Oberschenkelknochens befestigt sind. Die beiden fleischigen Muskelbäuche enden in einer großen flachen Sehne, die sich mit der des Schollenmuskels zur Achillessehne vereinigt. Diese Sehne kann man als gerades, straffes Band vom Muskel bis zur Ansatzstelle am Fersenbein tasten. Die oberen Sehnen an den Muskelköpfen sind mitunter sichtbar, wenn sich die Muskelbündel bei ihrer Arbeit zusammenziehen und an den Übergängen zu den Sehnen aufwölben. In der Mitte des Unterschenkels findet sich oft eine sehr ausgeprägte Abgrenzung zwischen der vorgewölbten Muskelmasse und der Sehne. An manchen Beinen kann man auch die Furche zwischen den beiden Muskelbäuchen erkennen.

Der Schollen- und der Wadenmuskel sind durch ihren Zug am Fersenbein die hauptsächlichen Fußsenker. Sie sind die vorwärtstreibende Kraft beim Gehen und Springen; der Schollenmuskel hat außerdem eine stabilisierende Wirkung, um die Balance beim ruhigen Stehen zu halten.

Die Muskeln des Unterschenkels

Rückansicht
Die oberflächlichen Muskeln

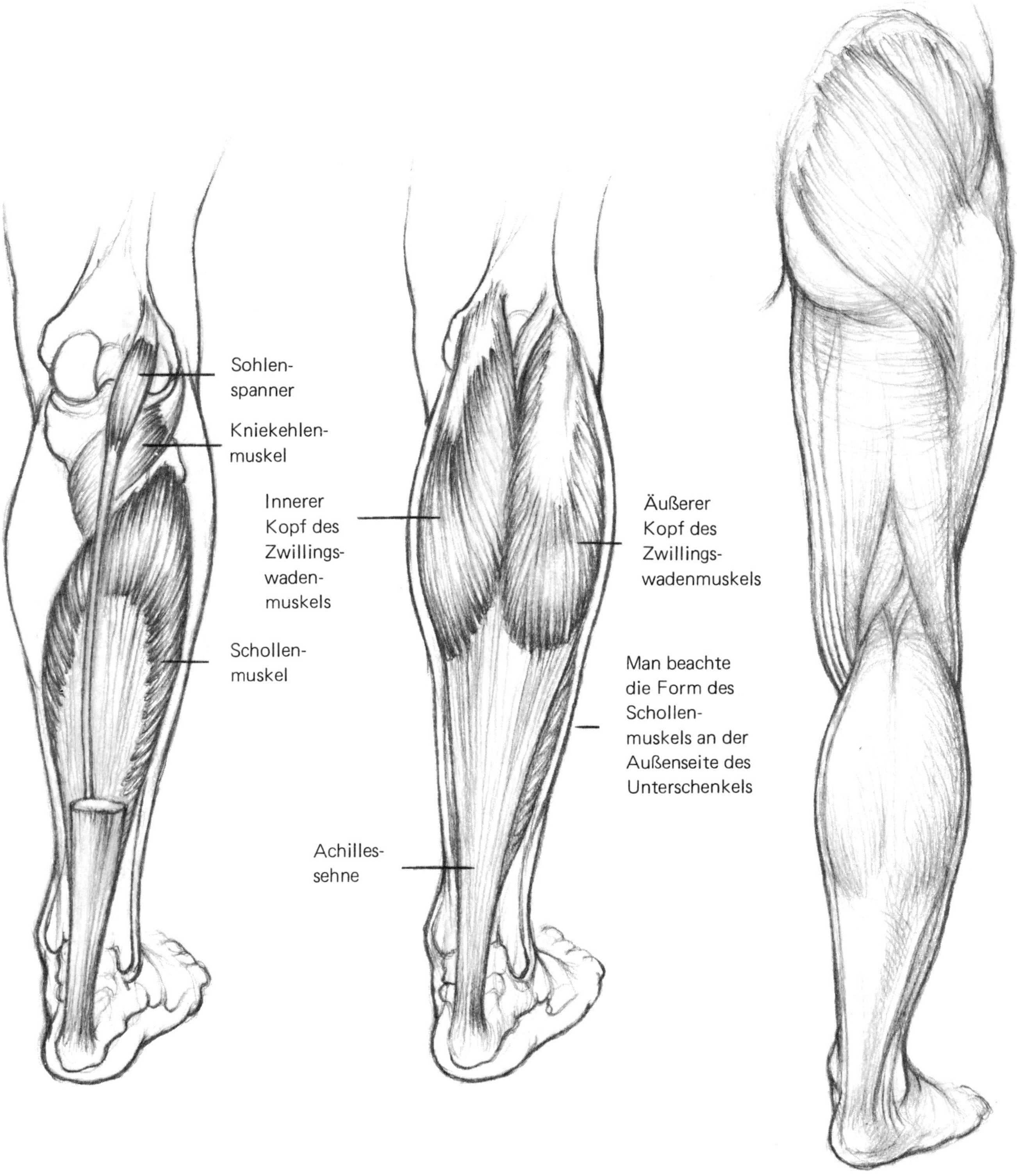

Die Muskeln des Unterschenkels

Seitenansicht

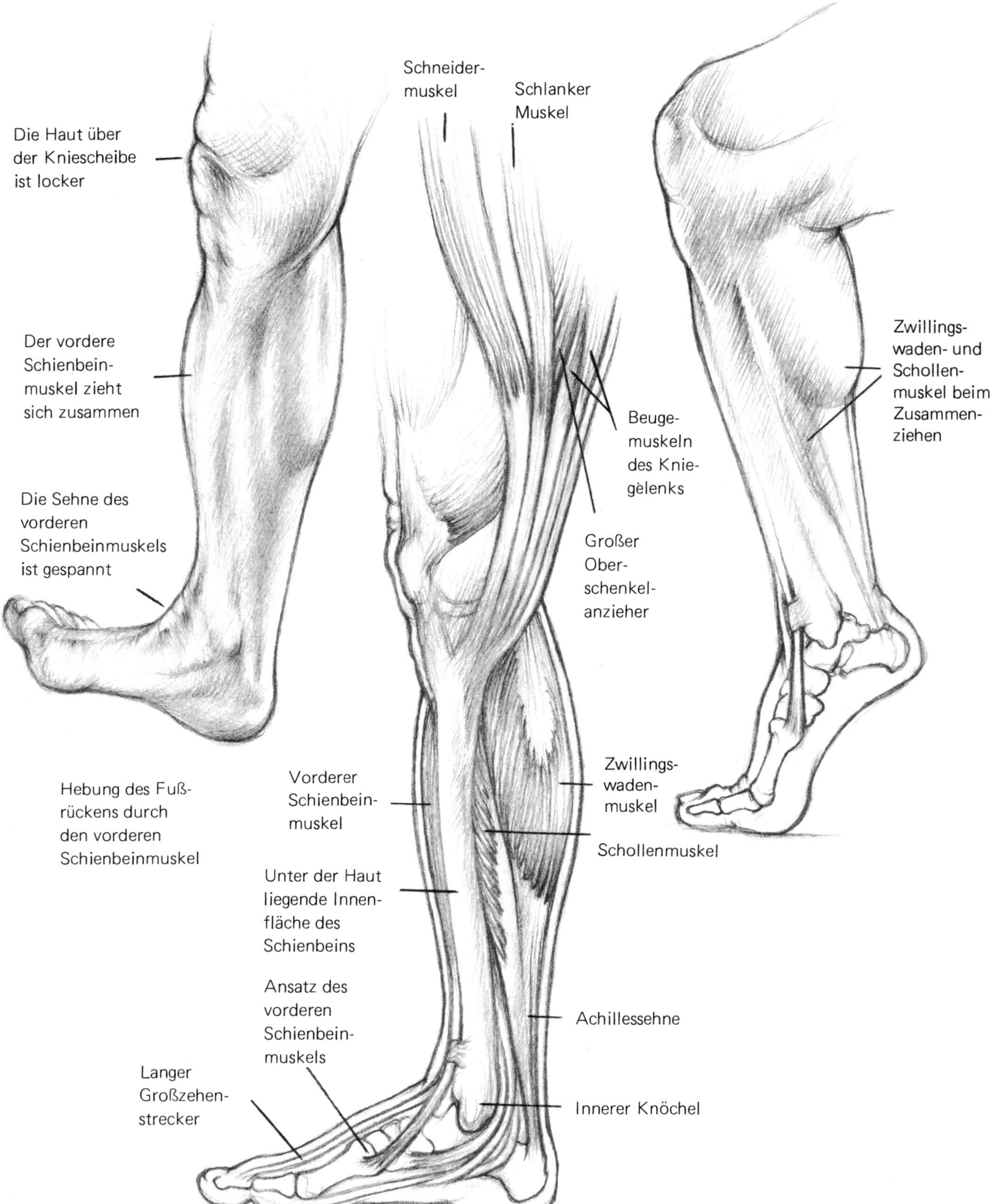

Der Ober- und Unterschenkel
Rückansicht

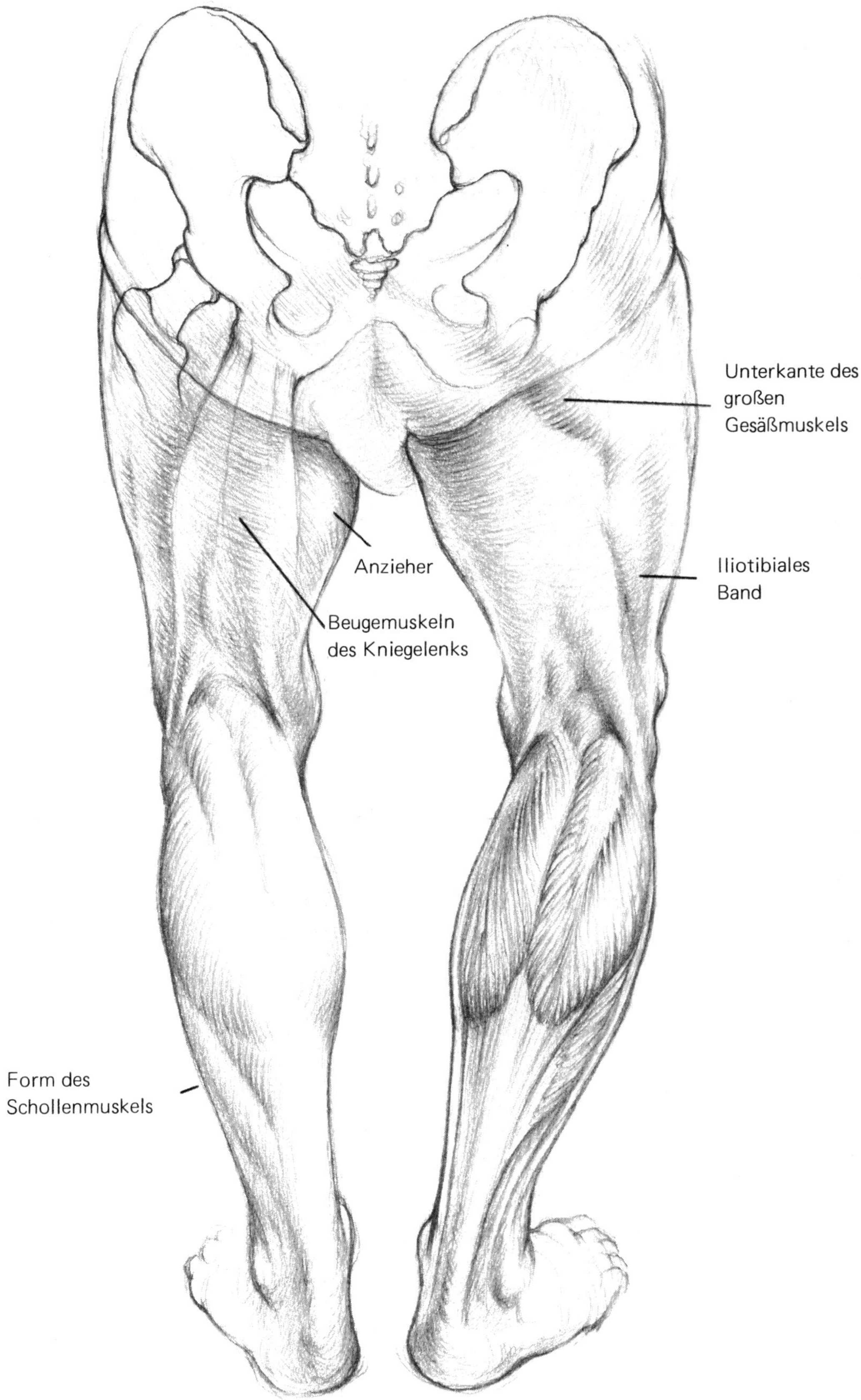

Aktstudie von Rosso Fiorentino
British Museum, London

Aktstudie von Natoire
Louvre, Paris

Perspektive und Maße

Zwei Meßmethoden

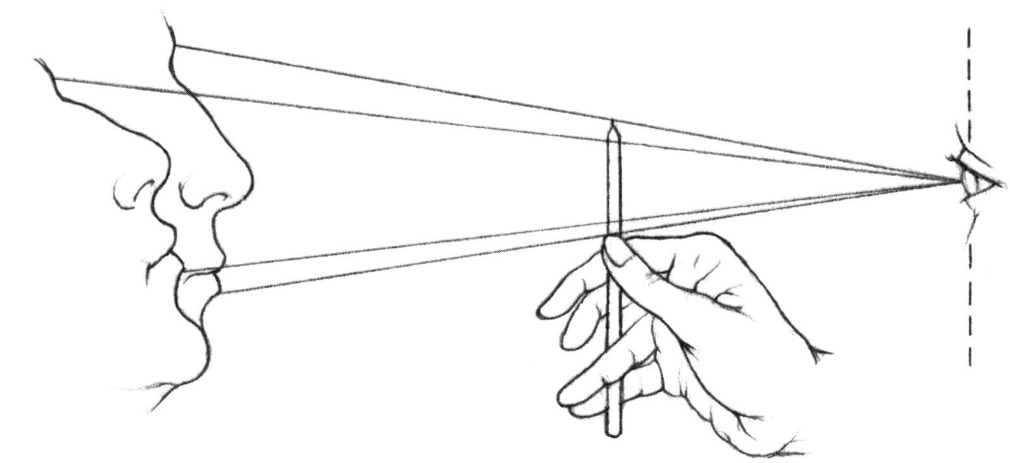

1. Die Bleistiftmethode

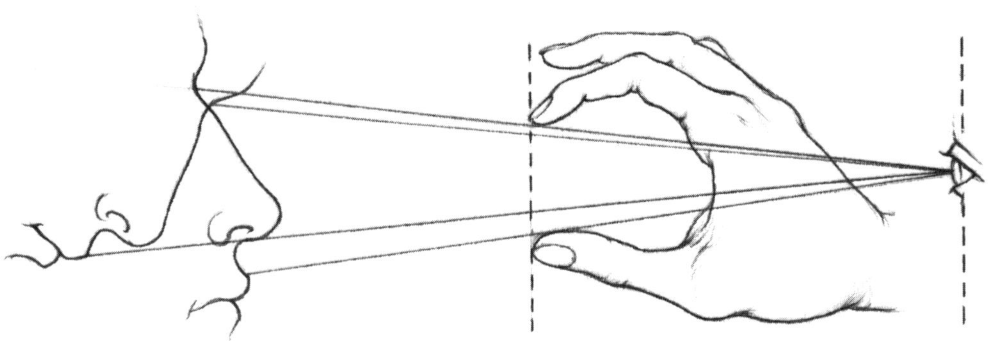

2. Die Greifmethode

1. Der Arm wird mit durchgedrücktem Ellbogen nach vorne gehalten.
2. Der Bleistift oder die imaginäre Greiflinie zwischen Zeigefinger und Daumen wird in Kopfhöhe parallel zum eigenen Gesicht und den eigenen Augen gehalten.

Beachte: Die Messung mit Hilfe der Finger ist zulässig und wohl auch schneller als der Gebrauch eines langen Bleistifts zur Messung und eines kurzen zum Zeichnen. Man muß jedoch sehr darauf achten, daß auch bei dieser Methode der Arm gerade gehalten wird und die Finger sich parallel zum eigenen Gesicht befinden. Auch für rasche Vergleichsmessungen auf dem Zeichenblatt ist diese Methode geeignet. Allerdings ist sie wohl nicht so genau wie das Messen mit einem Bleistift, das an den meisten Kunstschulen gelehrt wird.

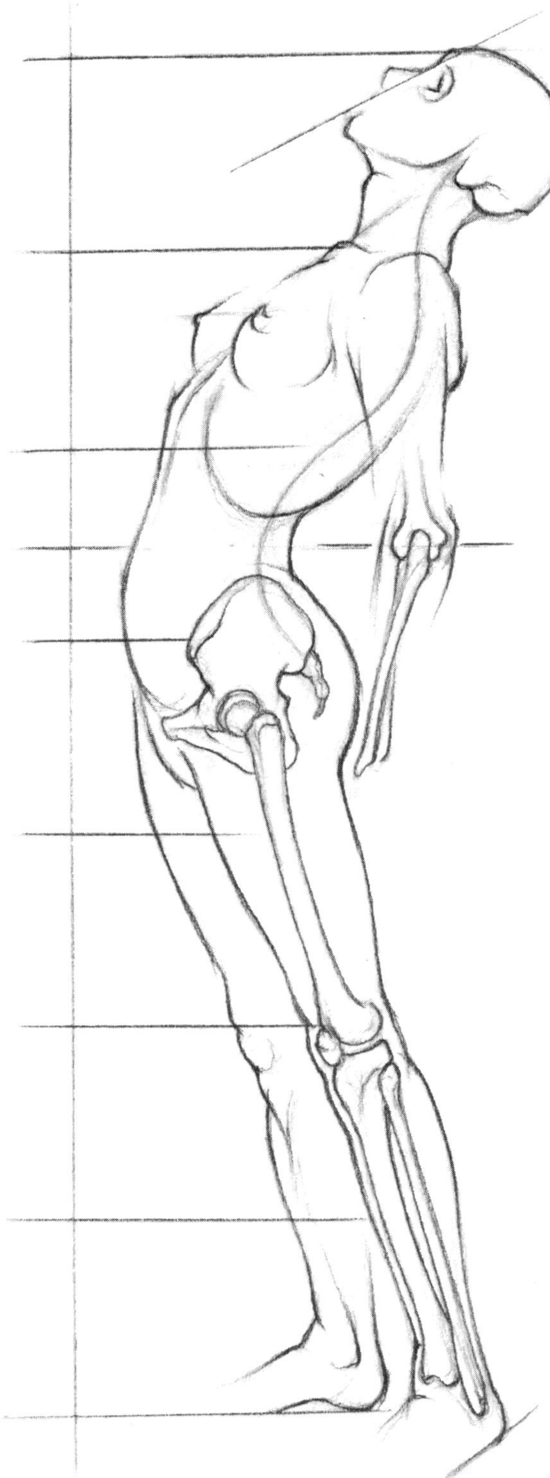

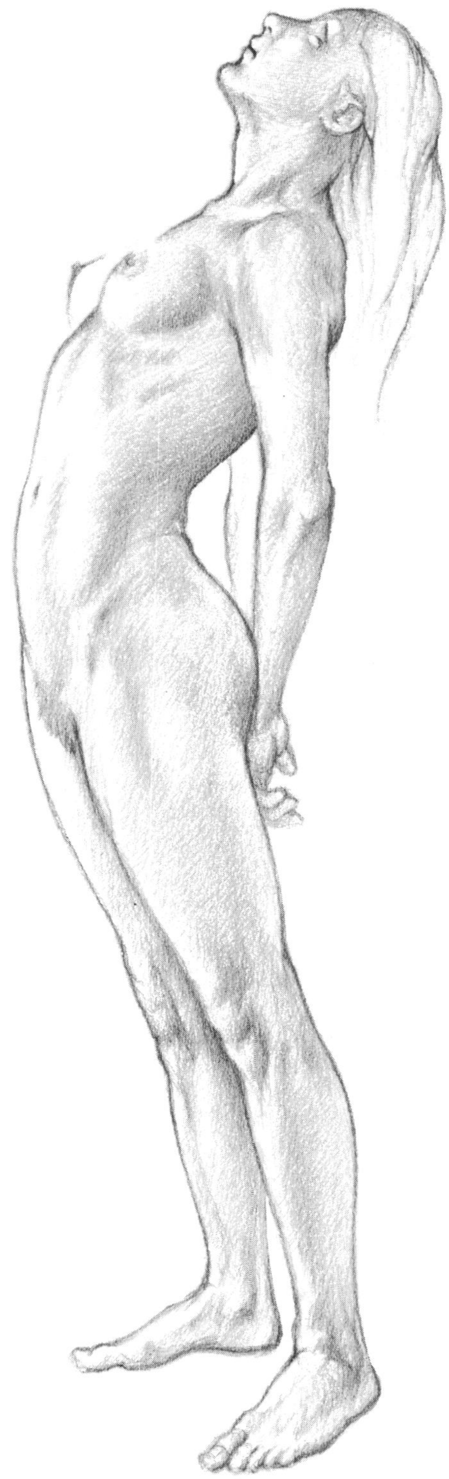

Alle hier verwendeten dunklen geraden Hilfslinien zum Messen und Abschätzen von Bewegungen werden im allgemeinen nur sehr leicht gezogen. Oft wird auch nur ein kleiner Punkt als Markierung gesetzt.

Als Maßeinheit wurde hier die Entfernung zwischen Drosselgrube und Scheitel gewählt. Die durch die Knochenform geprägten Merkmale sind Schädel und Gesichtswinkel, die Region der Drosselgrube und die Oberkante der Schulter, die Form des Brustkorbs und sein Neigungswinkel, Schulterblatt, Ellbogengelenk, vorderer oberer Darmbeinstachel, Knie- und Knöchelgelenke.

Perspektive und Maße

Perspektivische Darstellungen

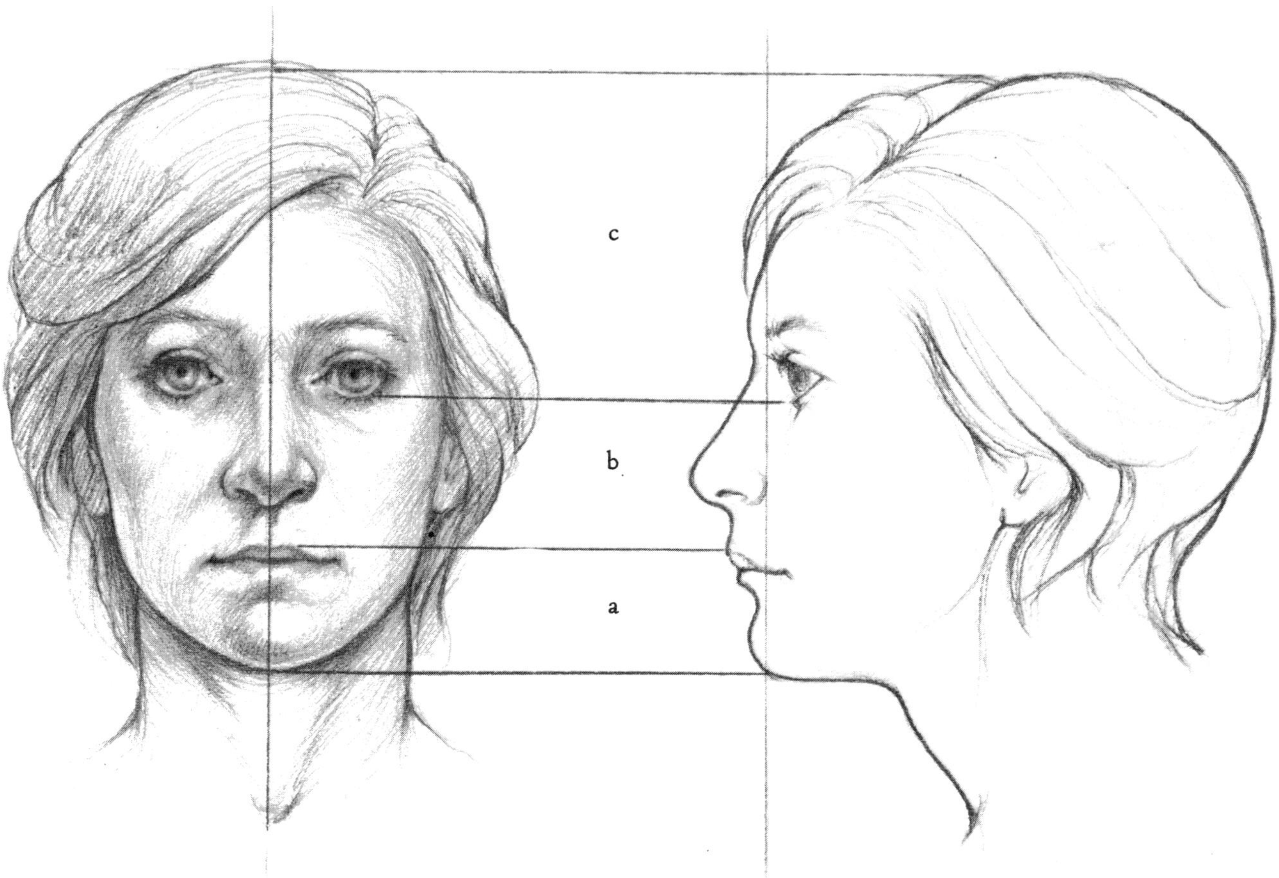

Diese Abbildung zeigt die Vorderansicht und die Seitenprojektion eines Gesichtes bei paralleler Lage zum eigenen Gesicht. Die senkrechte Entfernung zwischen bestimmten Punkten ist mit a, b und c bezeichnet.

Perspektivische Darstellungen

Diese Abbildung zeigt die Vorder- und Seitenansicht des Gesichtes bei zurückgeneigtem Kopf. Im Vergleich zur vorhergehenden Abbildung ist die senkrechte Entfernung a fast gleichgeblieben, weil hier die Neigung nach rückwärts nur gering ist. Die mit b bezeichnete Entfernung hat sich relativ stark verringert, die mit c bezeichnete Entfernung am stärksten. Der Grund hierfür liegt darin, daß sich die Gesichtsteile in den mit b und c bezeichneten Abschnitten immer weiter von der senkrechten Ebene des eigenen Gesichtes entfernt haben.

Perspektive und Maße

Bei der Vorwärts- und Seitwärtsbeugung ist diese Figur etwa fünfmal so lang wie ihre Kopfhöhe. Die Festlegung der Position der Schambeinfuge (die Kopfhöhe zweimal nach unten und seitwärts nach innen von der Vertikalen aus) ermöglicht es, die Bewegungskurve zu ziehen.

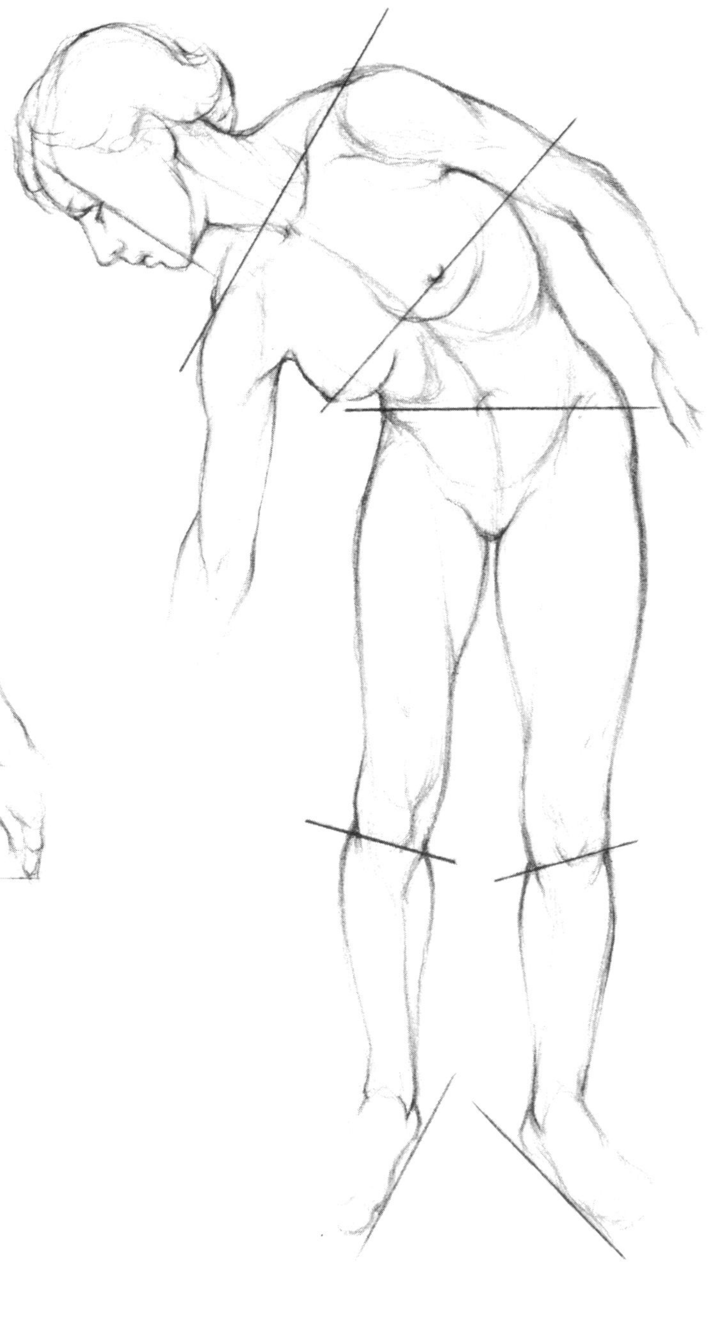

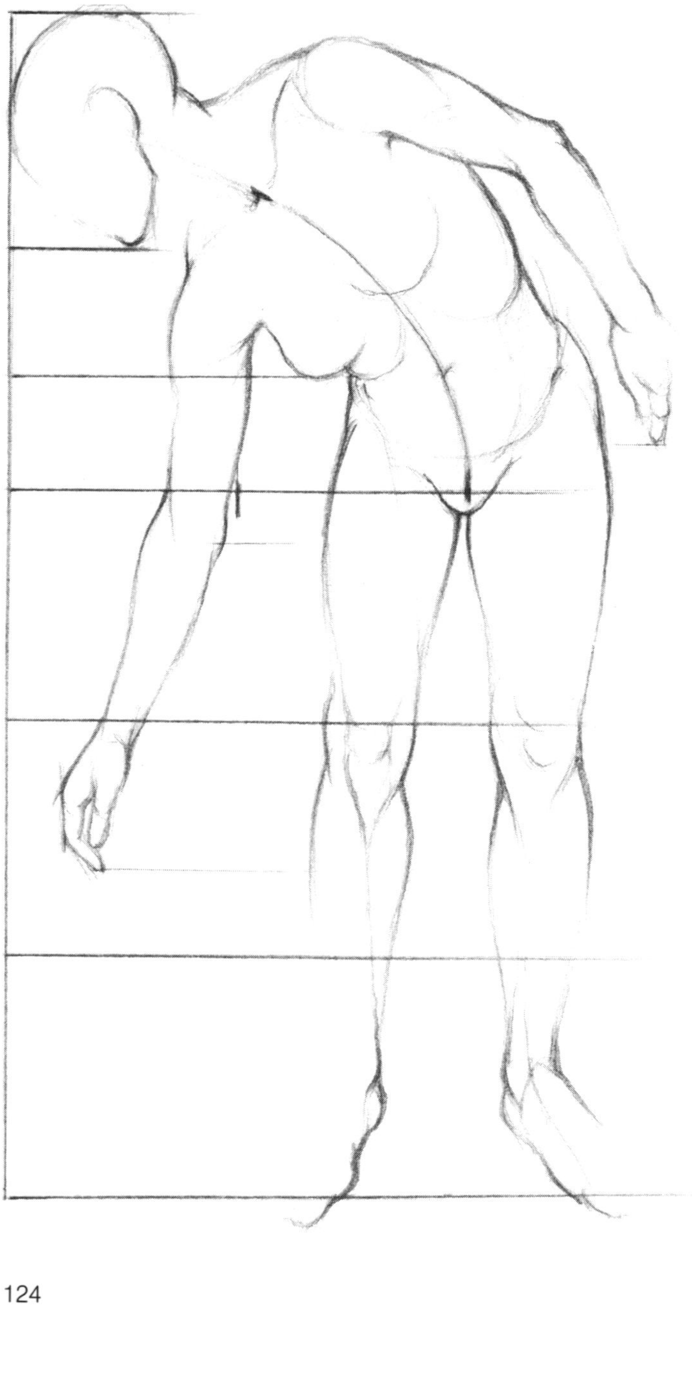

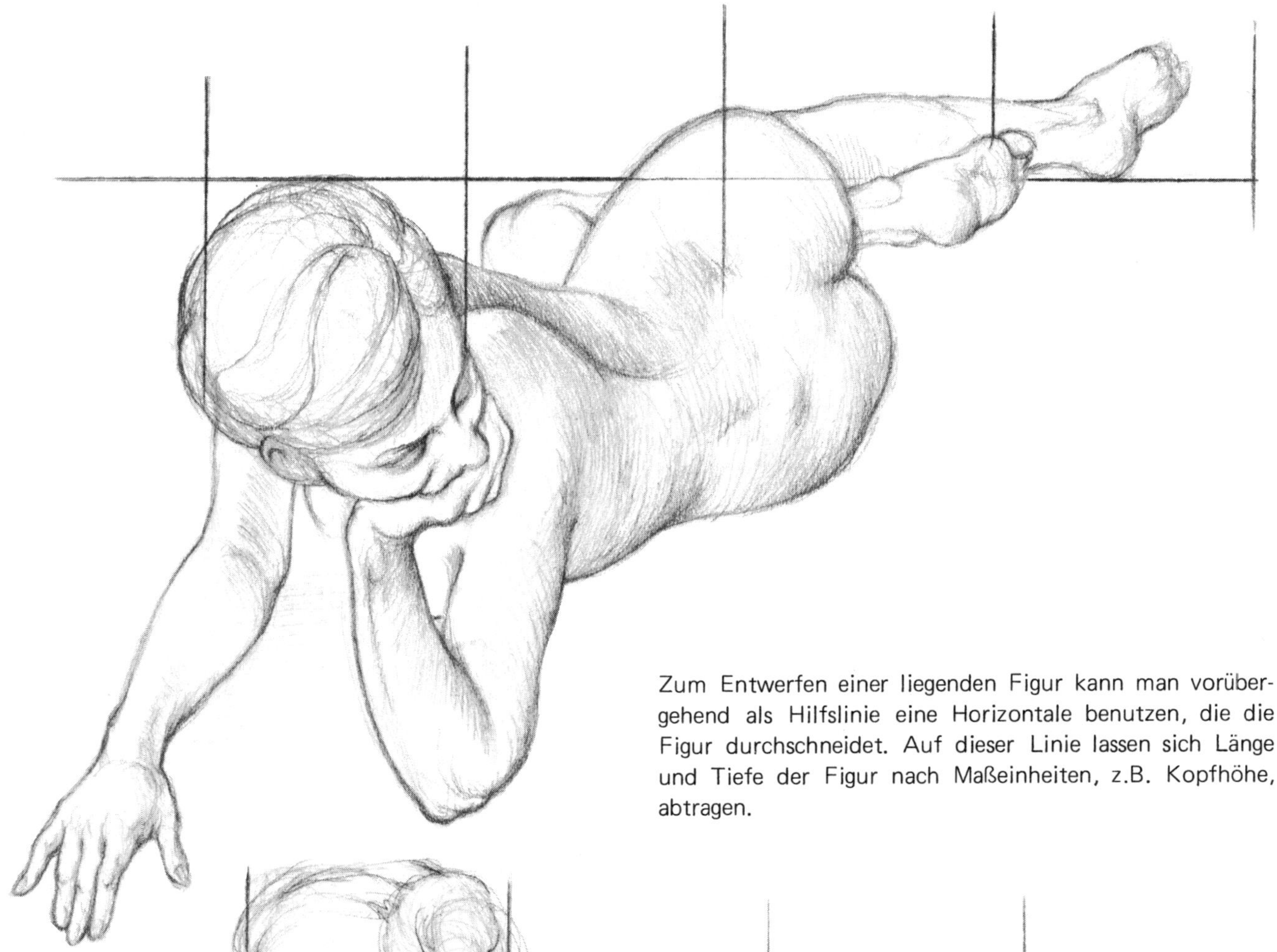

Zum Entwerfen einer liegenden Figur kann man vorübergehend als Hilfslinie eine Horizontale benutzen, die die Figur durchschneidet. Auf dieser Linie lassen sich Länge und Tiefe der Figur nach Maßeinheiten, z.B. Kopfhöhe, abtragen.

Perspektive und Maße

Die Maßeinheit hier ist die Entfernung zwischen Kinn und Haaransatz, wonach die übrige Figur gestaltet wird. Man beachte, daß alle Maße in der Ebene des eigenen Gesichts und der eigenen Augen genommen werden, wobei der Bleistift- oder Fingerabstand bei ausgestrecktem Arm gemessen wird.

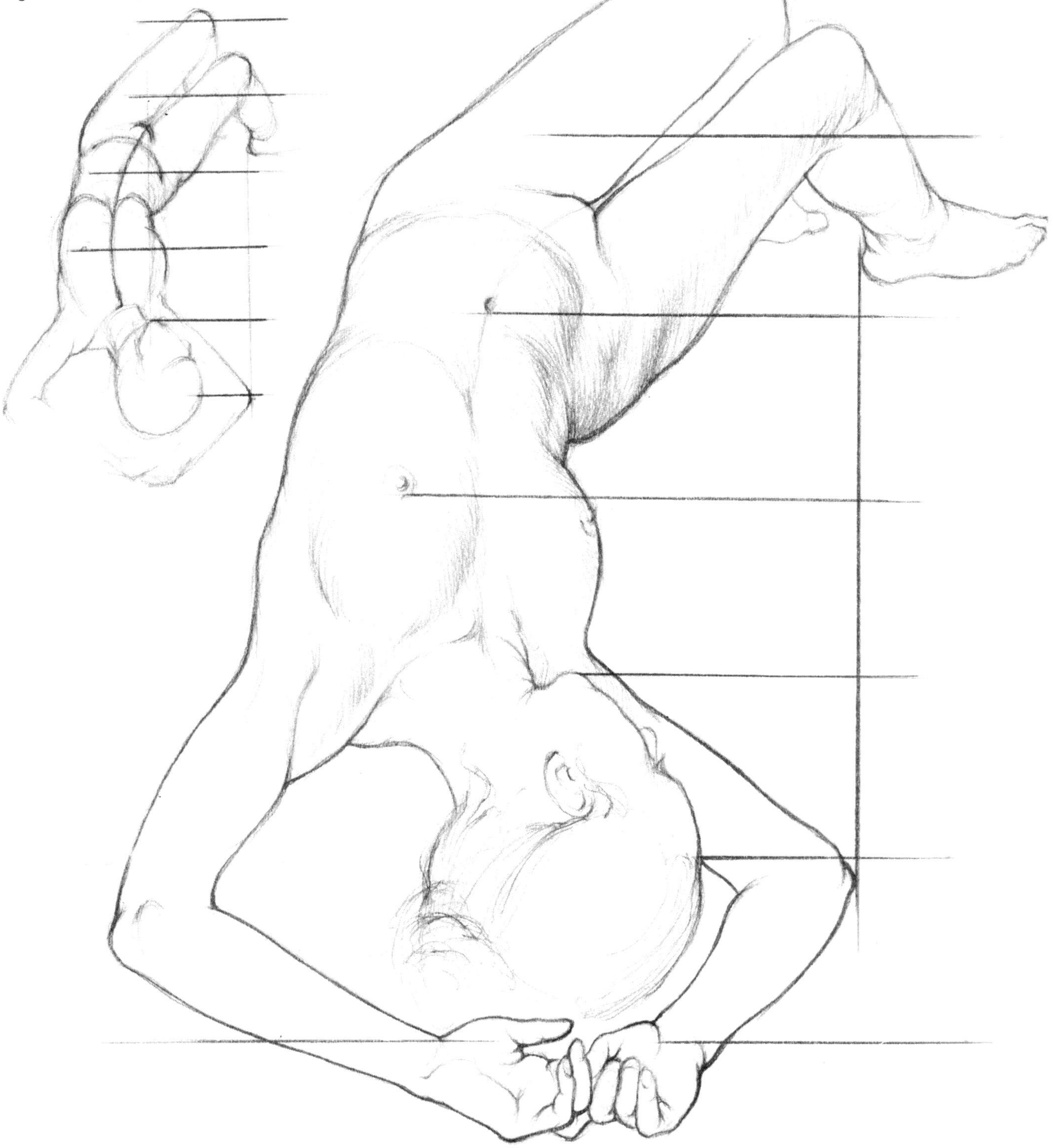

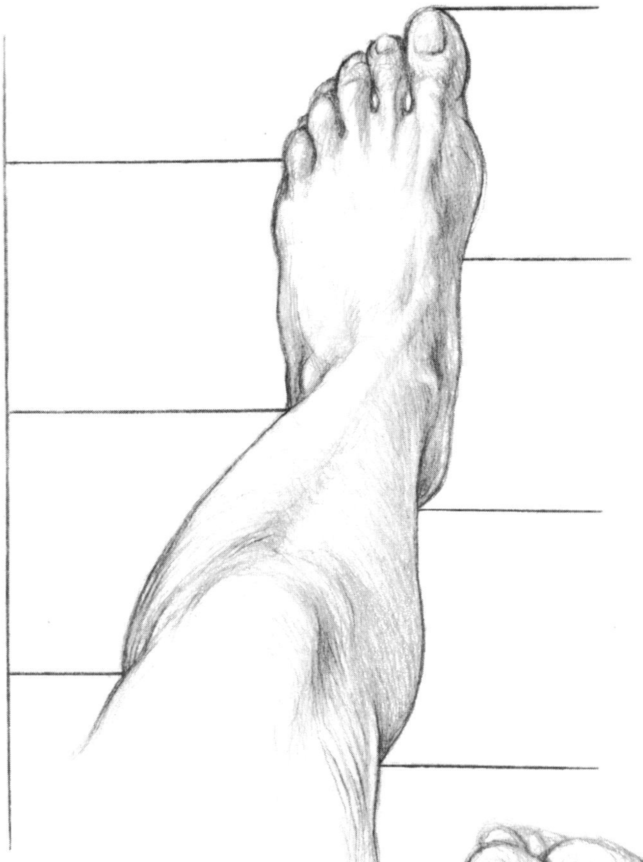

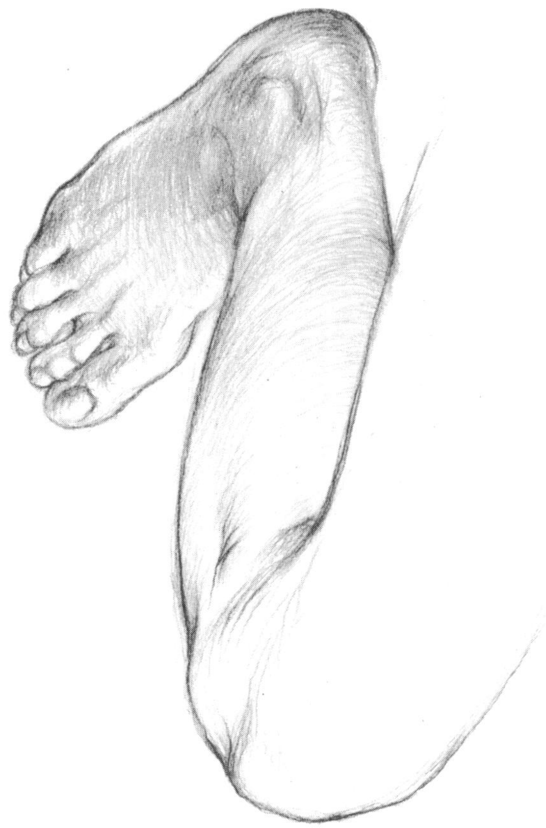

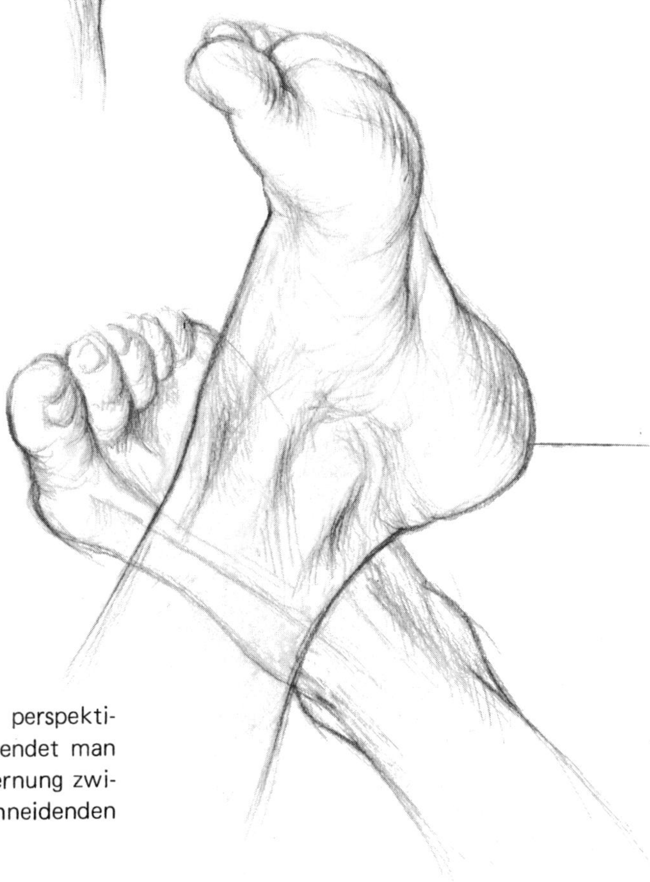

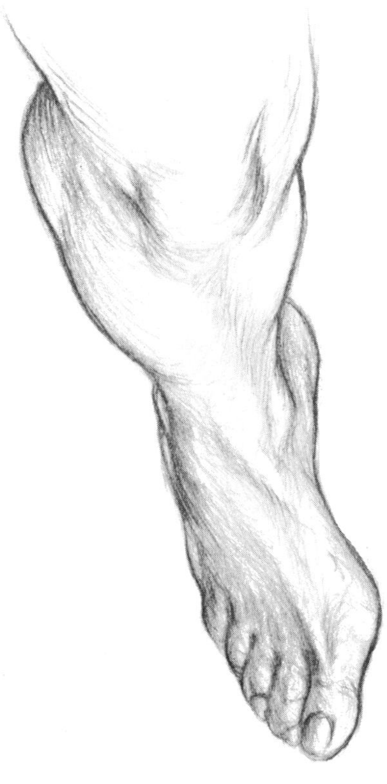

Sind Arme oder Beine perspektivisch zu zeichnen, verwendet man als Maßeinheit die Entfernung zwischen zwei sich überschneidenden Formen.

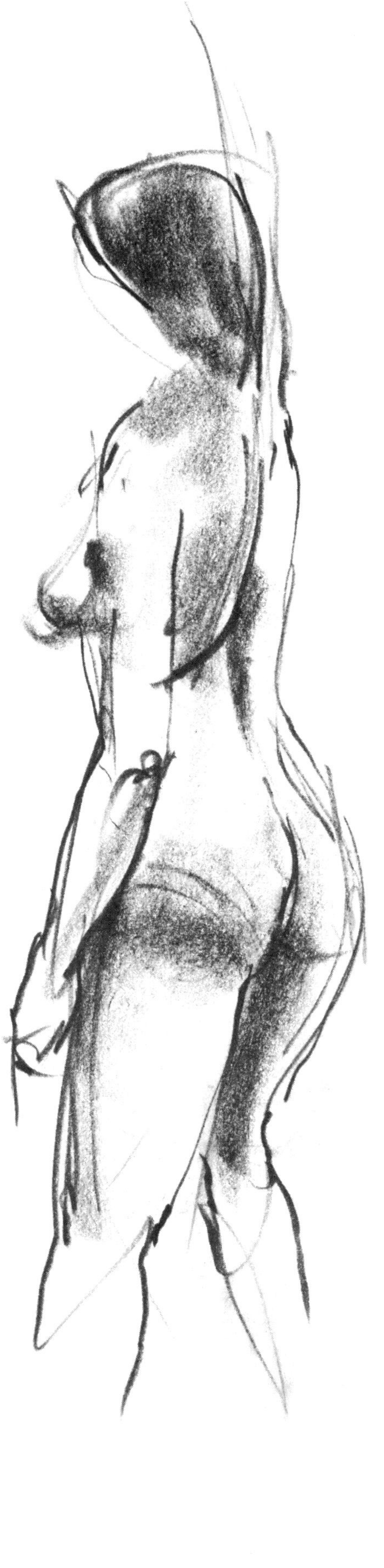

1-Minuten-Skizze von großer Vitalität. Brauner Conté-Stift auf Zeichenpapier. Von Ian Lawrence, Toronto, Kanada.

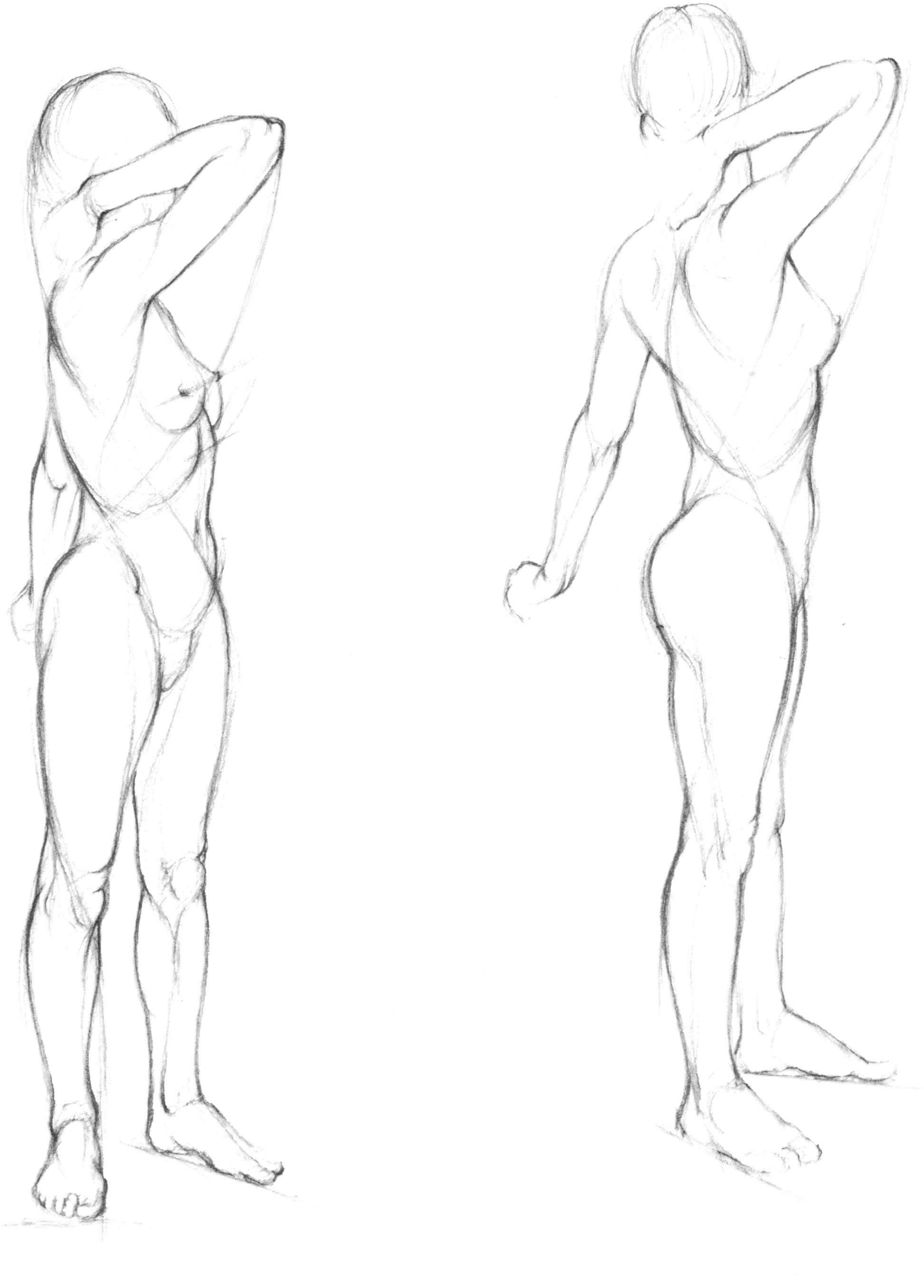

Kniende nackte Frau mit Baby
von Charles Le Brun.
Rote Kreide mit weißen Lichtern
auf beigem Papier.
Louvre, Paris

Detailabbildung
(auf gegenüberliegender Seite)

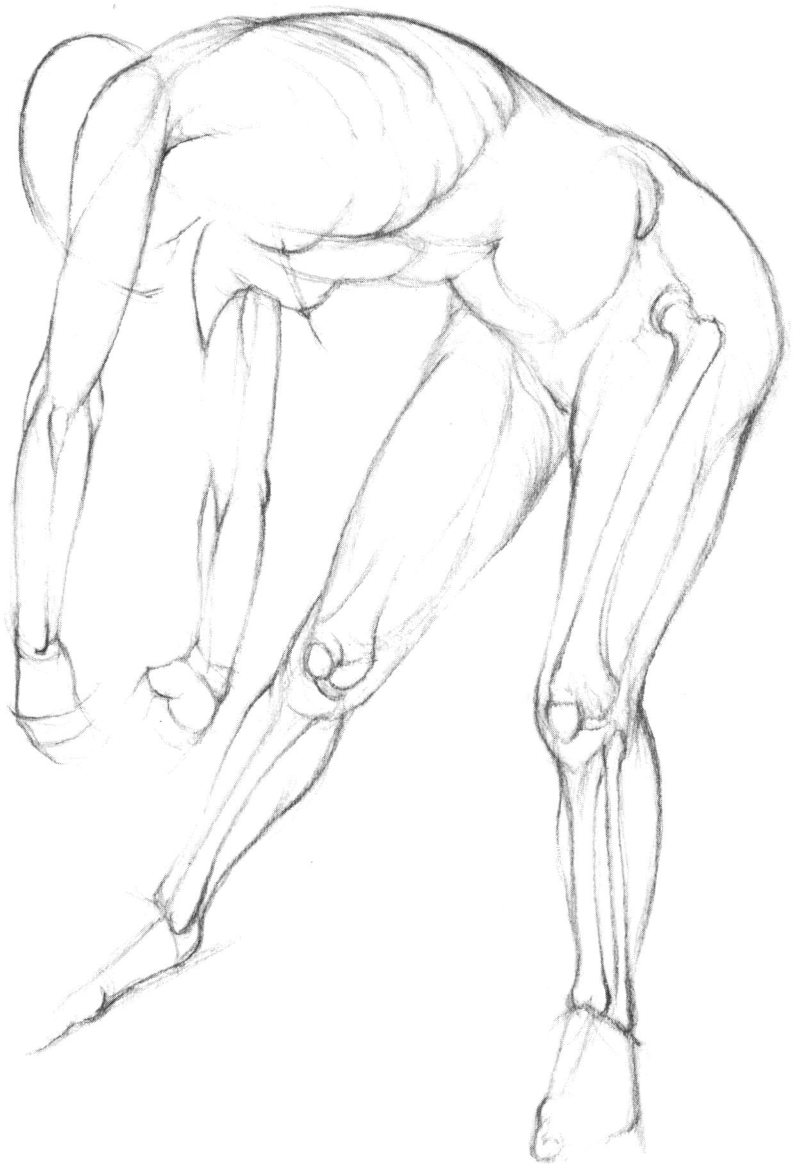

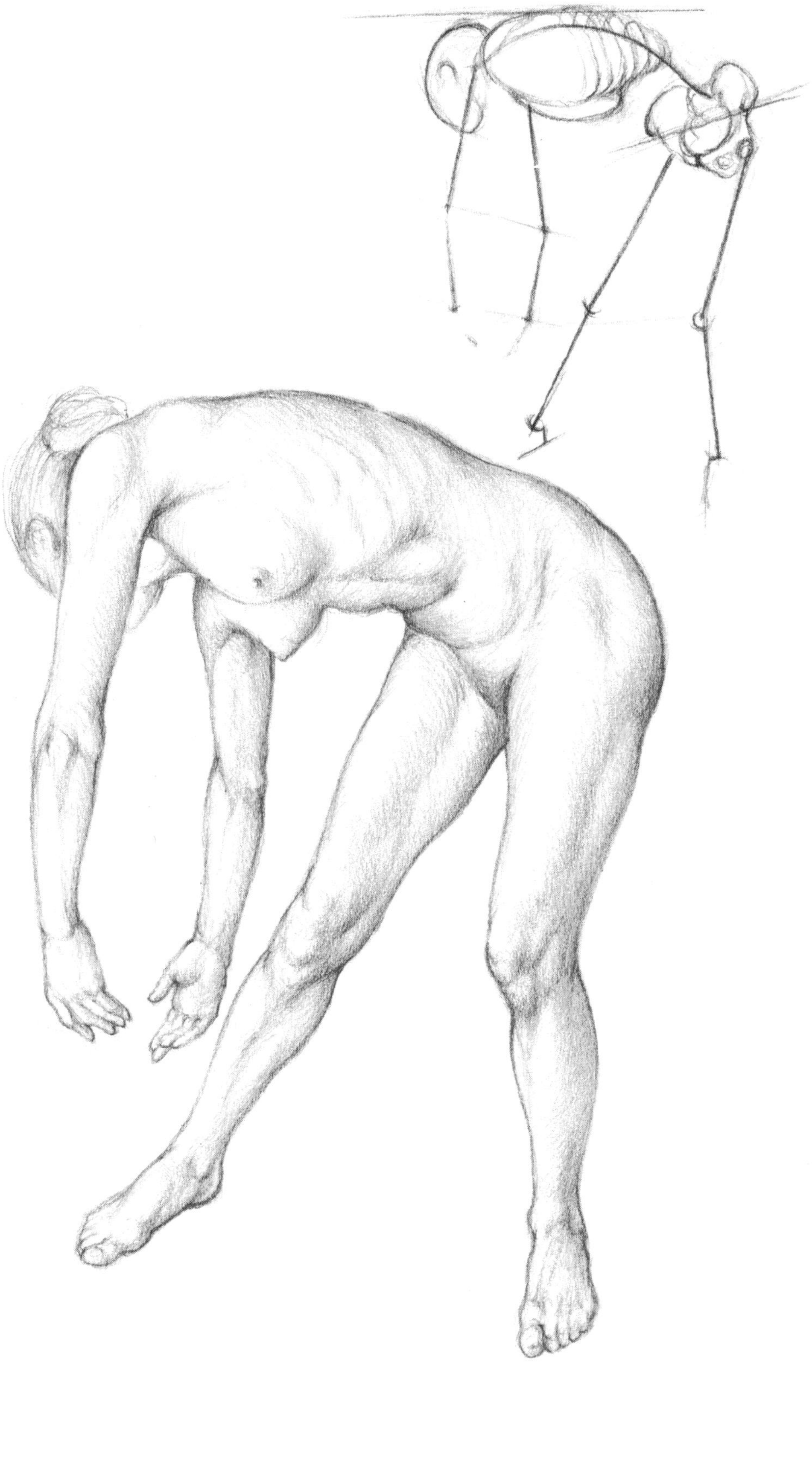

Stichwortverzeichnis

Stichwortverzeichnis

Stichwortverzeichnis

Gordon · Porträtzeichnen, anatomisch richtig

Louise Gordon

Porträtzeichnen

anatomisch richtig

AUGUSTUS VERLAG AUGSBURG

Vorwort

Dieses Buch hat sich aus einer Vielzahl von Anregungen entwickelt, die ich durch meine Studenten erhielt, sowie aus meiner eigenen Erfahrung mit den schönen Künsten und dem medizinischen Zeichnen. Der Wunsch der Studenten, zeichnen zu lernen, und ihre vielfältigen Bedürfnisse und Fragen haben mir geholfen, den Stoff zusammenzustellen und zu ordnen. Man erwartet von dem Lehrer, daß er Starthilfen gibt und ich hoffe, daß dieses Buch das auch zu leisten vermag. Erforschung, Risiko und Disziplin gehören ebenso zum Zeichnen wie die Fähigkeit, die eigene – bisweilen sogar als geradezu lächerlich empfundene – Unzulänglichkeit ertragen zu können, ohne aber dabei den Willen zu verlieren, sich immer wieder aufzuraffen. Elemente des Absurden und Wunderlichen sollten genauso wenig unterschätzt werden wie die Bedeutung der Intuition.

Ich habe versucht, das anatomische Wissen mit den sichtbaren Formen zu verbinden, so daß das Wissen und das Sehen besser zu einer Einheit gebracht werden. Einige Menschen sind der Meinung, daß die Spontaneität der Leidenschaft und des Gefühls durch die Kontrolle des Intellekts gehemmt wird, aber mir hat die Erfahrung gezeigt, daß die Kenntnisse der Anatomie in Verbindung mit technischer Disziplin die Freiheit des Ausdrucks nicht einschränkt, sondern erst ermöglicht. Mit der Zeit vollzieht sich das Zusammenspiel von Wissen und künstlerischem Ausdruck immer weniger bewußt, wohl als ein Teil der natürlichen Entwicklung auf dem Weg vom Unbekannten zum Bekannten hin.

Auf viele Arten hat man seit Jahrhunderten versucht, das wiederzugeben, was man in einem Gesicht wahrgenommen und gesehen hat. Das Zeichnen ist darunter vielleicht die persönlichste.

Der begleitende Text wurde auf ein Minimum beschränkt, da ich der Meinung bin, daß Zeichner Leute sind, die Bilder auf sich wirken lassen und umsetzen können. Die Zeichnungen sollen zum Verständnis der Form hinführen und zeigen, mit welchen Mitteln diese dargestellt werden können. Ich hoffe dabei, daß dies auch für Maler und Bildhauer von Vorteil sein wird. Viele Skizzen wurden hergeleitet durch die Deutung der Formen in linearer Weise. Dieses Verfahren ist besonders wichtig für die Werbegrafik und Beispiele dafür sind angegeben. Der Anfänger findet Vorschläge, wie man mit dem Zeichnen eines Kopfes beginnt und wie man durch bestimmte Übungen zu größerem Selbstvertrauen im Umgang mit dem Bleistift gelangt. Für jeden, der gerade mit dem Zeichnen begonnen hat, liegt eine der Hauptschwierigkeiten darin, sich allmählich von der starren Silhouettenlinie zu lösen und zu einer freieren Gestaltung der vielfältigen Gesichtsformen überzugehen. Dazu ist viel Mut und Unbefangenheit erforderlich, aber die Mühe lohnt sich.

Es wurde bewußt darauf verzichtet, Standardregeln für "Durchschnittsköpfe" anzuführen, da es so etwas wie einen "Durchschnittskopf" nicht gibt. Jeder Kopf ist einzigartig und seine Haltung ist so veränderungsfähig, daß man ihn jedesmal als eine neue Herausforderung ansehen muß. Es werden Methoden zur Proportionalitätsmessung des zu zeichnenden Kopfes beschrieben, die für jedes Alter, Geschlecht und jede Rasse verwendet werden können. Bei einigen Darstellungen sind besondere Hinweise für diejenigen vermerkt, die nach Fotografievorlagen arbeiten.

Es war selbstverständlich notwendig, bestimmte medizinische Begriffe in das Buch aufzunehmen; Erklärungen dieser Begriffe werden immer dann geboten, wenn sie Lage, Form oder Funktion eines für die zeichnerische Darstellung wichtigen Teils betreffen.

Danksagung

Ich möchte dem Verlag und im besonderen Thelma M. Nye, Betty Maxey und Andrew Cooper für ihre großzügige Hilfe und Ermutigung meinen Dank aussprechen.

Ebenso gilt mein Dank den nachstehenden Lehrern:
Elwood O. Simpson, Maria T. Wishart, die den Kursus "Medizinisches Zeichnen" in Kanada einführte und mich als Studentin und Freundin ermutigte, Dr. J.C.B. Grant, Professor der Anatomie und Dr. A.W. Ham, Professor der Histologie, deren Kurse ich als Studentin an der Universität von Toronto besuchen durfte, sowie Fred Hagan vom Ontario College of Art.

Den Direktoren des Ashmolean Museums in Oxford möchte ich meinen Dank für die Erlaubnis aussprechen, die Raphael-Studie zur "Verklärung" meinem Buch voranstellen zu dürfen. Den Direktoren des Britischen Museums in London danke ich für die Abbildungserlaubnis des von Rubens gezeichneten Porträts der Elisabeth Brant.

Die Reproduktion des Porträts des Erzbischofs Wareham, gezeichnet von Holbein, wurde mit der freundlichen Erlaubnis Ihrer Majestät der Königin durchgeführt.

Louise Gordon

Inhalt

Inhalt

Der Kopf und der Hals als Ganzes

Die Kenntnis des Schädels, der die grundsätzliche Form des Kopfes bildet und viele kompositorisch wesentliche Oberflächenmerkmale bedingt, der Muskeln, die Bewegung, Ausdruck und Oberflächenformen bewirken, der Gesichtszüge, die dem Ganzen Lebendigkeit verleihen, kann außerordentlich viel für die Darstellung des Zeichners beitragen, nicht nur der Fakten wegen, sondern auch wegen des Verständnisses für ein anderes menschliches Wesen und auch für sich selbst.

DER SCHÄDEL

Die Knochen sind eine lebendige Materie, die mit Nerven und Blutgefäßen versorgt ist, welche auf Zustände innerhalb des ganzen Körpers reagieren und reparaturfähig sind.

Die Knochen des Schädels werden im Embryo aus Knorpel und Haut vorgeformt, und zwar in einem weichen Phantom der zukünftigen Gestalt.

Die allgemeine Form des Schädels wird im dritten Monat bestimmt. Mineralsalze werden im geschmeidigen Phantom abgelagert, es bildet sich ein Bindemittel, das als Zementierungsmasse bezeichnet wird, und die Erhärtung der Knochen, wie wir sie kennen, beginnt. Dieser Vorgang wird Verknöcherung genannt. Er geht während der neunmonatigen Periode im Uterus vor sich, wenn der Wuchs sehr rasch fortschreitet. Aber zum Zeitpunkt der Geburt eines Kindes sind die Knochen des Schädels und des Genickes keineswegs vollendet. Der Prozeß der Vergrößerung hält an, und die Verknöcherung ist normalerweise erst ganz beendet, wenn der Erwachsene das Alter von fünfundzwanzig Jahren erreicht. In den jungen Jahren zwischen eins und sieben, und speziell im ersten Jahr, gibt es beachtenswerte Veränderungen, von denen der Zeichner etwas wissen soll. Die oberen und unteren Kiefer werden größer und verändern ihre Gestalt. Je mehr sie sich dem "erwachsenen" Zustand nähern, desto ausgeprägter werden sie. Die Schädeldecke, der Teil des Schädels, der das Gehirn einschließt und es beschützt, wächst ebenso wie das Gehirn. Die Ränder des Knochens der Augenhöhlen, in welchen die Augen sitzen, ändern sich; sie sind beim Kleinkind rund und werden beim Heranwachsen mehr rechteckig. Dies ist die Zeit, in der der Wechsel vom "rundäugigen" Blick des Kleinkindes zum "langäugigen" Blick des Erwachsenen vor sich geht. Vom siebenten Jahr bis zur Pubertät verlangsamt sich das Wachstum. Dann erfolgen wieder Veränderungen, besonders im Gesicht in der Zeit, in der sich die bleibenden Zähne zu formen beginnen. Die Verlängerung des Gesichtes wird auffallend, und die Entfernung von den Augen zur Unterseite des Kinns wird damit viel größer.

Die Knochen der Schädeldecke, die das Gehäuse des Gehirnes bilden, sind komplizierte, gebogene, dünne Scheiben, die sich zum Schluß, wenn sie ganz verknöchert sind, starr zusammenschließen; die Ränder berühren sich so wie bei einem Zusammensetzspiel. In gleicher Weise schließen sich die anderen Knochen des Gesichtes zusammen; außer dem Unterkiefer. Dieser ist der einzige separate Knochen des Schädels und das einzige bewegliche Gelenk im Kopf. Dieses Gelenk liegt vor dem Ohr, wo der gerundete vorspringende Teil, der der Kopf des Kiefers genannt wird, in einer Pfanne sitzt, die vom Schläfenknochen gebildet wird.

Die Knochen des Halses werden Nackenwirbel genannt. Es gibt davon sieben, die alle aufeinanderliegen, von Polstern, den sog. Nackenscheiben getrennt. Die Wirbel sind, wie der Schädel, erst mit dem fünfundzwanzigsten Lebensjahr vollständig verknöchert. Die Scheiben setzen sich an der Außenseite aus zähen Fasern zusammen, und das Innere besteht aus einer faser-gallertartigen Breifüllung. Sie spielen die Rolle von Stoßdämpfern. Die Säule, die durch die sieben Nackenwirbel geformt wird, ist gekrümmt; und zwar ist sie nach vorne gekrümmt. Sie beginnt sich so zu entwickeln, wenn das Kleinkind anfängt, den Kopf zu heben. Diese Tatsache ist für den Zeichner äußerst wichtig, da die ausgeprägte Biegung nach vorne nicht übersehen werden darf. Der Kopf wird dadurch nach vorne und aufwärts getragen. Es sind die Wirbel, die diese Neigung hervorrufen, die sich überall im weichen Gewebe des Halses erkennen läßt. Jeder Wirbel besitzt einen Körper, einen kleinen Knochenklotz, der das Gewicht des Kopfes trägt, und einen Bogen nach rückwärts, welcher eine Öffnung oder Röhre bildet. Das Rückenmark verläuft durch diese Öffnung, beschützt vom Körper und dem Bogen, der von den Knochen um denselben herum gebildet wird. An beiden Seiten des Bogens befindet sich je ein Knochenvorsprung, der Querfortsatz genannt wird. Auf der Rückseite des Bogens befindet sich ein einziger Knochenvorsprung, das sog. Rückgrat des Wirbels. Diese Vorsprünge dienen den Muskeln als Befestigungspunkte, damit diese an der Wirbelsäule ziehen können, um die große Mannigfaltigkeit an Halsbewegungen zu ermöglichen. Der erste Halswirbel ist am Schädel so angebracht, daß wir die "ja"-Bewegung ausführen können. Der zweite Wirbel ist in den ersten so eingefügt, daß der Kopf die "nein"-Bewegung ausführen kann.

Die Knochen der Schädeldecke

Das **Stirnbein** bildet sowohl die ganze Stirn als auch den oberen Teil der Augenhöhle, ein Kegelknochen, in dem das Auge und seine dazugehörigen Teile liegen. Man kann den oberen Rand des Knochenkegels unter der Augenbraue fühlen und er ist es, der die Gesichtsform in diesem Bereich größtenteils bestimmt. In der Mitte dieses Randes ist der Knochen verdickt und wird der Augenbrauenbogen genannt. Dieser Bogen ist in der Regel beim Manne stärker ausgeprägt als bei der Frau. Er kann eine hervorstehende Braue verursachen, die dann noch besonders betont wird, wenn die Augenbrauen buschig sind. In der Stirne hat das Stirnbein, beiderseits der Mittellinie, gerundete Umrisse oder Überhöhungen. Diese sind bei den Menschen unterschiedlich stark ausgeprägt. Man muß sich dieselben genau ansehen, da sie das Licht auf eine besondere Weise auffangen können. Der Knochen besitzt vier Hauptflächen, die die dreidimensionale Form des Kopfes bewirken. Die vordere Fläche, die Vorderseite der Stirne, trifft sich mit der oberen Fläche, dem Scheitel des Kopfes. Die vordere Fläche trifft auch mit der linken und der rechten Seitenfläche der Stirne zusammen.

Die **Scheitelknochen** sind gekrümmte Scheiben, die einen Teil des Scheitels und die Seiten der Schädeldecke bilden. Auch sie besitzen Erhöhungen, nämlich über und hinter den Ohren, die man am eigenen Kopf spüren kann. Dies ist der breiteste Teil der Schädeldecke.

Der **Hinterkopfknochen** bildet den unteren und rückwärtigen Teil der Schädeldecke. Die wichtigen Halsmuskeln sind daran befestigt, im besonderen an seiner oberen Nackenlinie, die eine aufgerauhte Knochenlinie quer über den Hinterkopf darstellt. Er besitzt an der Unterseite eine große Öffnung, durch die das Gehirn mit dem Rückenmark, das durch die Wirbelröhre verläuft, verbunden ist. Der erste Halswirbel, Atlas genannt, ist mit der Schädeldecke an beiden Seiten dieser Öffnung befestigt. Er wird Atlas genannt, weil er im symbolischen Sinne sozusagen die 'Welt' trägt. Der Hinterkopfknochen umschließt und beschützt die im Hinterkopf liegenden Gehirnlappen, welche für das Sehvermögen von Bedeutung sind.

Die **Schläfenknochen** bilden die unteren Seiten der Schädeldecke und von ihnen ist unser Wort "Schläfe" abgeleitet. Ihr Beitrag zum Backenknochen ist auf jeder Seite ein kleiner starker Knochenstab, der horizontal vom Ohr nach vorne verläuft. Man kann ihn fühlen und seine Form wahrnehmen. Er wird der Jochbeinfortsatz des Schläfenknochens genannt. Unmittelbar hinter den Ohren kann man Schwellungen oder Knochenerhöhungen spüren; diese werden Warzenfortsatz genannt. Sie werden während unserer Entwicklung durch die Zugkraft der starken Brustbeinmuskeln am Schädeldeckenknochen hervorgerufen. Sie bilden sich erst ab dem zweiten Jahr. Da sie bei Kleinkindern fehlen, muß man, wenn man sie zeichnet, eine andere Form für die Partie hinter den Ohren suchen. Die Öffnung für das Ohr, der äußere Gehörgang, ist ein Loch im Knochen unmittelbar vor und über dem Warzenfortsatz. Dies muß beachtet werden, da die Lage des Ohres von ihrer Lage abhängt. Der Schläfenknochen enthält die Einsenkung für den Kiefergelenkkopf, der sich unmittelbar vor dem äußeren Gehörgang befindet.

Die Gesichtsknochen

Das **Oberkieferbein** bildet den Oberkiefer. Wenn es hervorsteht, stehen auch die oberen Zähne mehr hervor, und die Oberlippe wird dadurch nach vorne geschoben. Die unteren Ränder der Augenhöhlen sind auch Teile des Oberkieferbeines und sie sind wichtige Merkmale. Oberhalb dieser Ränder befinden sich Vertiefungen oder Säcke unter den Augen, und hier, wo der Knochen aufhört und das weichere Gewebe rund um das Auge beginnt, erfolgt ein Wechsel der Oberflächen. Befühlen Sie diesen Rand rund um die Augenhöhlen Ihres eigenen Gesichtes. Er ist für so viele der feinen Formen in diesem Bereich verantwortlich.

Das **Nasenbein** ist klein und verbindet die Stirnknochen mit dem Oberkieferbein. Es bewirkt die Form des oberen Teiles der Nase. Man kann spüren, wo es aufhört und wo der Knorpel beginnt. In diesem Bereich befindet sich oft ein Höcker oder eine Verbreiterung der Nase.

Die **Jochbeine** vervollständigen die Backenknochen mit dem Jochbeinfortsatz der Schläfenknochen. Zusammen werden sie die Jochbogen genannt; sie sind wichtige Merkmale. Man kann den unteren Rand, welcher vom Ohr bis in die Wange verläuft, spüren. Bei alten und mageren Leuten bewirken die Jochbeine die hervorstechenden Züge des Gesichtes. Vergessen Sie nicht beim Zeichnen beide Seiten in Übereinstimmung zu bringen. Auch bei diesen Knochen erfolgt ein Oberflächenwechsel, und zwar von vorne zur Seite. Man kann diese Ecke und den Wechsel auf der eigenen Wange spüren.

Der **Unterkiefer,** auch **Kinnbacken** genannt, entwickelt sich in zwei Hälften, die dann im zweiten Jahr zusammenwachsen. Er ist wie die Hufeisen geformt und trägt die unteren Zähne. Die flachen Zonen an beiden Seiten einschließlich der Ecken werden die Äste genannt. Der mittlere Teil heißt Körper. Jeder Ast besitzt zwei Fortsätze, nämlich den vorderen Fortsatz des Unterkieferknochens und den Kiefergelenkkopf. Der Unterkieferfortsatz ist ein Zug-Fortsatz, der durch den Zug der Schläfensehne betätigt wird, während der Kiefergelenkkopf die Verbindung mit dem Stirnknochen herstellt. Es gibt große Unterschiede in Form und Größe der Unterkiefer. Beim Mann ist der Knochen oft nach außen gedreht, während er sich bei der Frau nach innen wendet. Dies kann beim Mann den Eindruck des "stärkeren" Kiefers hervorrufen, nachdem ja bei ihm üblicherweise auch der ganze Kiefer größer ist.

Die Gesichtsknochen

Die Knochenstruktur des Gesichtes

Die Gesichtszüge sind hier angedeutet, um das Verhältnis der Knochen zu diesen zu veranschaulichen. Besonders zu beachten sind die Ränder der Augenhöhlen.

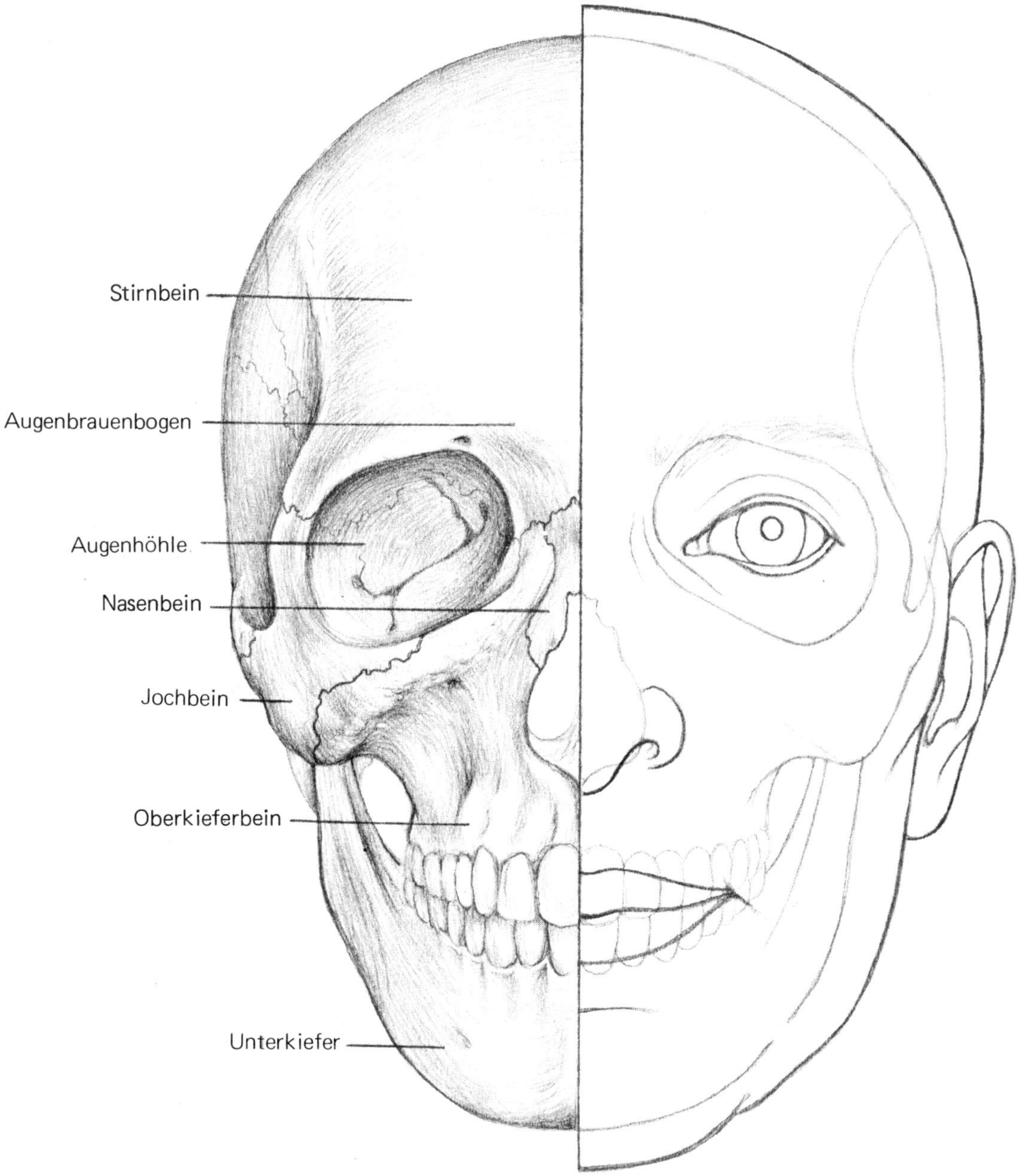

Die Gesichtsknochen

Seitenansicht der Schädelknochen

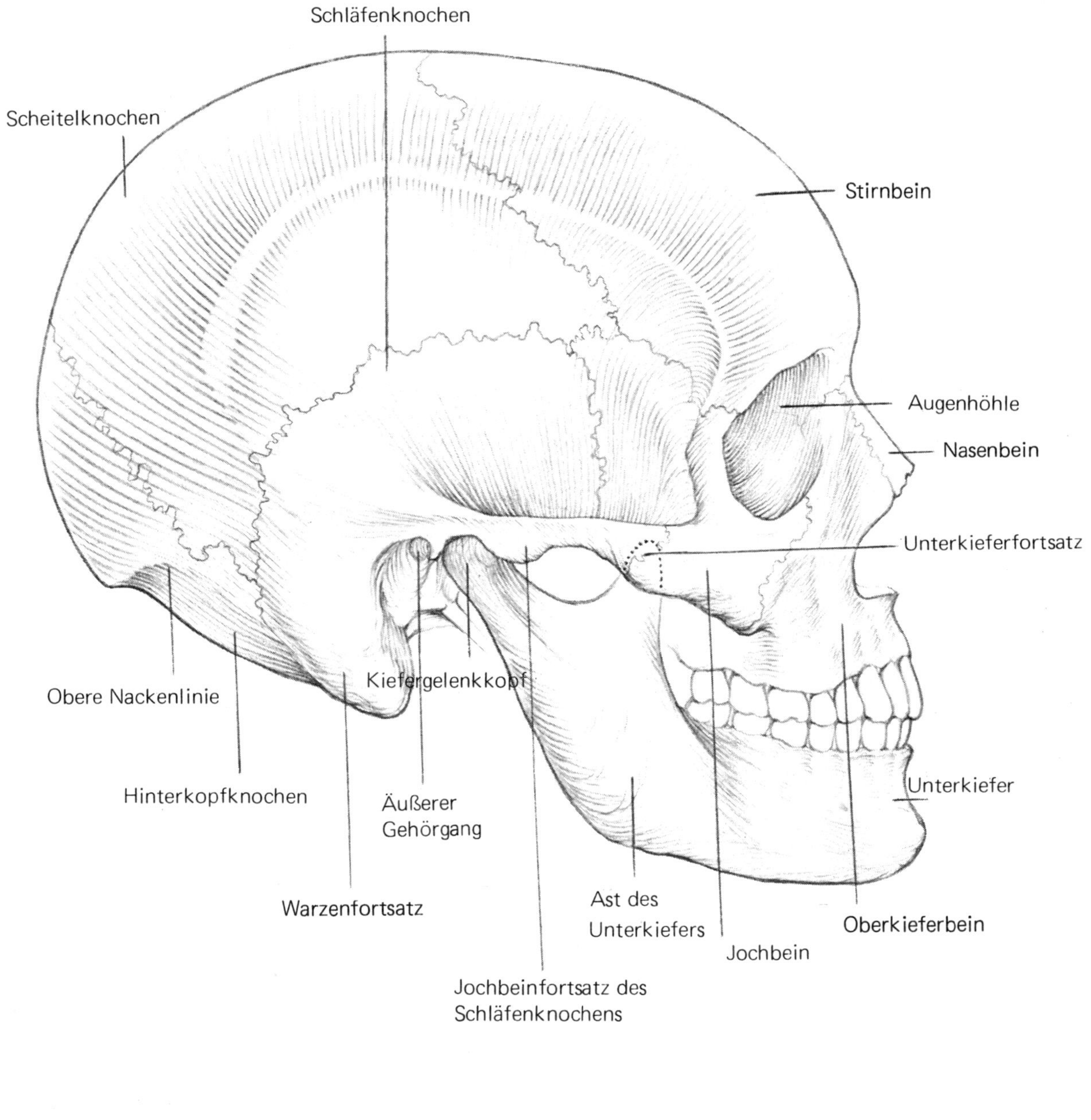

Die Muskeln und ihre Sehnen

Die Muskeln

Die Muskelzellen unseres Körpers sind besonders ausgebildet für eine einzige Arbeit, nämlich die der Zusammenziehung der Muskeln. Verglichen mit anderen Zellen des Körpers sind Muskelzellen lang, manche bis zu 40 mm. Die Natur formte sie länglich anstatt rund, damit sie sich verkürzen können. Durch die Verkürzung der Muskelzellen, mittels ihrer Fähigkeit sich zu verkürzen, wird die Bewegung der Körperteile ermöglicht.

Muskelzellen enthalten in ihrem Protoplasma winzig kleine, faserartige Organismen, die Muskelfasern. Man nimmt an, daß die Fasern an ihren Längsseiten elektrisch geladene Stellen aufweisen, die sich gegenseitig anziehen. Sobald ein nervlicher Impuls eintrifft, gleitet eine der Muskelfasern vorwärts und bleibt neben einer anderen liegen, die sie anzieht. Durch diesen Vorgang, der überall im Protoplasma stattfindet, können die Zellen um ungefähr die Hälfte ihrer Länge verkürzt werden. Die Auswirkung dieses Pinzips verursacht die Bewegung des Körpers.

Die einzelne Muskelzelle ist in einem lockeren Bindegewebe, einer Kombination von Fasern und Zellen, eingebettet in einer gallertartigen Masse, eingeschlossen. Diese Muskelzellen sind in Bündeln aneinandergereiht und von Bindegewebe umgeben. Die Fasern des Bindegewebes bestehen aus Protein, und die gallertartige Masse, in der sie eingebettet sind, ist aus Kohlehydrat. Die Befestigung wird durch die Fortsetzung der Fasern in die Knochen bewerkstelligt. Sie verbinden auch Muskel mit Muskel und Muskel mit Haut.

Ein Ende des Muskels, der sich verkürzt, bleibt feststehend, während der Knochen, der Muskel oder die Haut, an der das andere Ende befestigt ist, in der Richtung des feststehenden Endes gezogen wird. Muskeln müssen an beiden Enden befestigt sein, um Bewegung zu verursachen.

Muskeln nehmen verschiedene Formen an. Diese hängen davon ab, wie ihre Bündel arrangiert sind. Die vierseitigen, gurtartigen und spindelförmigen besitzen parallele Bündel. Bei der Doppelfeder-, der Einzelfeder- und der Mehrfachfeder-Anordnung der Muskeln sind die Bündel schräg verlaufend angeordnet. Bei kreisförmigen Muskeln liegen ihre Bündel rund um eine Öffnung, und zwar in der Form von Kreisen oder Ellipsen. In diesem Falle wird der Muskel ein Schließmuskel genannt. In Ihren Augen ist ein Schließmuskel, der sich zusammenzieht und dabei die Pupille verkleinert. Dies ist die Arbeit, die der kreisartige Muskel verrichtet. Er kann dadurch, daß sich seine Zellen verkürzen, eine Öffnung verkleinern oder bis zu einem bestimmten Grad schließen. Drei unserer großen Gesichtsmuskeln sind Muskeln dieser Art: einer liegt rund um den Mund und je einer rund um jedes Auge (in den Augenlidern).

Nicht alle Zellen eines Muskels müssen sich gleichzeitig zusammenziehen. Wenn nur eine kleine Bewegung notwendig ist, verrichtet nur eine kleine Anzahl der Zellen diese Arbeit. Wenn jedoch die größtmögliche Bewegung gebraucht wird, zieht sich die Höchstzahl an Zellen zusammen. Aber eine Zelle kann sich nicht nur teilweise verkürzen. Sie ist auf "alles oder nichts" eingestellt. Sobald sie den nervlichen Impuls erhält, muß sie sich maximal verkürzen. Wenn nur eine kleine Bewegung gebraucht wird, arbeiten entsprechend weniger Zellen.

Dies war ein ziemlich ausführlicher Exkurs, obwohl diese Erklärungen vom medizinischen Standpunkt aus noch sehr vereinfacht sind. Jedoch denke ich, daß sie sich als nützlich erweisen werden, da sie vieles von der Muskelbewegung veranschaulichen. Die Erklärungen zeigen, warum sich die Muskeln verdicken, während eine Bewegung in irgendeinem Teil des Körpers erfolgt. Sie zeigen auch, warum eine langsame Änderung der Form möglich ist, die wir bei einer Bewegung sehen können. Dabei treten mehr und mehr Bündel in Aktion, bis der Muskel seine maximale Leistungsfähigkeit erreicht hat, falls dies von ihm verlangt wird. So wird auch deutlich, warum ein Muskel einmal diese und ein anderes Mal jene Form annimmt. Alles hängt davon ab, wieviel Arbeit von ihm geleistet wird. Wir zeichnen das Gesicht in einer bewegungslosen Pose, die in einem Augenblick erhascht wird, aber es darf nicht vergessen werden, daß in ihr immer die Möglichkeit einer rhythmischen Änderung vorhanden ist. Durch diese Erklärungen wird verständlich wie ein flüchtiger Blick, ein Halb-Lächeln, ein Halb-Grinsen entstehen, und wie es zu der Vielfalt jener feinen Gesichtsausdrücke kommen kann.

Die Sehnen
Sehnen sind üblicherweise rund und strangartig oder flach und bandartig, und diese beiden Formen können wir auch an der Oberfläche sehen. Mit ihnen werden die "Bewegungs-Macher", die Muskeln, an den verschiedenen Stellen befestigt, um die Bewegungen zu ermöglichen. Sehnen ziehen sich nicht zusammen. Sie sind auf Festigkeit hin angelegt und bestehen hauptsächlich aus starken und dehnbaren Proteinfasern, die Kollagen genannt werden. Sie sind in parallelen Bündeln geordnet. Normalerweise enthalten sie fast kein Blut, und die Fibroblastzellen, die zwischen den Bündeln gelagert sind, sind untätig. Die Hauptsache für den Zeichner ist es, sich zu vergegenwärtigen, daß die Sehnen nicht ihre Form ändern können wie die arbeitverrichtenden Teile des Muskels, die die Muskelzellen besitzen. Die Sehne kann ihre Richtung wechseln, aber ihre Form bleibt unverändert.

Die Aponeurose
Die Sehne nimmt eine flächenartige Gestalt an, wenn eine sehr breite Befestigungsfläche benötigt wird. Diese Sehne wird Aponeurose genannt. Unsere gesamte obere Hirnschale wird von ihr bedeckt. Sie verbindet die Muskelmasse über unserer Stirn mit der Muskelmasse, die auf der Rückseite unserer Hirnschale liegt.

Der Knorpel
Der Knorpel ist eine besondere Art von Bindegewebe, das aus Kollagen und elastischen Fasern besteht, die in einem festen Gel gelagert sind. Er ist aus einer Substanz, die nicht nur große Zugfestigkeit besitzt; sie kann auch nicht leicht gebogen werden. Es gibt einen speziellen Knorpel, der Hyalin genannt wird. Er bedeckt den Kiefergelenkkopf, dessen Höhlung und auch die Verbindungsflächen der Wirbel. Seine Oberfläche ist unglaublich glatt, und mit der schmierigen Flüssigkeit in den Gelenken ermöglicht er eine fast reibungslose Bewegung.

Die Muskeln und die Formen des Gesichtes

Der **Augenringmuskel** (M. orbicularis oculi) ist ein breiter, flacher Muskel, der das Auge umringt. Er ist ein Schließmuskel. Die umringenden Bündel werden in der Mitte des Augenwinkels durch die Augenlidsehne unterbrochen, die den Augenwinkel am Knochen verankert. Diese kleine Sehne kann man unter dem Finger rollen. Sie verursacht im Augenwinkel einen Spannungspunkt, indem sie die Augenlider gegen die Nase gezogen hält. Am äußeren Augenwinkel bildet der Augenringmuskel eine Naht (die Muskelbündel verflechten sich dort). Die Straffheit, die diese Naht verursacht, ruft oft einen 'in Falten-gelegten' Blick an diesem Winkel und damit eine plötzliche Veränderung der Oberfläche hervor. Die übrigen Muskelbündel erstrecken sich ganz um das Auge herum; die inneren liegen innerhalb der Augenlider und die äußeren liegen über den knochigen Rändern der Augenhöhle und dem Knochen, der dahinterliegt. Die oberen Bündel erstrecken sich in den Stirnknochen und in den Nasenheber, während die Querbündel frei bleiben. Wenn sich der Muskel zusammenzieht, schließt er die Augenlider, und wenn man schielt, wird der freie Querteil zur Nase gezogen. Dieser Vorgang führt die sogenannten Krähenfuß-Runzeln herbei, die mehr ausgeprägt werden, wenn der Muskel benutzt wird. Seine ringartige Form unterhalb des Auges ist ein wichtiges Merkmal; man kann die Kontraktionen dieses Muskels deutlich verfolgen und sehen, wie dadurch die kreisförmigen Runzeln in der darüberliegenden Haut entstehen.

Der **Stirnmuskel** (M. occipito-frontalis) besitzt keine Knochenbefestigung. Seine Muskelbündel gehen in jene des Augenringmuskels, in der Höhe der Augenbrauen, und jene der Aponeurose, die den oberen Teil der Schädeldecke bedeckt, über. Die Aponeurose verbindet den Stirnmuskel mit dem rückwärtigen Teil der Schädeldecke. Wenn sich der Stirnmuskel zusammenzieht, zieht er den Augenringmuskel und den Herabzieher der Stirnglatze am oberen Ende der Nase nach oben. Die Augenbrauen werden dabei gehoben, und das obere Ende der Nase wird verflacht; es bilden sich in der Stirnhaut waagerechte Falten.

Der **Herabzieher der Stirnglatze** (M. procerus) ist ein kleiner Muskel, der mit dem Stirnmuskel verbunden und am Nasenknochen befestigt ist, und zwar dort, wo dieser in den Nasenknorpel übergeht. Da diese Befestigung unbeweglich ist, wird der mittlere Teil des Augenbrauenbereiches hinuntergezogen, wenn der Procerus sich zusammenzieht; dies verursacht waagerechte Runzeln über dem oberen Teil der Nase.

Der **Nasenheber** (M. corrugator) ist ein kleiner kegelförmiger Muskel in der Mitte der Augenbrauen. Er ist am Stirnknochen befestigt; seine Muskelbündel verlaufen quer durch den Stirnmuskel, um schließlich die Haut zu erreichen, wo sie befestigt sind. Wenn sich dieser Muskel zusammenzieht, zieht er die Haut und die Augenbrauen gegen die Nase. Dies hat das Runzeln der Haut oberhalb der Augenbrauen zur Folge, wo kleine Hügel sichtbar werden. Der Nasenheber ist auch für die senkrechten Stirnfalten und die Hautfalten am oberen Ende der Nase verantwortlich. Die Haut wird in Falten gelegt oder gerunzelt, da weder sie, noch das Fett unter ihr (falls Fett vorhanden ist) sich so wie die Muskeln, die darunterliegen, zusammenziehen. Mit zunehmendem Alter vermehren sich die Falten, da die Elastizität der Haut nachläßt.

Der **Ringmuskel des Mundes** (M. orbicularis oris) umringt, wie sein Name sagt, in erster Linie den Mund, für den er als Schließmuskel fungiert; aber er verbindet sich eng mit den anderen Muskeln, die um den Mund herum liegen. Er erstreckt sich bis zur Nase und hinunter zur Furche in der Mitte zwischen der Unterlippe und der Unterseite des Kinns. Er hat einen freien Rand innerhalb der Lippen und seine Tätigkeit besteht darin, den Mund zu schließen. Dies kann auf dreierlei Arten bewerkstelligt werden, da der Muskel aus drei Lagen von Muskelbündeln besteht, die alle in verschiedener Weise wirken. Er kann die Lippen nach vorne wölben, er kann sie eng zusammenziehen, und er kann sie auch fest gegen die Zähne pressen. Man kann selbst diese drei Wirkungsweisen ausprobieren und die verschiedenen Formen sehen, die sie rund um den Mund hervorrufen. Die Gesichtsmuskeln erstrecken sich strahlenförmig in den Ringmuskel des Mundes und wirken entgegengesetzt zu diesem, denn sie ziehen an ihm, während sie sich verkürzen, und zwar ziehen sie ihn dabei in viele Richtungen. Beim Zeichnen des Mundes ist es sehr wichtig, diese einkreisende Bewegung zu beachten. Der Bereich oberhalb der Oberlippe ist besonders stark gekrümmt, da hier die gekrümmte Form dieses Teiles des Kieferknochens durch den Ringmuskel des Mundes und die Haut hindurch zum Vorschein kommt.

Die Muskeln und die Formen des Gesichtes

Der **Heber der mittleren Oberlippe und des Nasenflügels** (M. levator labii alaeque nasi) ist ein kleiner Muskel, der aus dem seitlichen Teil des Kiefers, nahe dem Nasenknochen, hervorgeht. Seine Muskelbündel fügen sich in den Ringmuskel des Mundes ein und verbinden sich mit diesem. Wenn er sich verkürzt, hebt er, wie sein Name besagt, die Oberlippe, und die Haut an der Seite der Nase faltet sich in die sogenannten Lachfalten, die man dort oft bemerken kann.

Der **Heber der seitlichen Oberlippe** (M. levator labii) geht aus der Vorderseite des Kiefers unterhalb der Augenhöhle hervor, fügt sich in den Ringmuskel des Mundes ein und verbindet sich mit diesem. Er tut, was sein Name besagt: er hebt die Oberlippe.

Der **Kleine** und der **Große Jochbeinmuskel** (M. zygomaticus minor bzw. zygomaticus major) gehen aus dem Backenknochen hervor. Ihre Muskelbündel gelangen an der Wangenseite diagonal nach vorne und fügen sich in den Ringmuskel des Mundes, nahe der Mundwinkel, ein. Beide heben den Mundwinkel und ziehen ihn gleichzeitig zur Seite. Sie werden daher die Lachmuskeln genannt.

Der **Heber des Mundwinkels** (M. levator anguli oris) geht aus dem Oberkieferknochen hervor und fügt sich in den Ringmuskel des Mundes ein. Er tut, was sein Name besagt: er hebt den Mundwinkel.

Alle fünf Muskeln, die in den Ringmuskel des Mundes einmünden, geben, wenn sie sich zusammenziehen, dem Gesicht Ausdrücke des Lächelns oder Lachens. Die Mundwinkel werden dabei zur Seite gezogen und die Oberlippe wird gehoben. Eine kleinere Bewegung jener Muskeln, die nur die Oberlippe heben, kann ein höhnisches Lächeln herbeiführen. Die Haut und die Fettunterlage der Wange bauschen sich oberhalb der Muskeln, die sich verkürzen, auf, und es entsteht bei den Wangen eine Verdickung. Es ergibt sich dort, wo sie sich in den flacheren Kreis des Ringmuskels des Mundes einfügen, ein Vorsprung der Wange über die Oberlippenzone. Man darf diesen Teil, der von der Nase zum Mund reicht, nicht als eine Linie ansehen, sondern als zwei Formen, die sich treffen und zwei Ebenen ergeben.

Der **Lachmuskel** (M. risorius) beginnt in der zähen kapselförmigen Hülle der Ohrspeicheldrüse, die vor dem Ohr liegt, und zwar über dem Ast des Unterkiefers. Er setzt am Mundwinkel im Ringmuskel des Mundes an und verläuft fast waagerecht über die Wange. Sein unbewegliches Ende befindet sich in der Drüse. Sobald er sich verkürzt, zieht er den Mundwinkel fast gerade zurück und dabei entsteht ein grinsender Gesichtsausdruck. Der Muskel wird aus diesem Grunde auch oft der "Grinsmuskel" genannt. Obwohl einer dieser Muskeln mit seiner Tätigkeit vorherrschen mag, fungieren sie größtenteils alle gleichzeitig.

Der **Viereck-** und der **Dreieckmuskel** (M. depressor labii, M. depressor anguli oris) fangen am unteren Rand des Kieferknochens an und gehen in den Ringmuskel des Mundes unterhalb der Unterlippe über. Sie senken die Unterlippe bzw. den Mundwinkel. Diese zwei Senkmuskeln treffen sich in der Mittellinie und verflechten sich ineinander unter der Unterlippe. Dies trägt, in diesem Teil des Kinns, das meistens nur wenig Licht erhält, zu der 'in Falten gelegten' Form bei. Diese Muskeln rufen zusammen ziemlich flache Formen an den Seiten des Kinns hervor und bewirken einen deutlichen Wechsel der Flächen.

Die **Kinnmuskeln** (Musculi mentales) sind die zwei kegelförmigen Muskeln, die in der Mitte zwischen der Unterlippe und der Unterseite des Kinns am Kiefer beginnen. Man kann ihre Befestigungen an der Innenseite der Unterlippe spüren. Die größeren Enden der Kegel gehen in die Haut des Kinns über. Die Kinnmuskeln heben die Unterlippe und runzeln die Haut des Kinns; dabei kommt Zweifel und Mißfallen zum Ausdruck. Sie kommen manchmal als zwei kleine Erhöhungen zum Vorschein; ein Grübchen kann entstehen, wenn eine Spalte zwischen den beiden Kegeln vorhanden ist.

Der **Wangenmuskel** (M. buccinator) ist ein flacher Muskel an der Seite der Wange, der breit in den Ringmuskel des Mundes übergeht. Seine oberen und unteren Muskelbündel verlaufen waagerecht, während seine mittleren sich überkreuzen. Er zieht am Mundwinkel, verlängert sich beim Blasen und verkürzt sich beim Saugen. Er hilft beim Kauen mit, indem er den Teil der Wange nach innen preßt, der dafür sorgt, daß die Nahrung zwischen den Zähnen bleibt.

Die Muskeln und die Formen des Gesichtes

Der **Kaumuskel** (M. masseter) ist ein flacher Muskel, der schräg über dem Kieferknochen verläuft. Er bedeckt den größten Teil des Kieferknochens und ist an dessen unterem Rand befestigt. Oben ist er mittels einer flachen Sehne am Jochbeinbogen befestigt. Er hält den Unterkiefer und den Oberkiefer fest zusammen und wird zum Kauen benutzt. Dieser Muskel bewirkt die deutlich gekrümmte Form des Gesichtes besonders da, wo er am Unterkiefer befestigt ist. Sein vorderer Rand ist oft sichtbar, und zwar schräg vom Jochbein zum Unterkieferknochen verlaufend. Auch diese Form wird mit fortschreitendem Alter immer ausgeprägter.

Der **Schläfenmuskel** (M. temporalis) ist fächerförmig. Er ist mit seinem fleischigen Ende am Schläfenknochen an der Seite der Schädeldecke befestigt. Seine Sehne geht unter dem Jochbeinbogen zum Fortsatz des Kieferastes. Er arbeitet in Verbindung mit dem Kaumuskel, indem er den Unterkiefer mit Kraft gegen den oberen zieht, wenn die Zähne aufeinander gebissen werden.

Die **Ohrspeicheldrüse** erzeugt den Speichel, welcher durch einen Kanal in den Mund gebracht wird, der durch das Wangengewebe verläuft und dessen Öffnung innen in der Höhe des zweiten Backenzahnes liegt. Sie ist um den Ast des Unterkiefers gefaltet, liegt teilweise an der Oberfläche des Kaumuskels und zwischen dem Kopfwender (M. sternocleidomastoideus) und dem Kiefer. Die Ohrspeicheldrüse ist in einer dichten Kapsel eingeschlossen, an der der Lachmuskel befestigt ist. Sie trägt zur fülligen Form über dem Ast des Kiefers bei.

Die Muskeln und die Formen des Gesichtes

Es ergeben sich unterschiedliche Ausdrucksformen, wenn sich verschiedene Muskeln zusammenziehen.

Die Muskeln und die Formen des Gesichtes

Vorderansicht der Gesichtsmuskeln

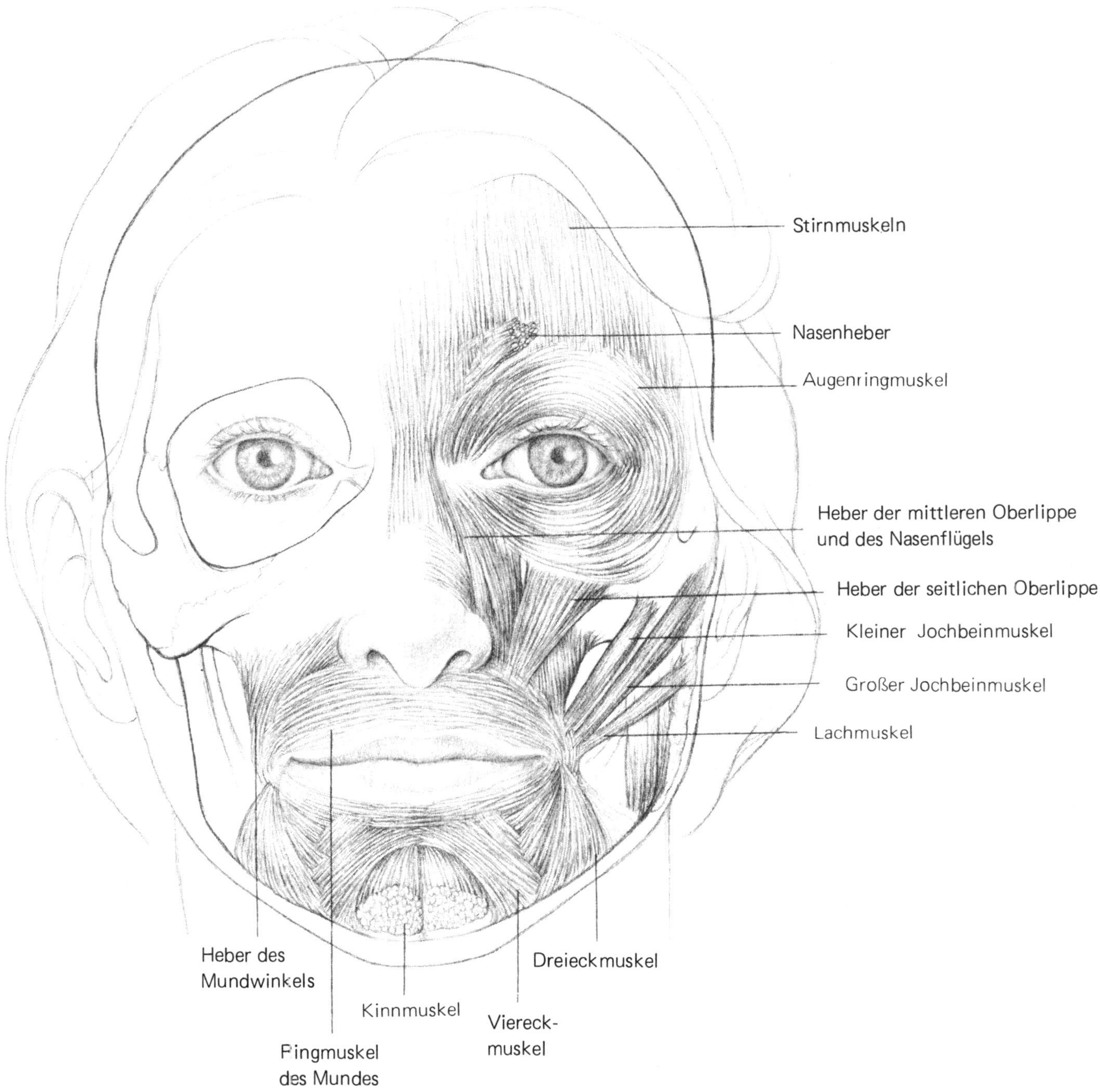

Die Muskeln und die Formen des Gesichtes

Seitenansicht der Gesichtsmuskeln

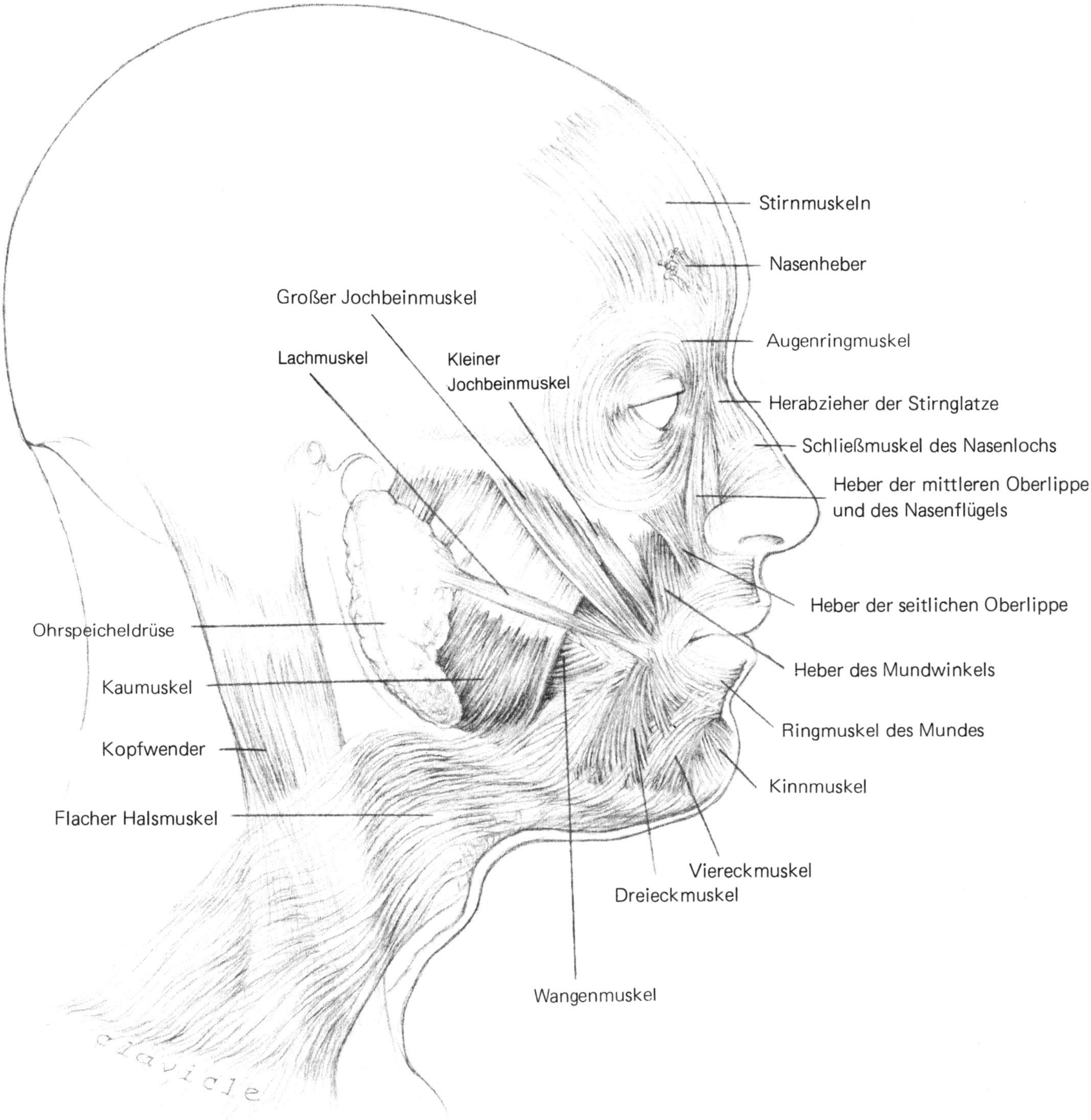

Die Muskeln und die Formen des Gesichtes

Mimische Gesichtsmuskeln des Lächelns, des Grinsens und des Lachens

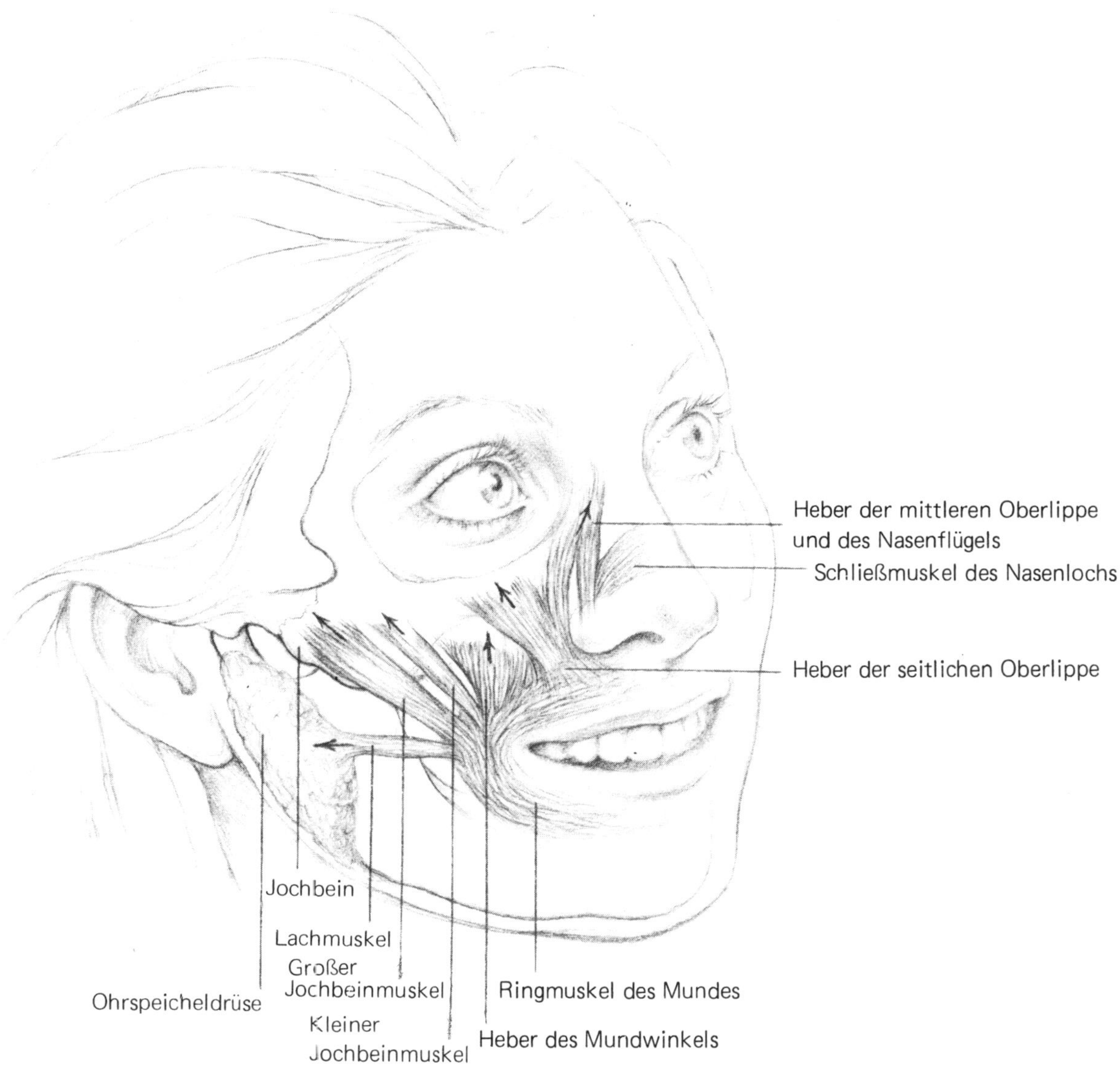

Die Muskeln und die Formen des Gesichtes

Die Wirkung des Schläfen- und des Kaumuskels

Anmerkung: In der üblichen 'Ruhe'–Stellung des Gesichtes existiert ein Zwischenraum zwischen den oberen und den unteren Zähnen. Die Zähne berühren sich nur, wenn sich diese beiden Muskeln zusammenziehen.

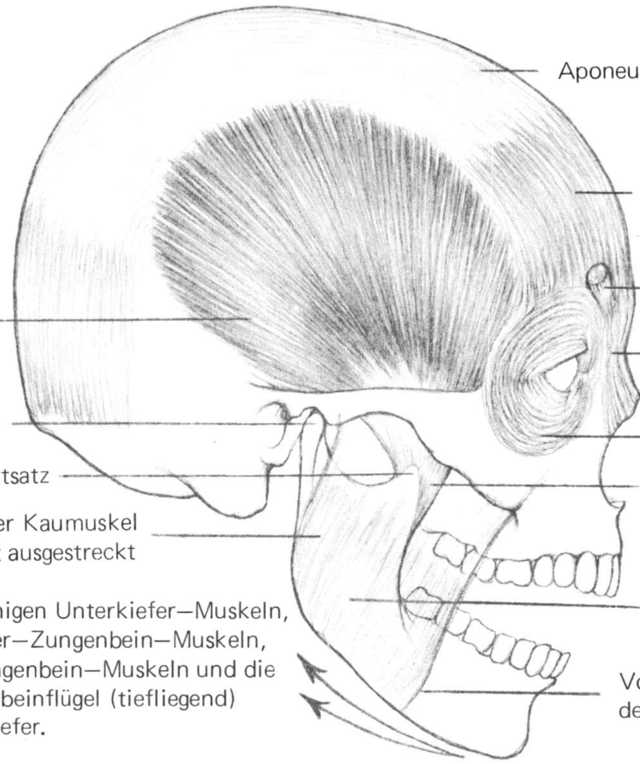

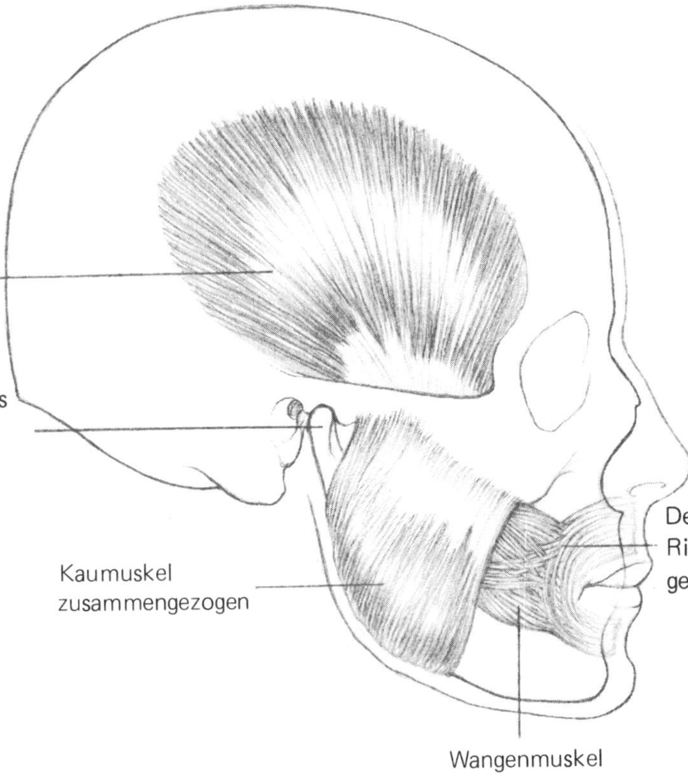

Die Muskeln und die Formen des Gesichtes

Die Wirkung des Schläfen- und des Kaumuskels

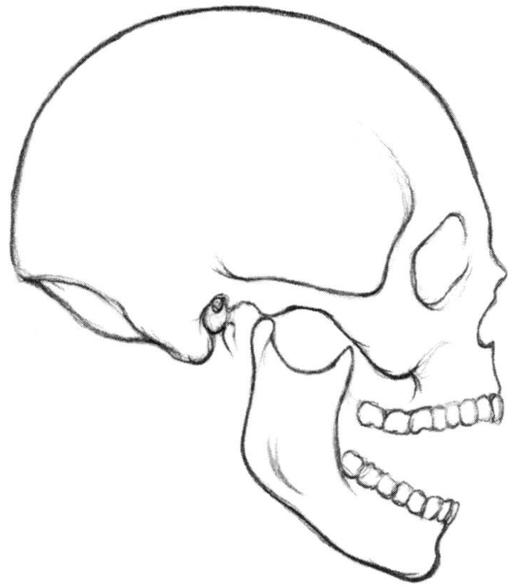

Der Kiefer öffnet sich nach unten und nach rückwärts. Man sieht die Form des Kieferknochenkopfes vor dem Ohr. Die heller schattierte Form davor ist der Unterkieferfortsatz und die starke Schläfenmuskelsehne, die in ihn eingefügt ist und gegen den Kaumuskel nach außen gepreßt wird. Beide, der Kaumuskel und der Schläfenmuskel, werden dabei gestreckt.

Die Muskeln und die Formen des Gesichtes

Unterschiedliche Bewegungen auf den Seiten des Gesichtes

Eine Gesichtsseite kann sich ein wenig anders als die andere entwickeln. Ebenso kann sich eine Seite anders als die andere bewegen. So zum Beispiel, wenn man mit einem Auge zwinkert oder nur eine Seite des Mundes nach oben oder nach unten zieht.

Dieses Beispiel zeigt einen grinsenden Gesichtsausdruck auf der linken Seite, der durch die Dominanz des Lachmuskels, der fast waagrecht am Mundwinkel zieht, herbeigeführt wird. Auf der rechten Seite der Zeichnung sieht man, wie die Muskeln die Oberlippe und den Mundwinkel nach oben ziehen, indem sie alle in einem gewissen Grad zusammenwirken und dabei einen lächelnden Gesichtsausdruck entstehen lassen.

Diese zwei verschiedenen Bewegungen erzielen unterschiedliche Formen auf den Seiten des Gesichtes. Die "grinsende" Seite befindet sich mehr in einer 'Ruhe'-Stellung. Die Form der Wange und des Bereichs unter den Augen ist nicht ganz so ausgebauscht wie auf der "lächelnden" Seite, wo die Muskelbündel mehr zusammengezogen sind; dort ist auch die Haut und das Fett auf den Muskelbündeln stärker zusammengedrängt, so daß auf dieser Seite noch weniger von der Regenbogenhaut des Auges sichtbar ist.

Die Muskeln und die Formen des Gesichtes

Unterschiedliche Bewegungen auf den Seiten des Gesichtes

Die Muskeln, die sich strahlenförmig in den Ringmuskel des Mundes ausdehnen, und auch ein Teil von diesem werden von der Luft, die sich innerhalb des Mundes befindet, gedehnt. Einige der kreisförmigen Muskelbündel des Ringmuskels halten die Lippen zusammengepreßt.

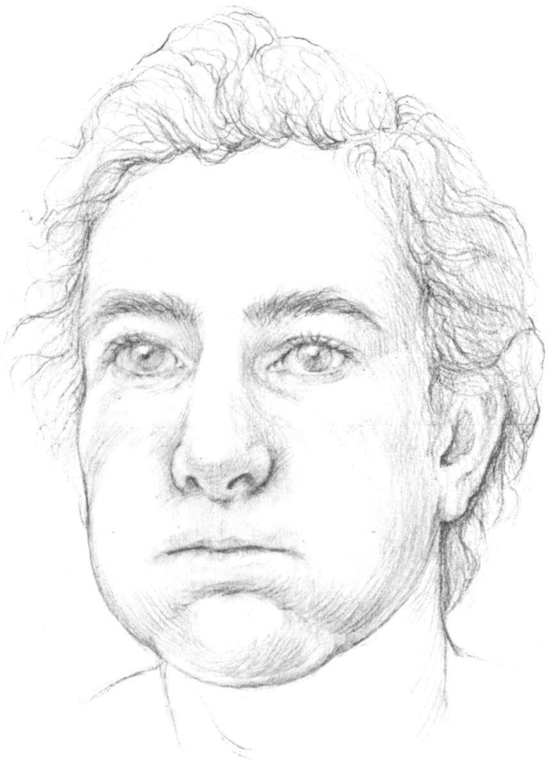

Die Lippen werden von den Kinnmuskeln und vom Ringmuskel des Mundes nach vorne geschoben, und dabei werden die strahlenförmig gelegenen Muskeln gedehnt. Das bewirkt, daß die Backenknochen noch stärker ausgeprägt erscheinen. Die Haut des Kinns wird von den Kinnmuskeln in Falten gelegt. Die Linien, die zur Tönung benutzt werden, deuten sowohl die Bewegung als auch die Form an.

Unterschiedliche Bewegungen auf den Seiten des Gesichtes

Diese Zeichnung veranschaulicht die Tätigkeit des Nasenhebers. Die Haut oberhalb der Augenbrauen, in der er befestigt ist, wird gegen die Nase gezogen, wobei sich Falten ergeben. Das weiche Gewebe wird im Bereich des Augenbrauenbogens erhöht. Es bilden sich senkrechte Falten am oberen Ende der Nase, weil das Hautgewebe durch die Kontraktion der darunterliegenden Muskelbündel zusammengedrückt wird. Sowohl die Bewegung als auch die Form wird durch Richtungslinien, die gegen den Stirnbereich anwachsen, ausgedrückt.

Die Muskeln und die Formen des Gesichtes

Unterschiedliche Bewegungen auf den Seiten des Gesichtes

Das Porträt der Elisabeth Brant, gezeichnet von Rubens
(Britisches Museum, London)

Diese lebensprühende Zeichnung von Rubens zeigt die kleinen Bewegungen und auch die delikate Unterscheidung der Formen, um einen bestimmten Mundausdruck zu erzielen. Die Winkelstellung der Augen trägt ebenfalls viel zur Wirkung des Porträts bei.

Die Muskeln und die Formen des Gesichtes

Unterschiedliche Bewegungen auf den Seiten des Gesichtes

Der Stirnmuskel und das darunterliegende weiche Gewebe (einschließlich des Augenringmuskels, der am Stirnmuskel befestigt ist) werden bei dieser Bewegung nach oben gezogen. Dabei wird die Stirnhaut in Falten gelegt. Man darf nicht vergessen, daß diese Falten ganz bestimmte Strukturen sind, und zwar einzigartig für jede Person. Sie sind dreidimensional und müssen daher mit Seiten— und Oberteilen gezeichnet werden. Sie sind nicht nur aufs Geratewohl oberhalb der Augenbrauen hingestreute Linien. Der kleine an der Nasenwurzel gelegene Nasenheber, der mit dem Stirnmuskel verbunden ist, wird auch nach oben gezogen, so daß er und die darüberliegende Haut gedehnt wird. Dadurch ergibt sich an der Nasenwurzel eine Ausflachung. An den äußeren Augenwinkeln entsteht eine Straffung und zwar infolge der Spannung des dortigen Randes des Augenringmuskels. Dies bewirkt, daß sich zusätzlich winzig kleine Formen bilden, die ein Teil des ganzen Gesichtsausdruckes sind.

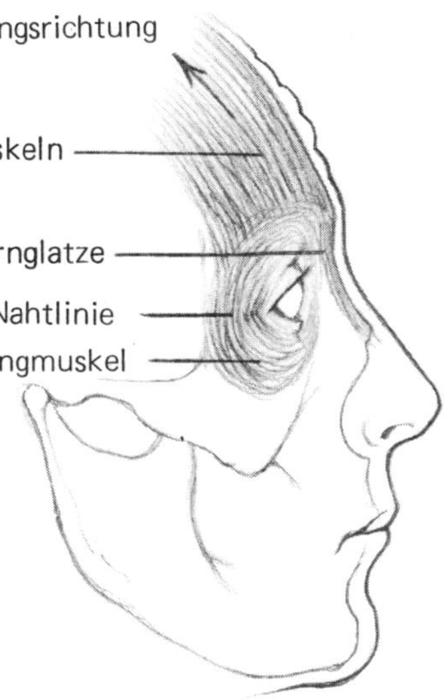

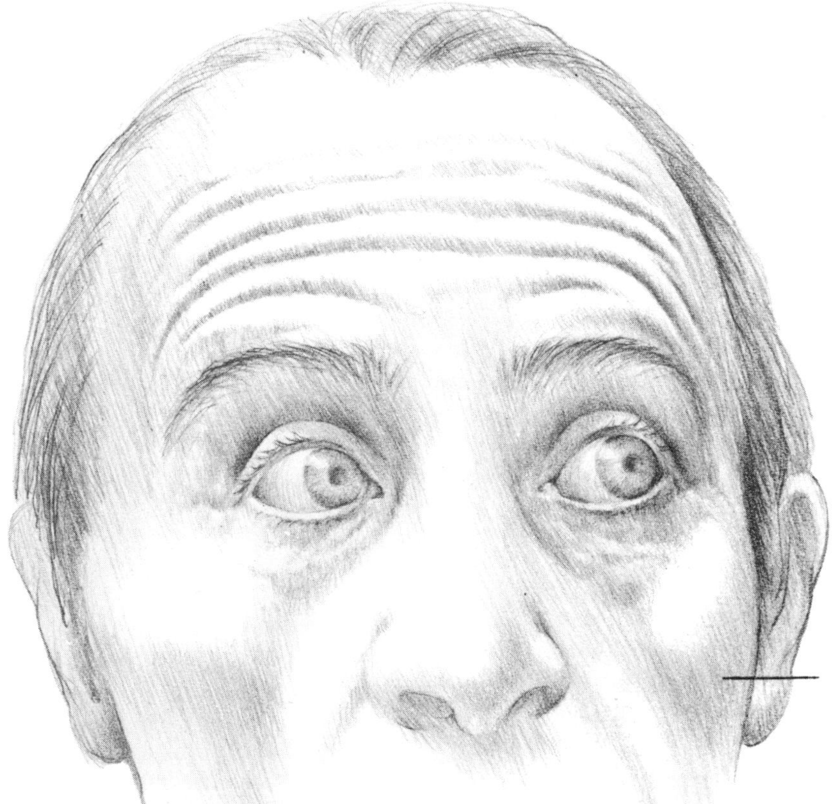

Dies ist der Diagonalstrich, der sich ergibt, wenn man von der oberen linken Ecke zur unteren rechten hin arbeitet, die übliche Richtung für linkshändige Zeichner.

Die Muskeln und die Formen des Gesichtes

Einfluß der Schwerkraft

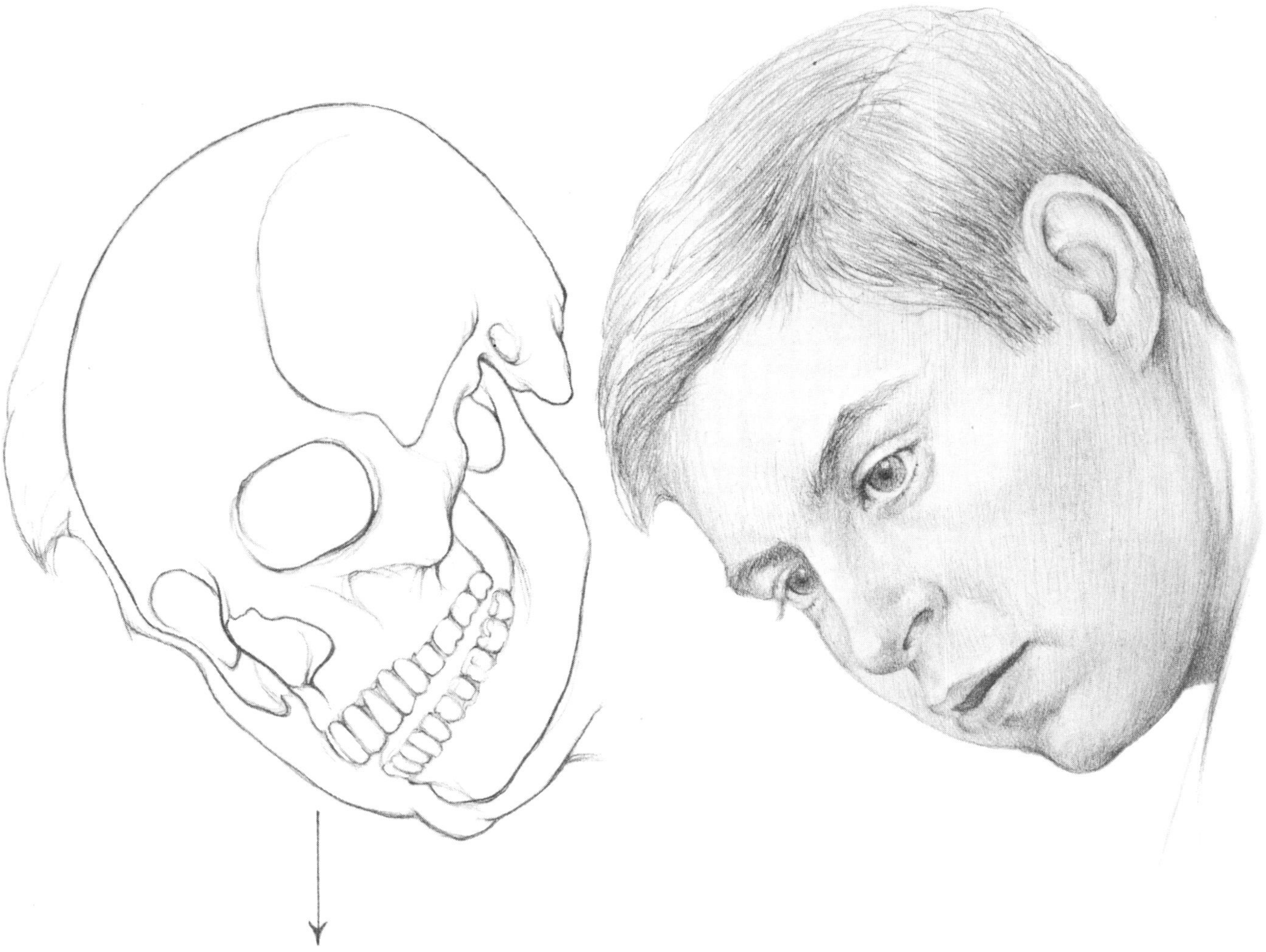

Die Schwerkraft, die fortwährend auf unseren ganzen Körper einwirkt, hat einen wichtigen Einfluß auf die weichen Gewebe des Gesichtes. Obwohl das harte Gewebe und die Knochen ähnlich beeinflußt werden, sind sie nicht elastisch genug, um sich infolge der Schwerkraft zu bewegen. Besonders die Haut und das darunterliegende Fett sind diesem Nach–unten–Ziehen ausgesetzt. Die Muskeln weniger, da sie fest verankert sind. Dieses Beispiel zeigt, wie sich das weiche Gewebe, besonders die Lippen und Wangen, bei geneigtem Kopf in anderer Weise vom steifen Knochenskelett hinweg abwärts senken, als dies bei aufrechter Kopfhaltung der Fall ist. Dies ist ein Teil der gesamten Kopfbewegung und gehört zur richtigen Darstellung der Form des Kopfes. Bei seitlich geneigtem Kopf "fallen" die weichen Gewebe von der tieferliegenden Seite "ab", während sie auf der höherliegenden Seite gegen das Knochenskelett gepreßt werden. Man beachte diesen Formwechsel bei sich selbst. Dies wird bei jüngeren Leuten sehr geringfügig sein, aber mit dem Altern der Haut, sobald die Elastizität verlorengeht, gewinnen diese Formwechsel bei der Darstellung des Kopfes mehr und mehr an Bedeutung. Die Fettmasse, die in den Geweben vorhanden ist, vergrößert die Formwechsel durch den Einfluß der Schwerkraft.

Bei der Geburt hat der Kiefer eine verhältnismäßig kleine Form. Dies ist in erster Linie Ursache für die unterschiedlichen Proportionen des Gesichtes beim Kleinkind und beim Erwachsenen. Bei der Geburt ist der ganze Kopf selbstverständlich kleiner, da die Schädeldecke kleiner ist. Daher liegen die Augen viel weiter unten im Gesicht. Während des Heranwachsens des Kindes wird der Kiefer länger, um für weitere Zähne Platz zu machen, und er wird auch tiefer. Dieser Wachstumsprozeß geht so lange vor sich, bis der Kiefer beim Erwachsenen seine volle Größe erreicht hat. Der Winkel des Kiefers bleibt so, wie er am Anfang des Lebens existiert, bis man die Zähne verliert. Dann wird im Gebiet der Zahnaushöhlungen etwas vom Kieferknochen absorbiert. Der Kiefer wird kleiner und der Kieferast mit seinem Winkel bekommt eine mehr diagonale Ausrichtung.

Der Kiefer kann mehrere Bewegungen ausführen, die man selbst durchprobieren kann. Er kann nach unten oder nach oben gezogen, nach vorne oder nach rückwärts geschoben und außerdem von der einen zur anderen Seite bewegt werden. Die Kaubewegung vereint alle diese in einer einzigen kreisenden Bewegung. Manche Leute sprechen oder singen mit seitlich geöffnetem Mund. Diese Bewegung wird dadurch verursacht, daß der Kiefer zu einer Seite oder zur anderen geschwungen ist. Oft entsteht dadurch ein bleibender Gesichtsausdruck. Wenn die Zähne nicht richtig aufeinander passen, kann der Kiefer auch zur einen oder zur anderen Seite gezogen werden. Wenn der Mund sehr weit geöffnet wird, bewegt sich der verbindende Kiefergelenkkopf nach vorne und nach unten, obwohl er sehr fest in seiner Höhlung im Schläfenknochen gehalten wird. Dies wird ermöglicht, da er eine besondere Scheibenbefestigung besitzt. Er gelangt dabei auf eine kleine Erhöhung des Jochbeinvorsprunges vor der Gelenkaushöhlung. Man beachte diesen wichtigen Formwechsel und die neue Kopfstellung. Diesen Vorgang und die Kopfbewegung kann man selbst spüren.

Bei einem kurzen Kiefer werden die oberen Zähne und die Oberlippe mehr vorspringen. Bei einem langen Kiefer werden die Lippen, im Profil gesehen, entweder zusammenpassen oder die Unterlippe wird vorspringen. Diese Beobachtung gilt nicht für die Lippen negroider Menschen, bei denen sie eine viel vollere Form annehmen. Man muß auch berücksichtigen, wie sich die Haut um die Mundwinkel herum faltet. Die Unterlippe scheint sich oft unter die Oberlippe zu schieben. Dies geschieht normalerweise dann, wenn die Oberlippe vor der unteren gelegen ist.

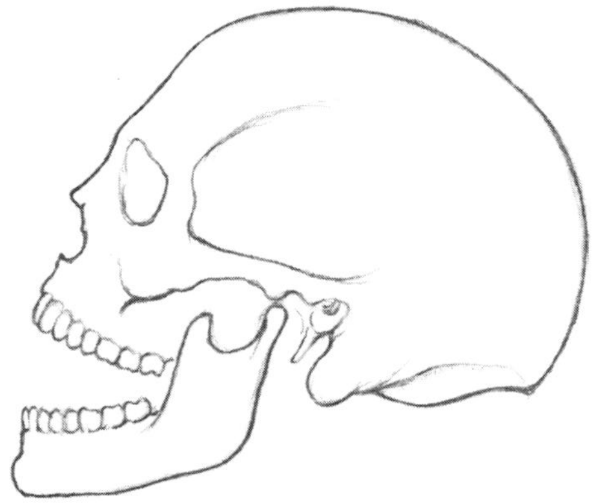

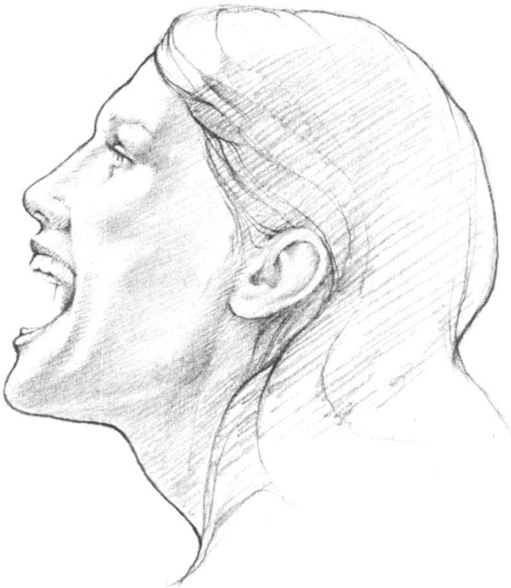

Der Kiefergelenkkopf hat sich aus der Höhlung heraus nach vorne bewegt und ist vorne bei der Knochenerhöhung angelangt. Alle Gesichtsmuskeln werden dabei gestreckt, da die Muskeln unterhalb des Kiefers den Mund öffnen. Der Kaumuskel wird flacher und in diesem Beispiel fällt das Licht auf die Fläche seines vorderen Randes, der gespannt ist. Die Ecke des Backenknochens erscheint deutlicher, da die darüberliegende Haut gespannt ist.

Der Kiefer

Jeder Kopf ist einzigartig

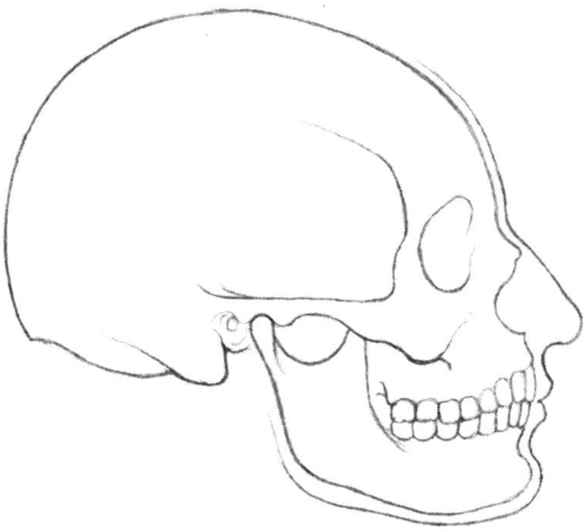

Der Durchschnittsschädel und dazugehörige Gesichtszüge beim Weißen. Die Oberlippe springt ein wenig über die untere hervor. Die oberen Zähne springen über die unteren vor. Die Stirne erhebt sich ziemlich senkrecht.

Man vergleiche den Schädel und die Gesichtszüge in der oberen Skizze mit der Skizze unten. Dies zeigt nur einige Faktoren, die zur Einzigartigkeit jedes Kopfes beitragen.

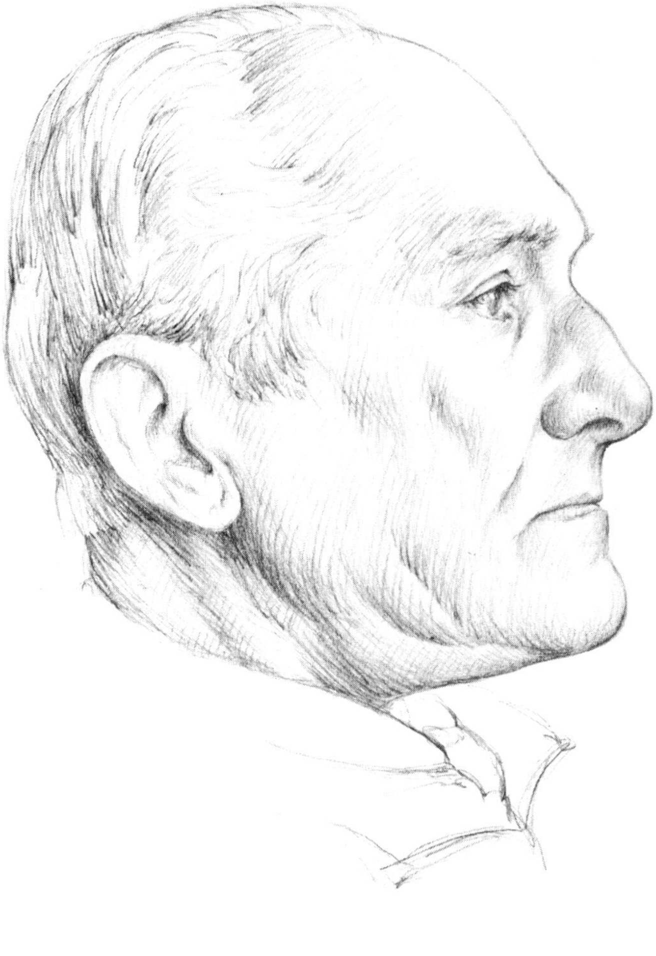

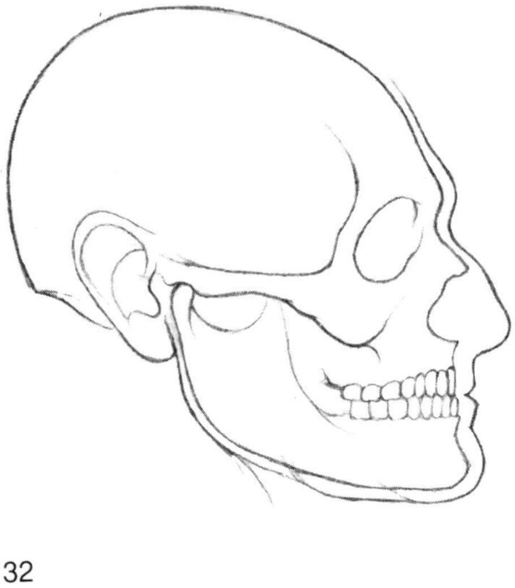

Der Stirnknochen ist nach rückwärts geneigt; dies ergibt eine nach rückwärts geneigte Stirne. Die Nasenknochen sind länger und die Höckerform der Nase liegt ein wenig weiter unten als üblich. Der Hauptunterschied besteht darin, daß hier ein viel größerer und längerer Kiefer vorhanden ist und demgemäß ein längerer Jochbogen. Dies bewirkt eine viel breitere Gesichtsseite, und die Ohren liegen daher weiter hinten. Die unteren Zähne springen über die oberen vor, ebenso die Unterlippe über die Oberlippe. Dies sind nur einige der Unterschiede, die bei einem Kopf möglich sind und die man beachten muß. Sie hängen alle von der Gestalt des Schädels ab.

Seitliche Kieferbewegungen

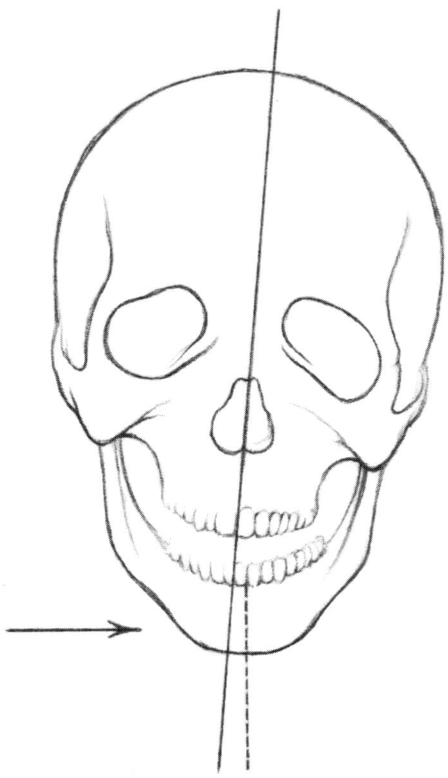

Sein Kiefer bewegt sich zu seiner linken Seite hin. Der Kaumuskel auf der rechten Seite wird dabei gestreckt; dadurch wird die Form jener Seite flacher. Die Kinnmuskeln (zusammen mit dem Ringmuskel des Mundes) schieben die Unterlippe vor und verursachen die Faltungen am Kinn.

Die Nase

Die Nase setzt sich aus Knochen, Knorpel und dem faserig-fettartigen Material, welches die Nasenflügel bildet, zusammen. Die Nasenlöcher werden durch eine Scheidewand separiert, die steif ist, da sie aus Knorpel besteht. Diese Scheidewand ist gewöhnlicherweise etwas zur Seite gebogen. Dadurch werden Größe und Gestalt der Nasenlöcher unterschiedlich. Man muß dies beachten, besonders wenn man die Nase von unten gesehen zeichnet. Die zwei Nasenknochen bilden zusammen mit Teilen des Stirnbeins und der Kieferknochen den knochigen Teil der Nase. Es gibt zwei obere Knorpel, die fest mit dem Nasenknochen und auch kontinuierlich mit der Nasenscheidewand verbunden sind. Diese bilden den mittleren Teil der Nase. Wo diese beiden Knorpel am Knochen befestigt sind, kann ein sehr deutlicher Flächenwechsel auftreten, besonders im Profil zu sehen. In diesem Bereich kann auch eine Verflachung vorkommen. Betrachten Sie Ihre eigene Nase und fühlen Sie diese Verbindung. Zwei untere Knorpel sind für die großen Formunterschiede der Nasenspitze (von der Knolle zum Schnabel) verantwortlich. Die Form kann als Einheit oder als gespalten erscheinen, wenn die Knorpel an der Nasenspitze ein wenig voneinander entfernt sind. Man kann diese beiden Knorpel an der eigenen Nase spüren.

Hinweise für das Zeichnen der Nase:

1. Vier Teile sind zu beachten: der knöcherne Teil, die oberen und die unteren Knorpel und die Nasenflügel.
2. Betrachten Sie das Verhältnis der Nasenflügel zu den Augen, indem Sie Ihren Blick zwischen beiden Augen, entlang einer senkrechten Linie führen. Wenn Sie eine Führungslinie brauchen, kann man sie einzeichnen.
3. Für die, die zum ersten Mal zeichnen, wird es von Nutzen sein, wenn sie mit dem Aufbau rund um die Nasenspitze herum beginnen, und dann die obere Fläche und die beiden Seitenflächen der Nase abschätzen. Diese Methode schützt Sie davor, zwei kleine Linien beiderseits der Nase und zwei schwarze Löcher als Nasenlöcher zu zeichnen.

Aufbau und Form der Nase

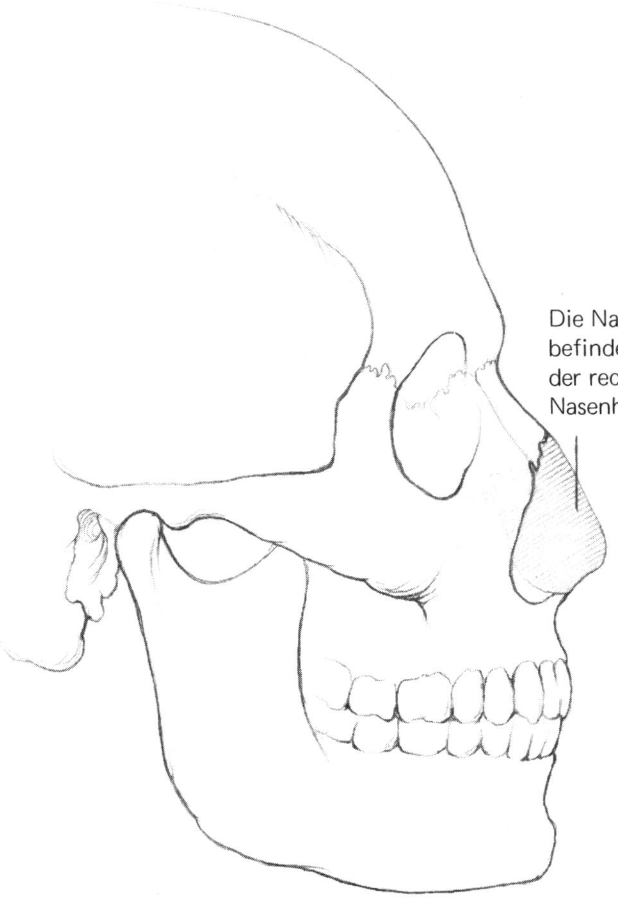

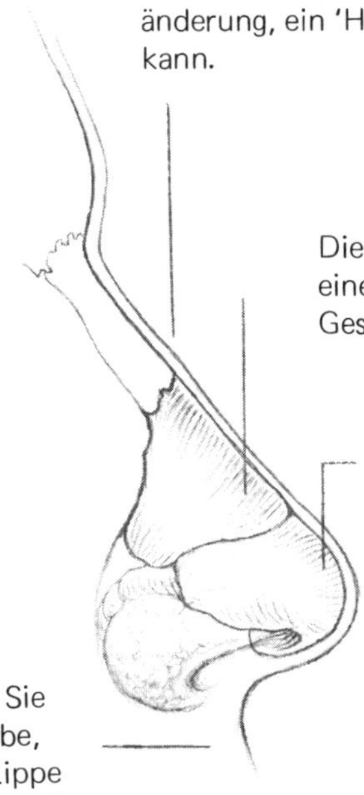

Die Nase besitzt vier Strukturmerkmale
1 knöcherner Teil
2 Obere Knorpel
3 Untere Knorpel
4 Nasenflügel

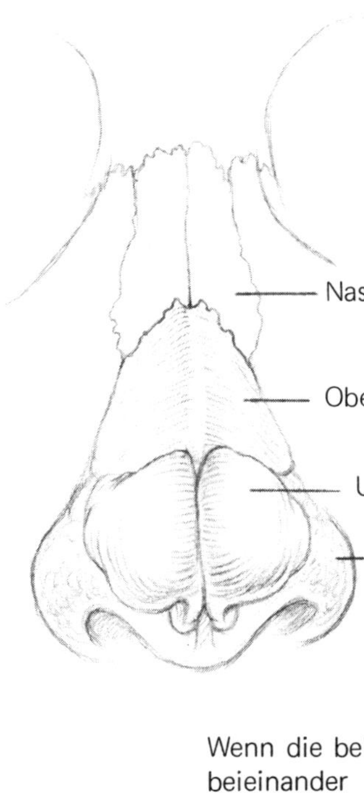

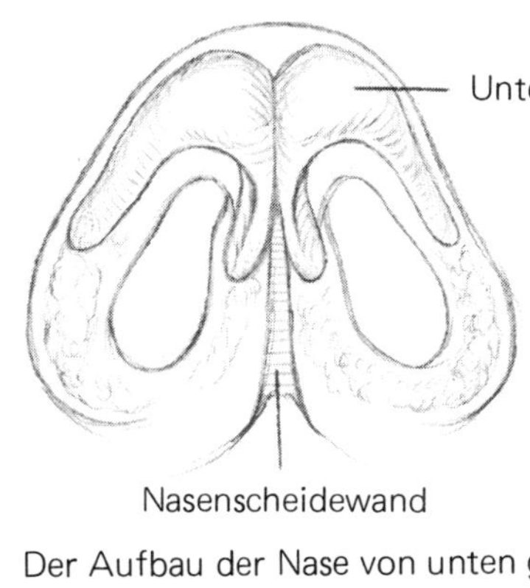

Der Aufbau der Nase von unten gesehen

Wenn die beiden Knorpel nicht vollkommen beieinander liegen, kann die Haut an der Nasenspitze in die Spalte zwischen den Knorpeln eingedrückt sein.

Die Nase

Es wird Ihnen Zutrauen geben, wenn Sie zuerst die deutlichen Flächen der Nase hervorheben. Bestimmte Flächen fangen das Licht auf, während andere mehr und mehr vom Licht abgewandt sind.

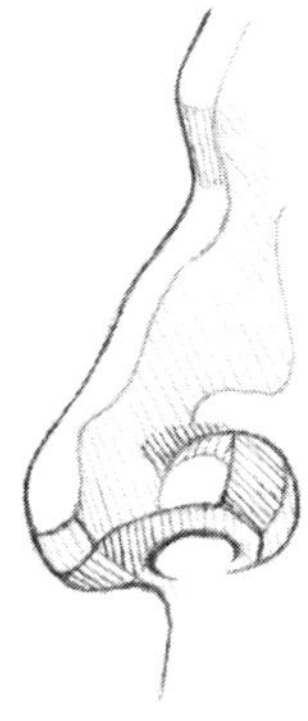

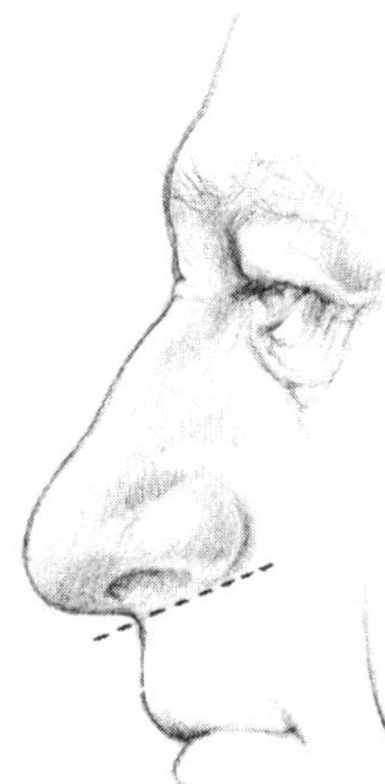

Die Nasenflügel liegen oft oberhalb des Bereiches der Nasenscheidewand.

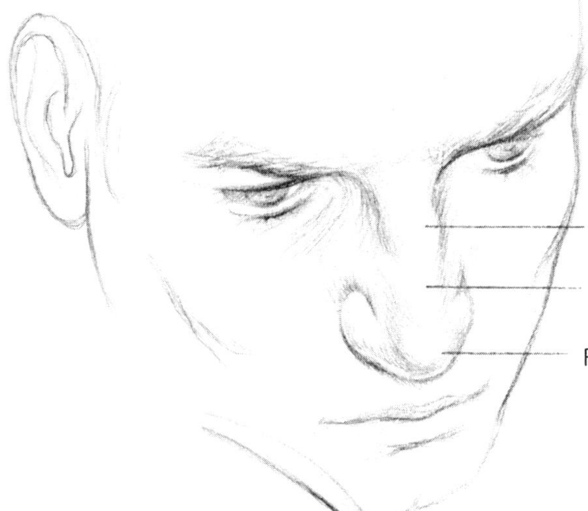

Form der Nasenknochen

Form der oberen Knorpel

Form der unteren Knorpel

Die Nasen von Negern sind flacher und der Bereich um die Nasenflügel herum ist breiter als bei den Weißen.

Die Lippen

Ich wurde gefragt, warum die Oberlippe ihre besondere Form hat, daher habe ich diese beiden Skizzen zur Erklärung eingefügt. Der mittlere Teil der Oberlippe und der Nase entwickeln sich aus den Stirn–Nasen–Fortsätzen. Die seitlichen Teile der Oberlippe entwickeln sich aus den Kiefer–Fortsätzen. Sie verwachsen ungefähr in der achten Woche.

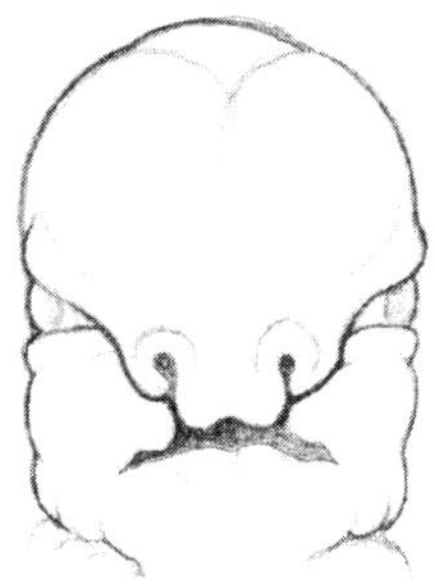

Sechste Woche

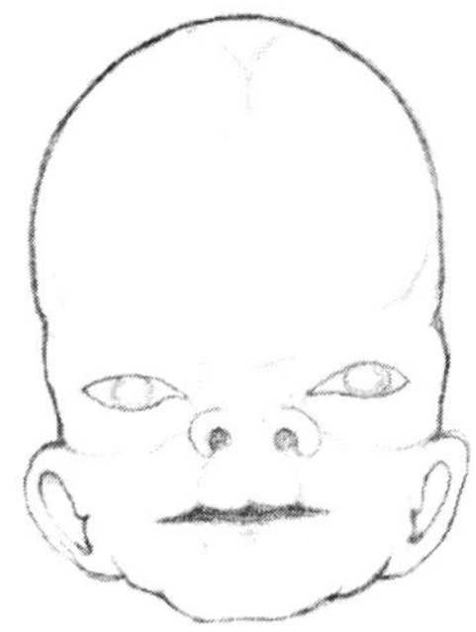

Achte Woche

Innerhalb der Oberlippe gibt es drei Formen, in der Unterlippe zwei

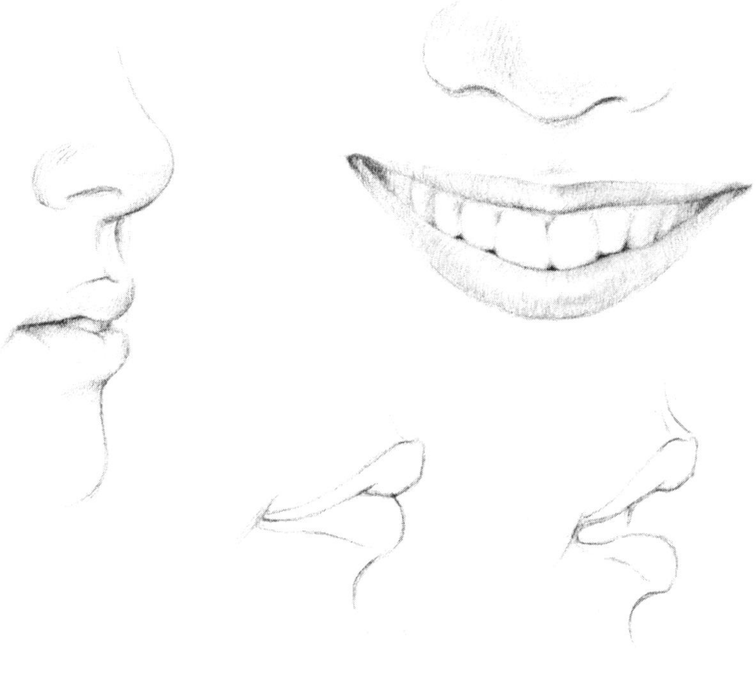

Flächenwechsel bei Mund und Lippen, von der Seite her gesehen

Das Ohr

Das Ohr besteht aus einem elastischen Knorpel, mit Ausnahme des Ohrläppchens, das aus dem gleichen faserig–fettartigen Gewebe wie die Nasenflügel besteht. Dieser mit Haut bedeckte Knorpel bedingt die Gestalt des Ohres. Er geht in den Knorpelbelag des äußeren Gehörganges über, der in das mittlere und das innere Ohr führt. Die Öffnung des Gehörganges liegt unmittelbar hinter dem Kiefergelenk, wie man aus der Seitenansicht des Schädels ersehen kann, und das Ohr ist daher rund um diese Merkmale aufgebaut. Sie können diese Beziehungen an sich selbst spüren und sehen.
Wenn Sie sich die Zeit nehmen, um diese wenigen Erläuterungen zu verstehen und die Stellung Ihrer Ohren zu untersuchen, werden Sie mehr Sicherheit bekommen, um abzuschätzen, wo die Ohren angesetzt werden sollen. In den meisten Fällen haben die anderen Gesichtszüge natürlich Vorrang gegenüber dem Interesse an den Ohren, aber wenn diese nicht richtig plaziert und korrekt gezeichnet werden, so kann dies die Vollständigkeit des Porträts außerordentlich beeinträchtigen.

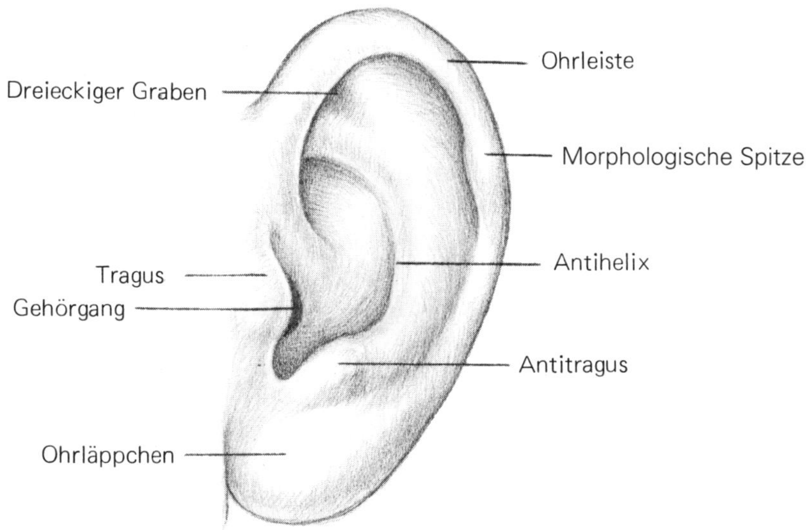

Das Ohr

Man beobachte die Formänderung, wenn das Ohr perspektivisch gesehen wird.

Man kann in den meisten Fällen bei der Feststellung der richtigen Lage des Ohres damit beginnen, daß man seine Beziehung zum Kiefer herstellt. Normalerweise ist es, wie im Beispiel rechts, ein wenig nach rückwärts geneigt. Beachten Sie auch die waagrechte Beziehung seines oberen Randes zum Augenbereich und die Beziehung des Ohrläppchens zur Mundumgebung. Vergessen Sie nicht, daß Ohren in Größe und Form von Person zu Person sehr verschieden sind. Wenn beide Ohren für Sie sichtbar sind, ist es vorteilhaft, beide gleichzeitig zeichnerisch zu entwerfen.

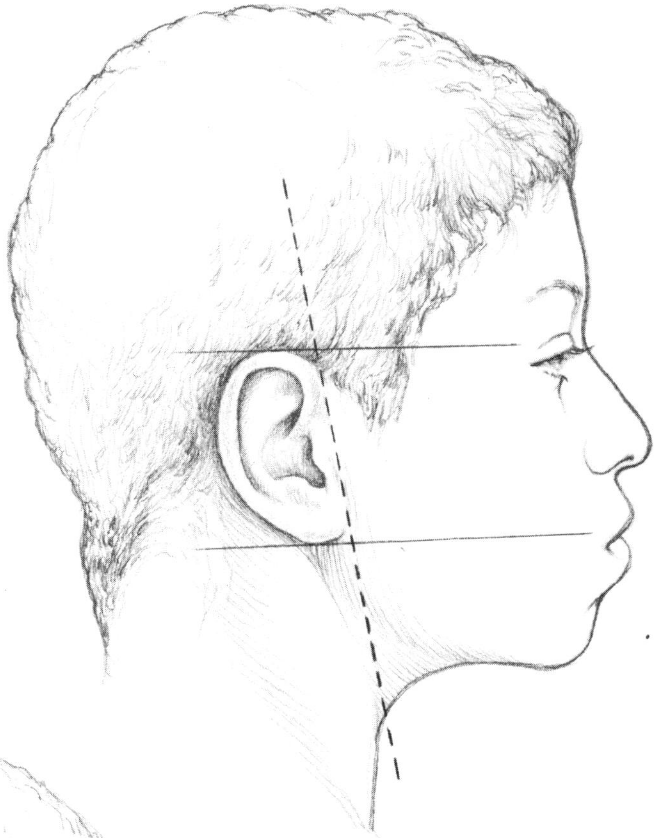

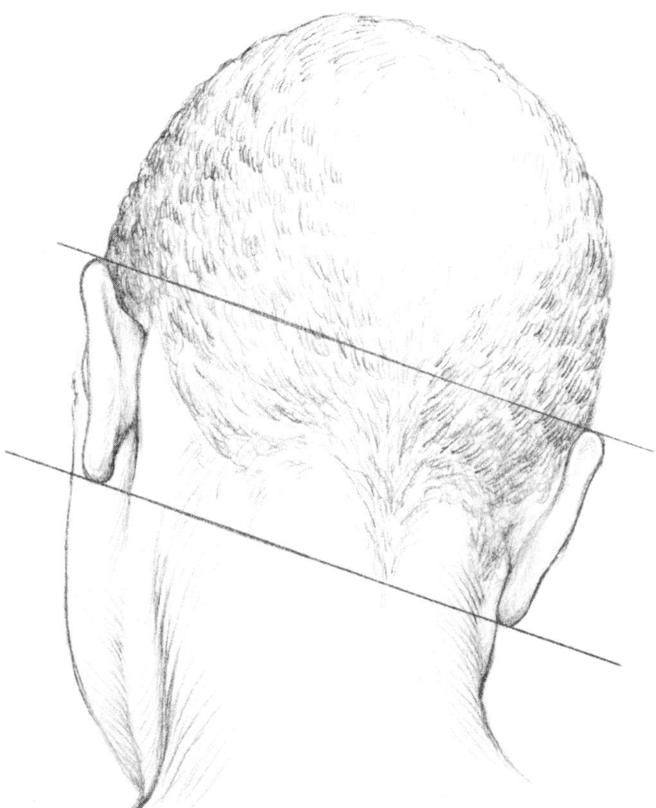

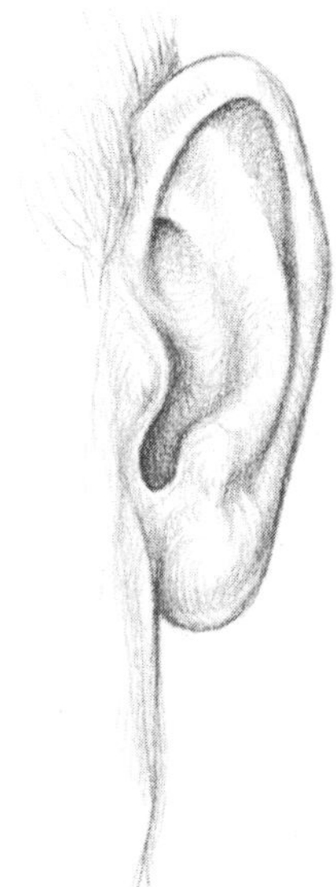

Die Augen

Die Augen besitzen die besondere Eigenart von etwas, das aus dem Inneren an die Oberfläche gelangt und dort enthüllt wird. Dieses ist auch eine physische Tatsache. Andere Gesichtszüge sind Hervorhebungen aus der Oberfläche, oder sie sind ein Teil der Oberfläche. Ich behandle die Augen bis ins Einzelne in der Hoffnung auf ein besonderes Gefühl und Verständnis beim Leser für die plastischen Wirkungen, die beim Zeichnen unbedingt notwendig sind. Sie sind so außerordentlich wichtig.

Am Ende seiner Entwicklung liegt der Augapfel, geschützt hinter den Augenlidern und innerhalb seines Knochenkegels, in der Augenhöhle. Diese Lage bringt die Augen zur Vorderseite des Gesichtes. Ich habe viele Wunder gesehen, von forschenden Studenten vollbracht, aber das größte war, wenn Augen am halben Weg zu den Ohren gewachsen oder auf die Nasenseiten hinaufgerutscht waren. Sie sitzen aber beim Menschen in ihren Knochenkegeln unter der Stirnfläche.

Der Augapfel hat eine Größe von ungefähr 25 mm im Durchmesser, wobei der weiße Teil, die Lederhaut, fünf Sechstel ausmacht. Ein Sechstel von diesem Ball – nämlich die durchsichtige Hornhaut – ragt vorne wie eine kleine Kuppel hervor. Hinter der Hornhaut befindet sich eine flache Scheibe, die Regenbogenhaut, die verschiedene Farben aufweist. Die Öffnung in der Mitte, die Pupille, läßt das Licht durch zur Netzhaut, die hinter der Pupille an der Rückseite des Augapfels liegt. Innerhalb der Regenbogenhaut gibt es zwei Anordnungen von Muskelbündeln: strahlenförmig verlaufende, die sich zusammenziehen, um die Pupille zu öffnen, und kreisringförmige, die wie ein Schließmuskel funktionieren, um die Pupille zu schließen. Die Linse hängt hinter der Regenbogenhaut und drückt ein wenig gegen diese. Im Zwischenraum hinter der Hornhaut und der Linse befindet sich eine Flüssigkeit. Da die Hornhaut anders gestaltet ist als der übrige Teil des Augapfels, wird sie vom Licht in unterschiedlicher Weise getroffen. Die Unterschiede der "Licht-Formationen", die am Auge bemerkt werden können, hängen davon ab, wo die Hornhaut vom Licht getroffen wird. Das Licht, das in die Hornhaut eindringt, kann einen Glanz in der Flüssigkeit hinter dieser verursachen und dabei mehr Struktur in der Regenbogenhaut zum Vorschein bringen.

In ihrer vorderen Hälfte enthält die Augenhöhle den Augapfel, der ein wenig vorspringt. Ihre rückwärtige Hälfte ist vom Sehnerv (der sich zusammen mit der Netzhaut aus dem Vorderhirn entwickelt), dem Fett, den Muskeln, die die Augenbewegung kontrollieren und den Blutgefäßen ausgefüllt. Das Fett dient zur Abfederung, wenn das Auge von einem Schlag getroffen wird. Bei einem abgemagerten Menschen sinkt das Auge in die Augenhöhle zurück. Der knochige Rand der Augenhöhle ist beim Kind mehr gerundet als beim Erwachsenen, bei der Frau mehr als beim Mann, bei der gelben Rasse mehr als bei der weißen und bei der weißen mehr als bei der schwarzen. Sie nähert sich einer rechteckigen Form an, aber die Unterschiede von Person zu Person sind ziemlich groß. Der obere und untere knochige Rand steigen schräg gegen die Nase zu an. Der Knochen scheint durch das darüberliegende weiche Gewebe hindurch, so daß man Teile seiner Form sehen kann.

Die Augenlider bestehen aus weichem Gewebe, das zum Großteil die Gestalt des darunterliegenden Augapfels annimmt. Sie werden eine viel vollere Form erhalten, wenn Sie die Augenlider mit Gefühl für den dahinterliegenden Augapfel zeichnen. Für sehr wichtig halte ich es, daran zu denken, daß die Augenlider eine Dicke besitzen. Fünf Sechstel des waagerechten Teiles der Augenliderränder sind flach, dadurch ist ihre Dicke deutlich zu sehen. Sie ist besonders beim unteren Augenlid ersichtlich, wenn man einen Menschen von vorne ansieht. Das mittlere Sechstel der Augenlider ist gerundet und ohne Wimpern. Das obere Augenlid bildet eine komplette elliptische Kurve, während das untere einen waagerechten Teil am inneren Augenwinkel aufweist. Beide Augenlider stehen in enger Berührung mit dem Augapfel und folgen dessen Krümmung. Beachten Sie die Art, wie das untere Augenlid zum Augenwinkel hinauf gekrümmt ist und wie es sich dort mit dem oberen trifft. Das obere Augenlid besitzt eine viel größere Bewegungsfähigkeit.

Vier gerade und zwei schräge Augenmuskeln, die am Augapfel und am inneren Knochen des Kegels befestigt sind, ermöglichen acht verschiedene Augenbewegungen.

Allgemeine Strukturen: Der innere Augenwinkel liegt gewöhnlich etwas unter dem äußeren, so daß das Auge schräg, gegen die Nase zu nach unten, liegt. Dies ist so, damit die Tränenschicht, in der das Auge ununterbrochen gebadet wird, in die Tränenkanäle, die in diesem Augenwinkel in die oberen und unteren Augenlider führen, abrinnen kann. Die Tränendrüse, die die Tränen erzeugt, liegt unterhalb des oberen Querrandes der Augenhöhle und ihre Tränenkanäle, die in das obere Augenlid führen, transportieren die Tränen. Der innere Augenwinkel besitzt zwei Formen: ein kleines rötliches Knötchen, Tränenwärzchen genannt, und eine halbmondförmige Bindehautfalte, die Plica semilunaris conjunctivae genannt wird. Der Zwischenraum zwischen den Augenlidern und den Augäpfeln wird Bindehautsack genannt. Er ist von einer Membrane ausgefüllt und die Plica semilunaris conjunctivae ist eine Falte in dieser Membrane.

Das Auge

Die Augen liegen geschützt in einem kegelförmigen Knochen in der Augenhöhle. Sie befinden sich in der vorderen Fläche des Kopfes, die verglichen mit dem Rest desselben, klein ist.

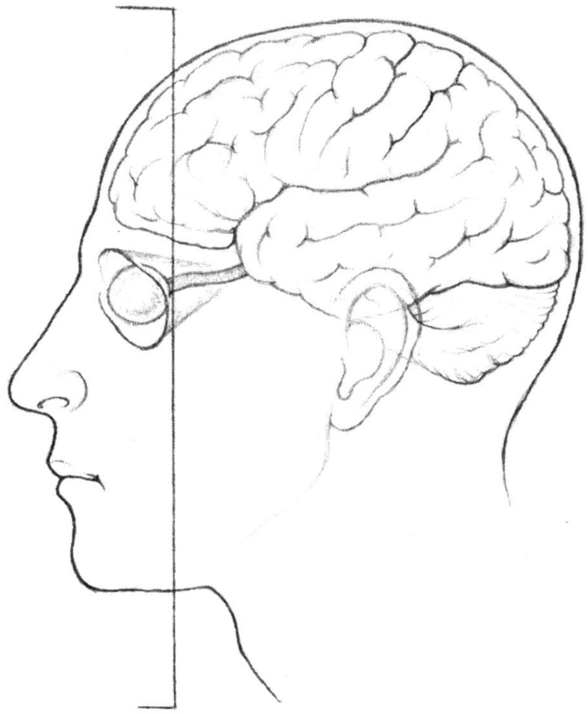

Ansicht von oben

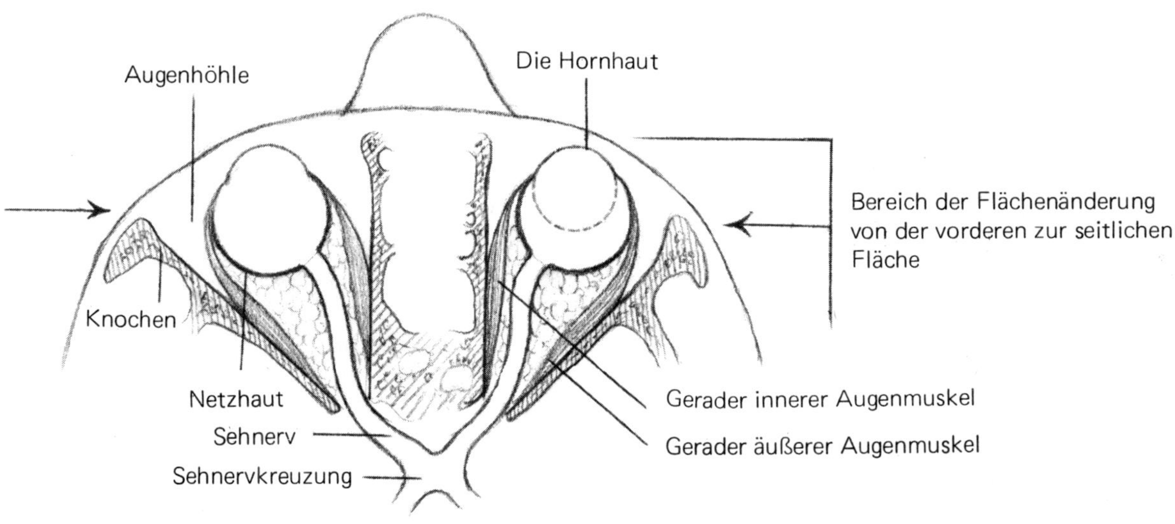

Die Augen drehen sich zur Seite, wenn sich ein innerer und ein äußerer Augenmuskel zusammenziehen.

Die Augen

Der Augapfel und seine benachbarten Strukturen

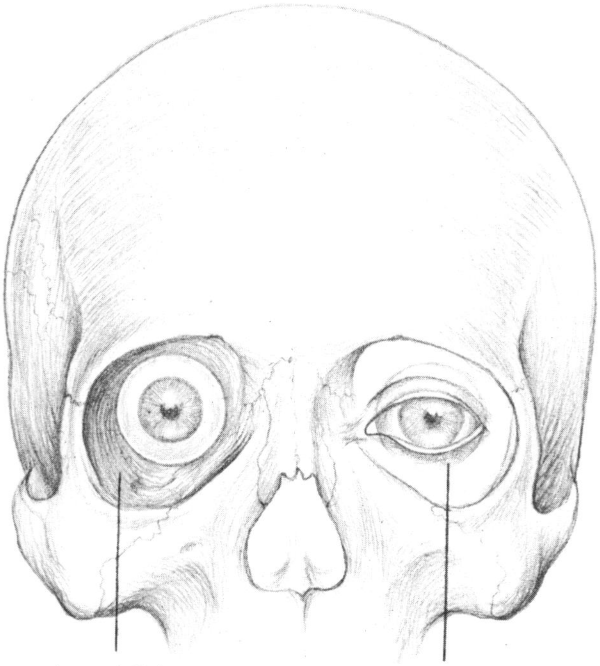

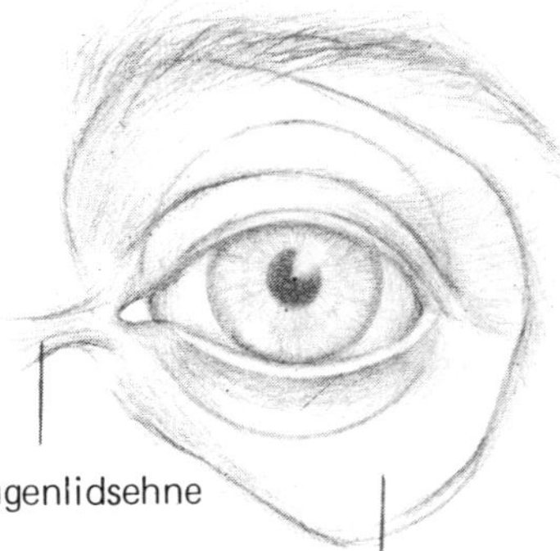

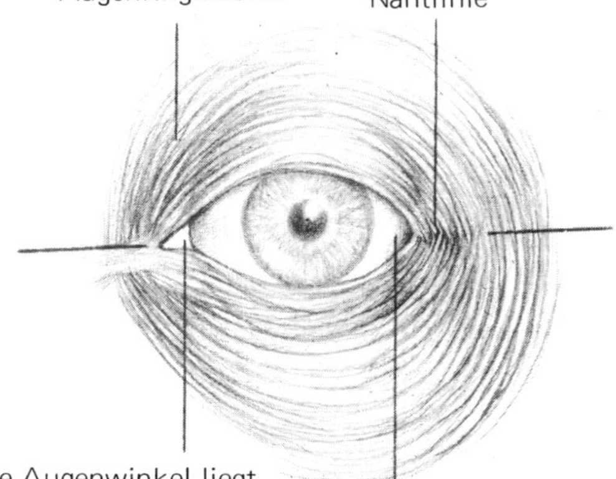

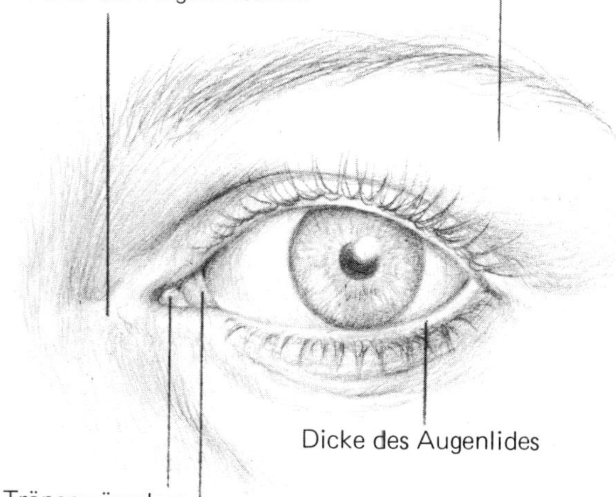

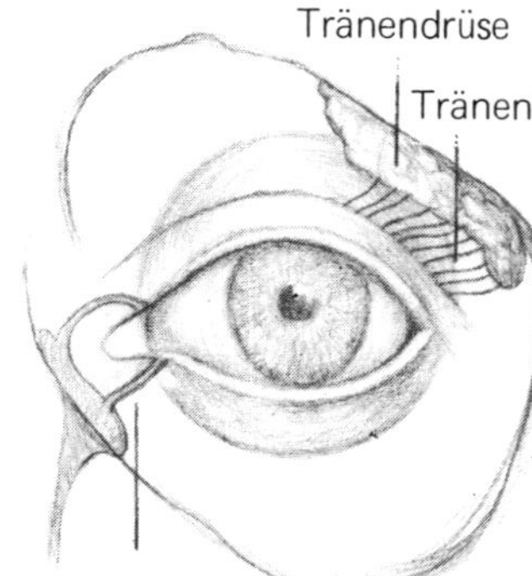

Wenn das Auge in seiner natürlichen Stellung nach vorne gerichtet ist, kreuzt das obere Augenlid üblicherweise die Regenbogenhaut in der Mitte zwischen ihrem oberen Rand und dem Zentrum der Pupille. Das untere Augenlid berührt den unteren Rand der Regenbogenhaut.

Seitenschnittansicht des Auges

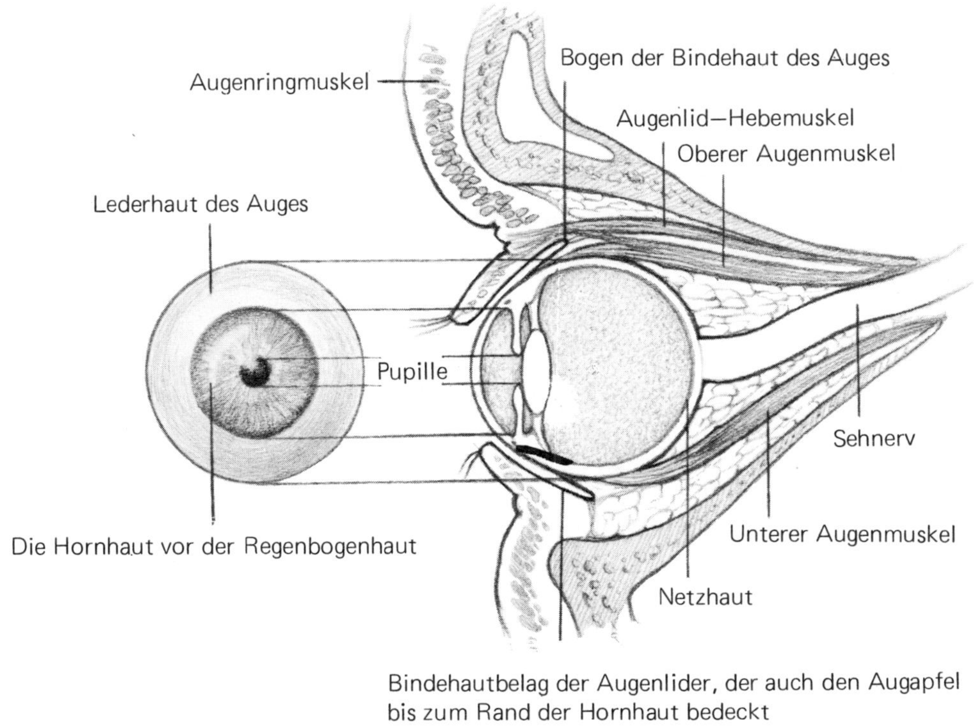

Bestandteile des Augapfels

Obwohl in der Vorderansicht die Regenbogenhaut kreisförmig erscheint, wird sie in der Seitenansicht, da sie scheibenförmig ist, elliptisch (oval).

Wenn der obere Augenmuskel das Auge nach oben dreht, hebt der Augenlid—Hebemuskel das obere Augenlid, da ja beide Muskeln von demselben Nerv gesteuert werden

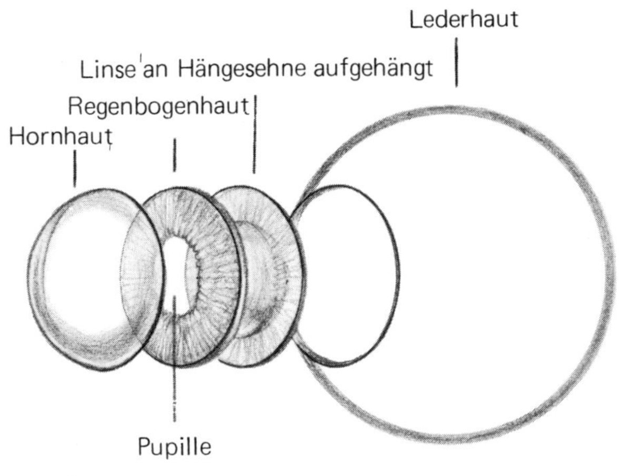

Die Augen

Die Form des Augapfels

Wenn man die Augen von unten betrachtet, kommt die Dicke des oberen Augenlides deutlich zum Vorschein. Es nimmt die Gestalt des Augapfels an, mit dem es in enger Berührung steht. Die Dicke des unteren Augenlides ist dem Blick entzogen. Wenn man eine Person von vorne ansieht, fängt die Dicke des oberen Augenlides das Licht ganz anders auf, da es das Auge mehr bedeckt als das untere und auch weiter über den Augapfel hervorragt. Dadurch verursacht es einen Schatten, der auf den Augapfel geworfen wird.

Die Augen

Die Form des Augapfels

Wenn das Gesicht nur ein klein wenig von Ihnen abgewandt ist, so wird das entferntere Auge kürzer als das näherliegende erscheinen, da durch die Perspektive etwas von der Länge verlorengeht. Die Seite, die weiter entfernt ist, wird auch schmaler als die Ihnen zugewandte; dasselbe gilt auch für die Nase und die weiter entfernte Hälfte des Mundes. All diese Gesichtsteile verkürzen sich ein wenig.

Die Augäpfel nehmen als runde Körper die Gestalt einer Orange an. Das Licht fällt auf einen Teil dieser Form, und der Teil, der von der Lichtquelle abgewandt ist, wird im Schatten liegen. Das heißt, das "Weiße" des Auges ist oft in einer solchen Position, daß es schattiert werden muß. In diesem Beispiel fällt das Licht auf die Hornhäute und der übrige Teil des Augapfels bekommt weniger Licht.

Da die Regenbogenhäute scheibenförmig sind, werden sie in dieser Ansicht etwas elliptisch. In direkter Vorderansicht werden die Scheiben kreisförmig sein, aber je mehr das Gesicht von Ihnen abgewandt ist, desto mehr elliptisch wird die Regenbogenhaut erscheinen. Dieses Prinzip kann man anhand einer Münze ausprobieren.

Die Augen

Waagrechter Schnitt durch den Kopf

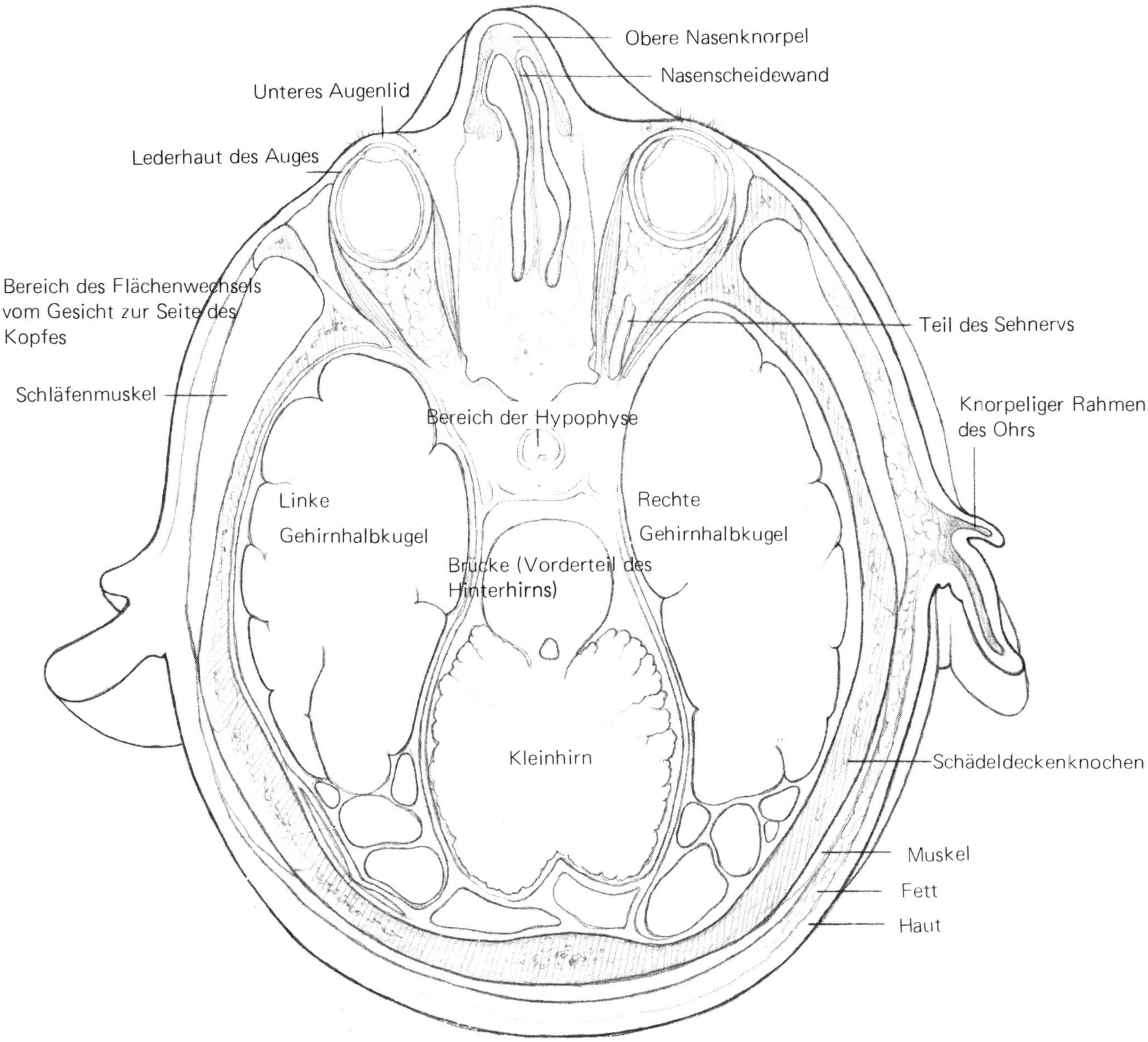

Diese rein medizinische Zeichnung wurde in das Buch aufgenommen, um die großartige Einheitlichkeit des Kopfes zu demonstrieren und um Ihnen das Verständnis dafür zu erleichtern, daß die Augen geschützte und integrierte Formen der ganzen Struktur sind.

Für eine Zeichnung, die drei Dimensionen zeigen soll, ist der Wechsel von der Vorderseite des Gesichtes zur Seitenfläche des Kopfes von großer Wichtigkeit. Dies kann man aus dieser Ansicht entnehmen. In der direkten Vorderansicht ist das Gesicht schmaler als die Schädeldecke. Beide Kopfseiten werden sichtbar sein und auch die Ohren, die vor dem breitesten Teil der Schädeldecke liegen.

Waagrechter Schnitt durch den Kopf

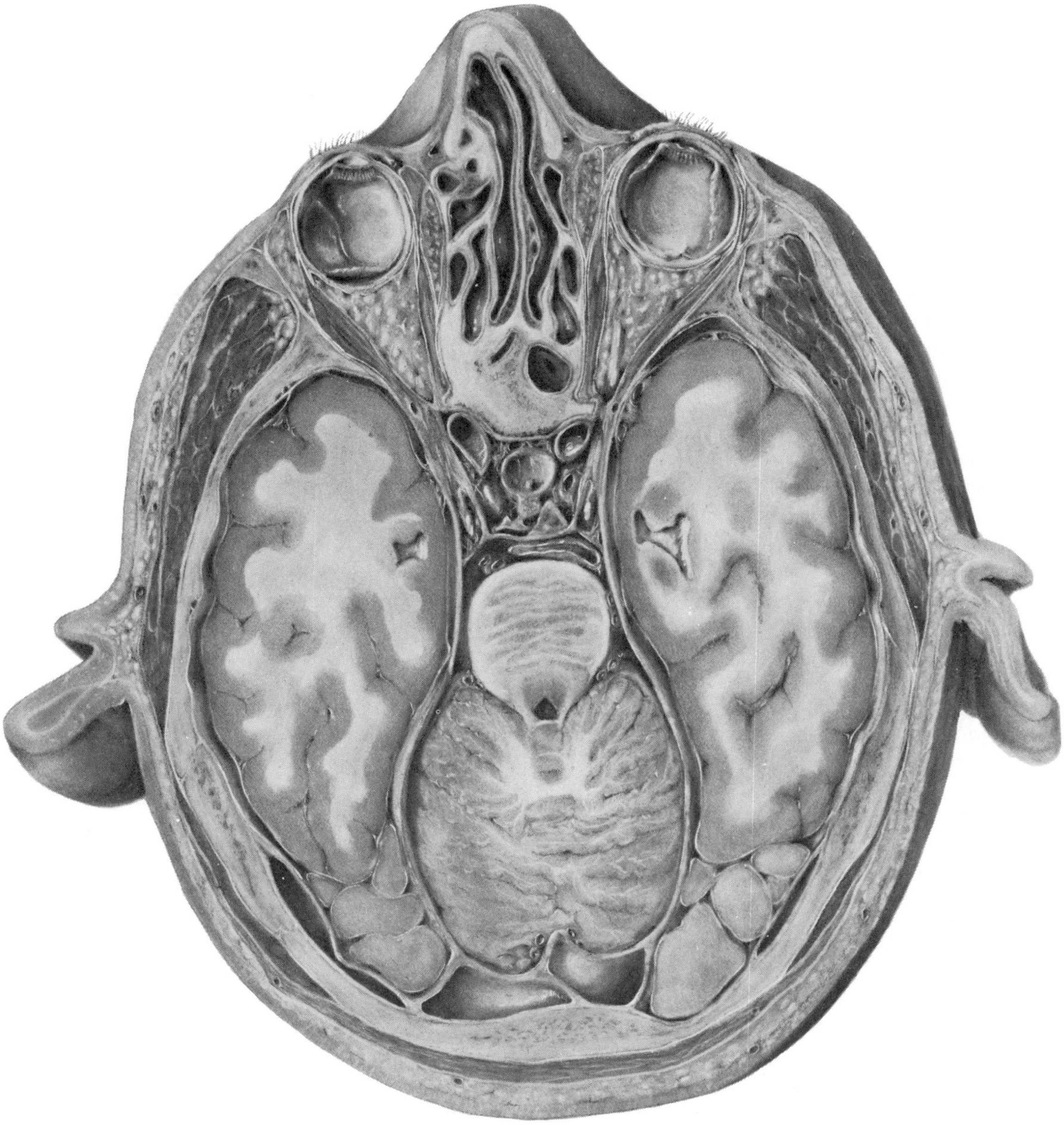

Ich füge all dies für die Wißbegierigen hinzu. Ich habe entdeckt, daß es sehr viele gibt, die nicht nur daran interessiert sind, alles über das Gesicht zu erfahren, sondern auch über das, was hinter der "Fassade" liegt.

Die Muskeln und die Formen des Halses

Die Halsmuskeln können in zwei Gruppen eingeteilt werden, erstens in solche, die am Zungenbein befestigt sind und die das Schlucken, das Kauen und den Gebrauch der Stimme ermöglichen, und jene, die für die größeren Bewegungen des Halses verantwortlich sind.

Erste Gruppe

Diese Muskelgruppe ist am Zungenbein befestigt und liegt vorne am Hals. Der feste Punkt, an dem die Muskeln angebracht sind, liegt entweder am unteren Rand des Kiefers, von wo aus sie zum Zungenbein hin abwärts verlaufen und in dieses übergehen, oder sie sind im Brust- und Schlüsselbein verankert und schließen, aufwärtssteigend, an die Unterseite des Zungenbeins an. Die präzise Anordnung dieser Muskelgruppe ermöglicht zwei Bewegungen:

Die Luftröhre und der Adamsapfel (einschließlich des Schildknorpels mit den darin befindlichen Stimmbändern) können sowohl nach oben als auch nach unten gezogen werden, was im ersten Fall zur Unterbrechung, im zweiten Fall zur erneuten Freigabe des Luftstroms führt.

Das Zungenbein, der Schildknorpel mit den in ihm befestigten Stimmbändern und die Luftröhre mit den zu ihrer Offenhaltung dienenden steifen Knorpelringen bilden eine Einheit.

Zusammengehalten von Muskeln und Sehnen, die ihre Funktionsfähigkeit erst ermöglichen, ergibt sich aus dem Aufbau dieser Einheit die säulenförmige Gestalt der Halsvorderseite.

Wenn Sie Ihre Finger über Ihren Schildknorpel halten und schlucken, werden Sie spüren, wie dieser hinaufgezogen wird, um den Luftzugang zur Lunge abzusperren. Sodann wird die gesamte Einheit von der ausgleichenden unteren Muskelgruppe hinuntergezogen, so daß man wieder Luft einatmen kann. Bei entspannt herunterhängendem Kiefer ist das Schlucken äußerst schwierig, weil der feste, unbewegliche Punkt dabei verlorengeht.

Sie werden bei manchen sehr dünnen, längeren Hälsen bemerken, wie das Zungenbein an der Oberfläche eine Erhöhung verursacht und daß es aussieht, als ob der Schildknorpel durch die Haut herauskommen würde. Auch deutlich sichtbar werden in solchen Fällen der Ringknorpel des Kehlkopfes, der als separate Form und kompletter, steifer Ring unter dem Schildknorpel gelegen ist, die röhrenförmige Gestalt der Luftröhre und manchmal die Formen der knorpelhaften Ringe, bevor sich diese hinunter, hinter das Brustbein gegen die Lunge senken. Sie können die Gestalt der Säule sehen, wie sie nach rückwärts und abwärts geneigt ist, da die Luftröhre in den Brustkorb hineinpassen muß, wo sie sich in die Luftröhrenäste verteilt.

Die Zungenbeinmuskeln (Musculus mylohyoideus) bilden ein flaches Blatt, das die ganze Fläche unter dem Kinn ausfüllt. Sie sind am Kieferrand befestigt und fügen sich in das Zungenbein ein.

Die doppelbandigen Unterkiefermuskeln gehen von der Vorderseite des Kiefers aus und fügen sich schließlich in den Schläfenbeinfortsatz ein. Es gibt zwei "Bäuche" an jeder Seite des Halses, die in der Mitte durch eine Sehne, die von einer faserigen Schlinge zum Zungenbein niedergehalten wird, verbunden sind. Man kann manchmal die Form des Vorderteiles des "Bauches" sehen, wie er vom Kinn nach rückwärts verläuft, wenn der Unterteil des Kinns sichtbar ist.

Zusammen mit den Kinn-Zungenbein-Muskeln, die in die Zungenbeinmuskeln eingebettet sind, senken die doppelbäuchigen Unterkiefermuskeln den Kiefer, indem sie an dessen Vorderrand ziehen und ihn dabei öffnen.

Muskeln, die unterhalb des Zungenbeins liegen:

Vier Muskeln können das Zungenbein und die Einheit herabziehen: der Schildknorpel-Zungenbein-, der Brustbein-Schildknorpel-, der Brustbein-Zungenbein- und der Schulter-Zungenbeinmuskel.

Die ersten drei sind Gurtmuskeln und ihre Namen geben ihre Befestigungspunkte an. Der Schulterblatt-Zungenbeinmuskel besitzt auf jeder Seite zwei Ausbuchtungen, ebenso wie der Unterkiefermuskel. Die in der Mitte verbindende Sehne wird von faserigen Schlingen am Schlüsselbein festgehalten. Der Muskel ist am Schulterblatt und am Zungenbein befestigt.

Sie können die gurtförmige Gestalt dieser Muskeln, und besonders deren vordere Ränder, sehen, wenn der Kopf zurückgeworfen wird und die Muskeln dabei gestreckt werden. Sie sind für die Entwicklung der gerundeten Form der Vorderseite des Halses verantwortlich.

Zweite Gruppe

Die Halsstruktur wird leichter verständlich, wenn man sich vorstellt, der Hals weise auf beiden Seiten ein vorderes und ein hinteres Dreieck auf. Eine der Abbildungen enthält diese Dreiecke. Die Halsschlagader, die das Blut zum Kopf befördert, die innere Halsader, die das Blut zurückführt, und auch die Nerven durchqueren das vordere Dreieck. Es ist eine nach rückwärts fallende Form, eine dreieckige Senkung an der Seite des Halses. Das Licht kann daher nicht leicht darauffallen und aus diesem Grunde liegt die Seite des Halses meistens im Schatten. Es gibt fünf Muskeln, die das rückwärtige Dreieck schräg durchqueren, und diese schrägen Formen kann man manchmal sehen, wenn der Hals vom Betrachter abgewandt wird.

Der **Riemenmuskel des Kopfes** (M. splenius capitis) ist um die Seite des Halses gewickelt. Er entspringt am Nackenband (wird später beschrieben) und an den Dornfortsätzen der ersten sechs Brustwirbel. Er verläuft spiralenförmig nach oben, und ein Teil davon ist an den Querfortsätzen der ersten vier Halswirbel, ein anderer Teil am Warzenfortsatz befestigt. Er trägt zur "Fülle" der Rückseite und der Seite des Halses bei. Wenn er sich verkürzt, wird der Kopf einer Seite zugezogen und gedreht, so daß das Gesicht dieser Seite zugekehrt wird. Die Form des Riemenmuskels nimmt dabei an Dicke zu. Er ist der obere Muskel im rückwärtigen Dreieck.

Der **Schulterblattheber** (M. levator scapulae) geht von den Querfortsätzen der ersten vier Halswirbel aus und setzt am oberen Teil des inneren Knochenrandes des Schulterblattes an. Er hebt das Schulterblatt und stabilisiert es. Er stellt die zweite schräge Muskelform dar, die im rückwärtigen Dreieck gesehen werden kann.

Die drei **Rippenhalter** (M. scalenus) füllen den Rest des rückwärtigen Dreieckes aus. Ihre Formen sind als schräge Bänder, die quer über den Hals verlaufen, sichtbar, wenn der Hals zur "Weg-Seite" gestreckt wird. Dies ist der Fall, wenn die Rippenhalter auf der entgegengesetzten Seite tätig sind. Der vordere Rippenhalter entspringt aus den Fortsätzen der Halswirbel 3, 4, 5 und 6 und verläuft in die erste Rippe. Der mittlere Rippenhalter entspringt aus den Fortsätzen 2, 3, 4, 5 und 6 und verläuft weiter rückwärts in die erste Rippe. Der hintere Rippenhalter entspringt aus den Fortsätzen von Wirbel 3, 4 und 5 und verläuft in die zweite Rippe. Ihre Tätigkeit besteht darin, den Hals zu der Seite zu biegen, auf der sie liegen, und sie tun dies, indem sie an den Wirbeln ziehen.

Das **Nackenband** (Ligamentum nuchae) ist ein Fortsatz der Sehnen im Hals, die die Wirbel verbinden. Es ist eine zähe, dünne Platte starker Fasern und verläuft in der Mitte des Nackens bzw. zieht von den Dornen der sieben Halswirbel zur Mitte des Hinterhauptes. Ein freies Ende spannt sich von der Schädeldecke zum Dornfortsatz des siebenten Halswirbels. Der Riemenmuskel ist zum Teil an dieser Platte oder dünnen Wand angebracht. Wenn entlang der Mittellinie rückwärts am Hals eine Senkung erscheint, so geschieht dies als Folge des Zuges, der am Rande dieses Bandes ausgeübt wird. Man kann diese Vertiefung oft sehen. Das Nackenband ist in einer Abbildung dargestellt.

Der **Kopfwender** (M. sternocleidomastoideus) ist für den Zeichner vielleicht das wichtigste Merkmal des Halses, da er eine sehr ausgeprägte Form besitzt, die immer sichtbar ist. Er ist sowohl am Brust- als auch am Schlüsselbein befestigt. Die Befestigungspunkte des Kopfwenders bezeichnet man als Muskelköpfe. Der Kopf am Schlüsselbein ist breit und flach, und sein seitlicher Rand ist als gekrümmte Form sichtbar, wenn der Kopfwender den Schädel zur Seite zieht; oder er erscheint als eine gerade Form, wenn der Kopf aufrecht gehalten wird. Die Brustbeinsehnen-Befestigung ist gut zu erkennen, da sie an der Vorderseite und dem oberen Rand des Brustbeins sitzt, und man sieht sie an der Oberfläche als ein ziemlich scharfrandiges Band. Ein Einschnitt, der am Ansatz des Halses sichtbar ist, wird von einer Einsenkung im Handgriff des Brustbeins hervorgerufen und ist an jeder Seite von zwei Brustbein-Befestigungen begrenzt. Sie können diesen Einschnitt am eigenen Hals sehen und spüren. Er wird Drosselgrube genannt. Als festen Punkt ist er nicht nur ein sehr wichtiges Merkmal, sondern auch sehr nützlich, um Abmessungen vorzunehmen. Die zwei Köpfe des Kopfwenders verfließen ineinander und bilden eine dicke Muskelmasse, deren Form einem starken Gurt ähnelt. Der Muskel flacht dort wieder ab, wo er in den Warzenfortsatz und die obere Nackenlinie der Schädeldecke übergeht. Suchen Sie diese Formveränderungen des Kopfwenders. Der dicke mittlere Teil beinhaltet die Muskelzellen, die die Arbeit verrichten können. Es ist schwer, nicht in die Versuchung zu verfallen, zwei schräge Linien als dessen vordere und rückwärtige Ränder einzuzeichnen. Aber man darf nicht vergessen, daß er ein Körper ist, der im Licht oder auch im Schatten liegen kann. Es hilft, sich vorzustellen, daß die Oberfläche eines Körpers aus Flächen oder Ebenen besteht; die Dicke der vorderen und rückwärtigen Ränder liefern zwei Ebenen, und die obere Fläche des Muskels die dritte Ebene. Die Kopfwender sind die am deutlichsten wahrnehmbaren Halsmuskeln, und Sie können deren Verkürzung dann am besten spüren, wenn Sie Ihren Kopf aus einer liegenden Stellung hochheben. Beide müssen zusammenarbeiten, um diese Bewegung, den Kopf nach vorne zu ziehen, auszuführen.

Die Muskeln und die Formen des Halses

Der **Kappen-** oder **Trapezmuskel** (M. trapezius) ist ein großer flacher Muskel, der die Rückseite des Halses, die Schulter und einen Teil des Rückens bedeckt. Er setzt an am mittleren Drittel der oberen Nackenlinie, am Nackenband und an den Dornfortsätzen der zwölf Brustwirbel. Die Formen der oberen und mittleren Teile des Muskels sind im Nacken zu sehen. Die Muskelbündel des Oberteiles verlaufen abwärts und nach vorne und fügen sich schließlich in das seitliche Drittel des Schlüsselbeins ein. Die Vorderseite, dick und mit nahezu rundem Abschluß des Oberteiles, ist ein Merkmal, da sie oben auf der Schulter nach vorne zum Befestigungspunkt am Schlüsselbein verläuft. Der Mittelteil enthält waagerechte Muskelbündel, die in den oberen Rand der Schultergräte eingefügt sind. Diese beiden bewirken oben auf der Schulter die gerundete Form. Der Trapezmuskel sorgt für die Stabilität der Schulter. Wenn sich die oberen Bündel verkürzen, wird die Schulterspitze gehoben, wodurch die Verdickung im Oberteil der Schulter an Umfang zunimmt.

Der **flache Halsmuskel** (M. platysma myoideum) ist ein dünnes Muskelblatt an der Seite des Halses, dessen Muskelbündel schräg gegen das Kinn verlaufen. Er liegt unmittelbar unter der Haut und verdeckt deshalb einen Teil der anderen Halsmuskeln. Sein unterer Teil geht über das Schlüsselbein hinweg, und oben ist er mit den Gesichtsmuskeln verbunden und am Vorderrand des Unterkiefers befestigt. Er ist für die schrägen Bänder oder 'Schnüre' verantwortlich, die man am Hals älterer Leute sehen kann, die die Wölbung zwischen dem Hals und dem Kiefer verringern.

Die Grundstrukturen des Halses

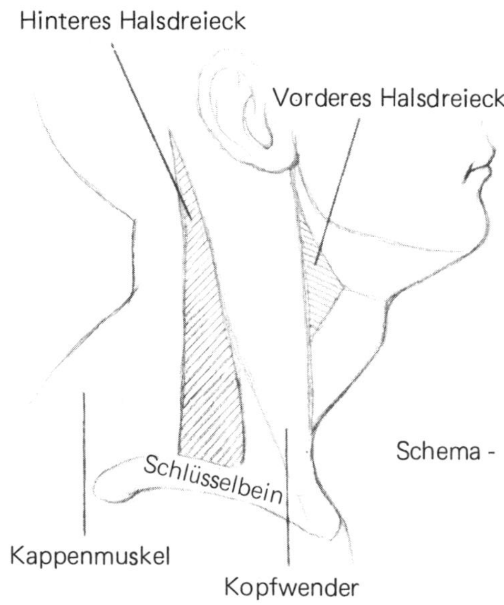

Schema - Skizze

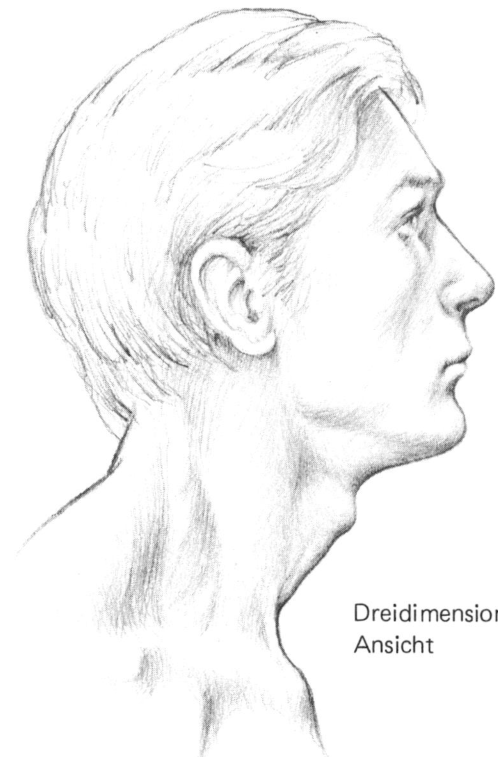

Dreidimensionale Ansicht

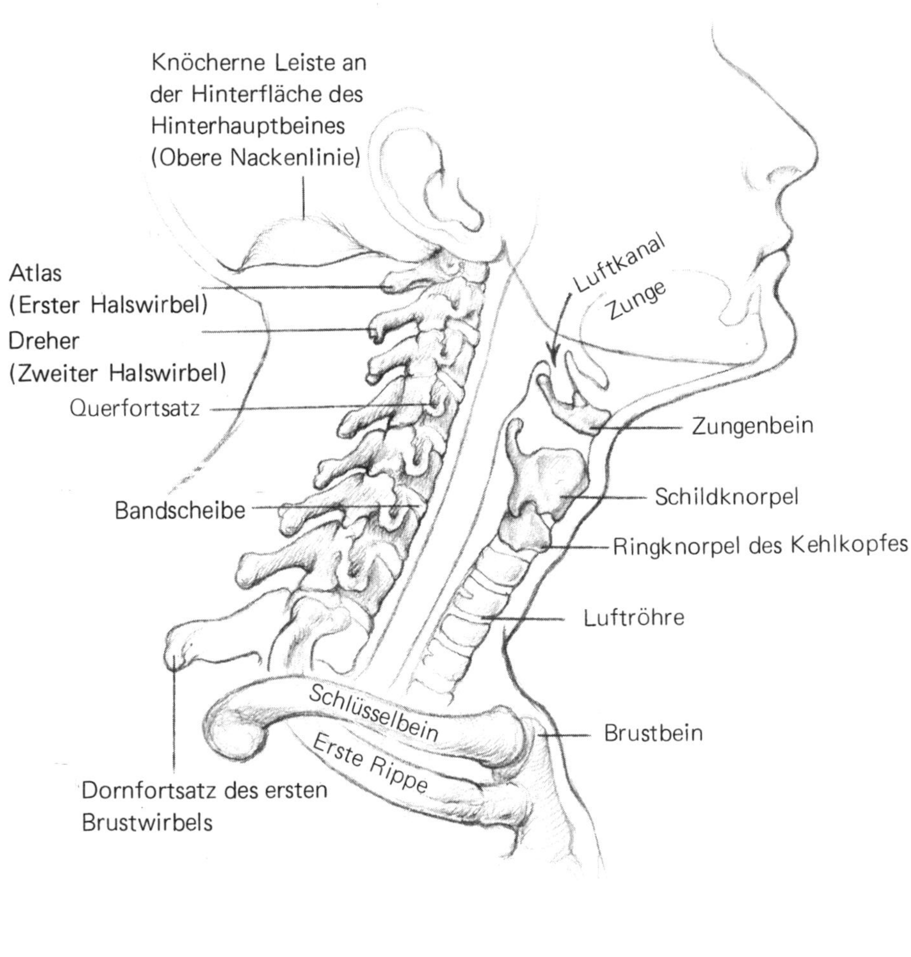

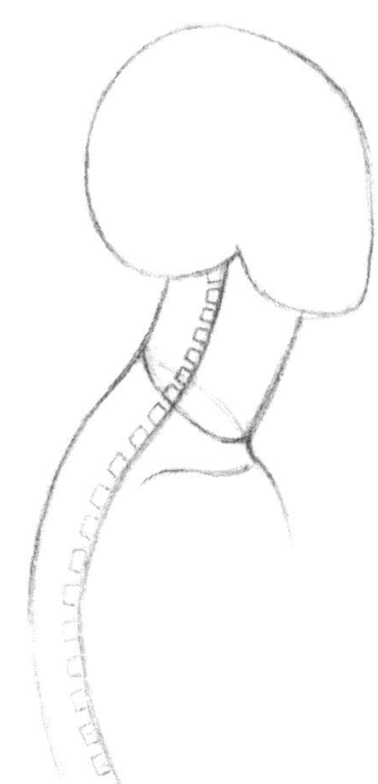

Die Krümmung der Halswirbelsäule bestimmt die Vorwärtsneigung des Halses.

Die Muskeln und die Formen des Halses

Die Seiten- und die Rückansicht der inneren Muskeln und Strukturen

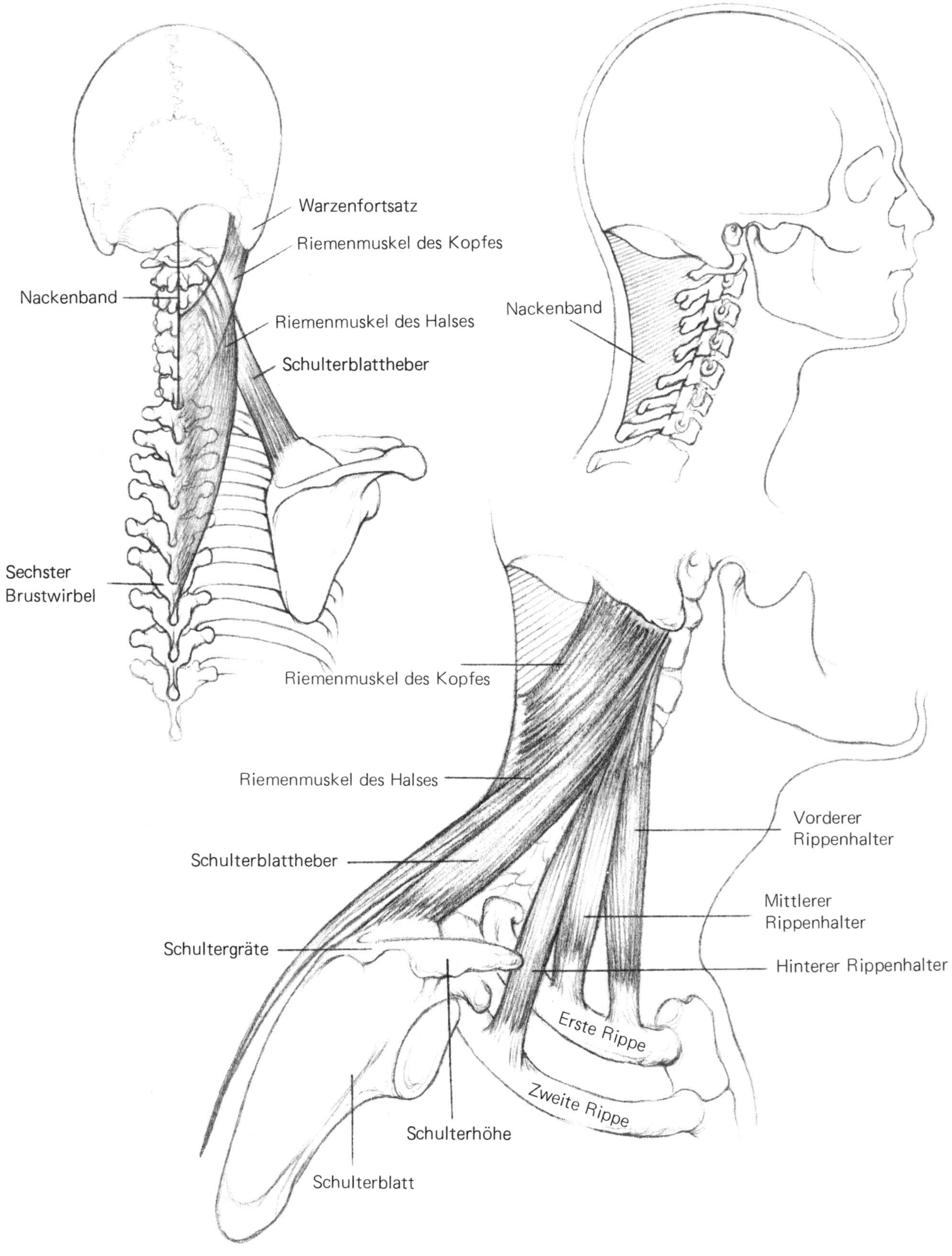

Die Muskeln und die Formen des Halses

Seiten- und Rückansicht der Muskeln und der knochigen Merkmale des Halses

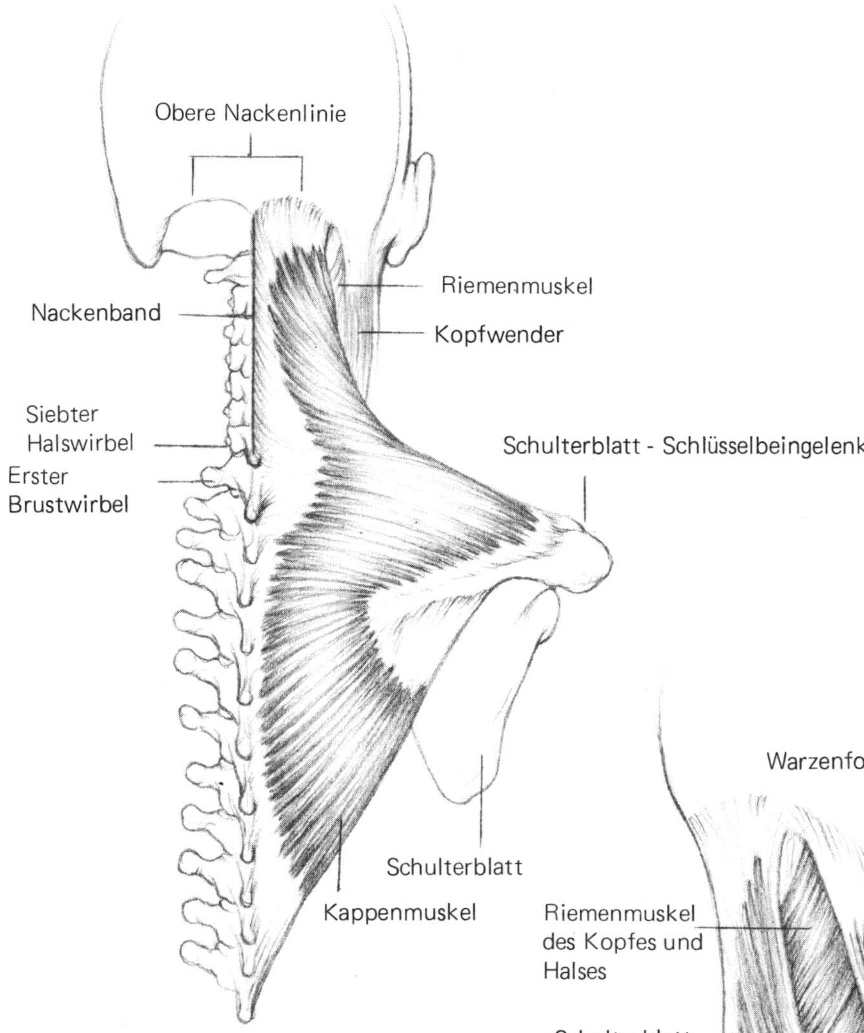

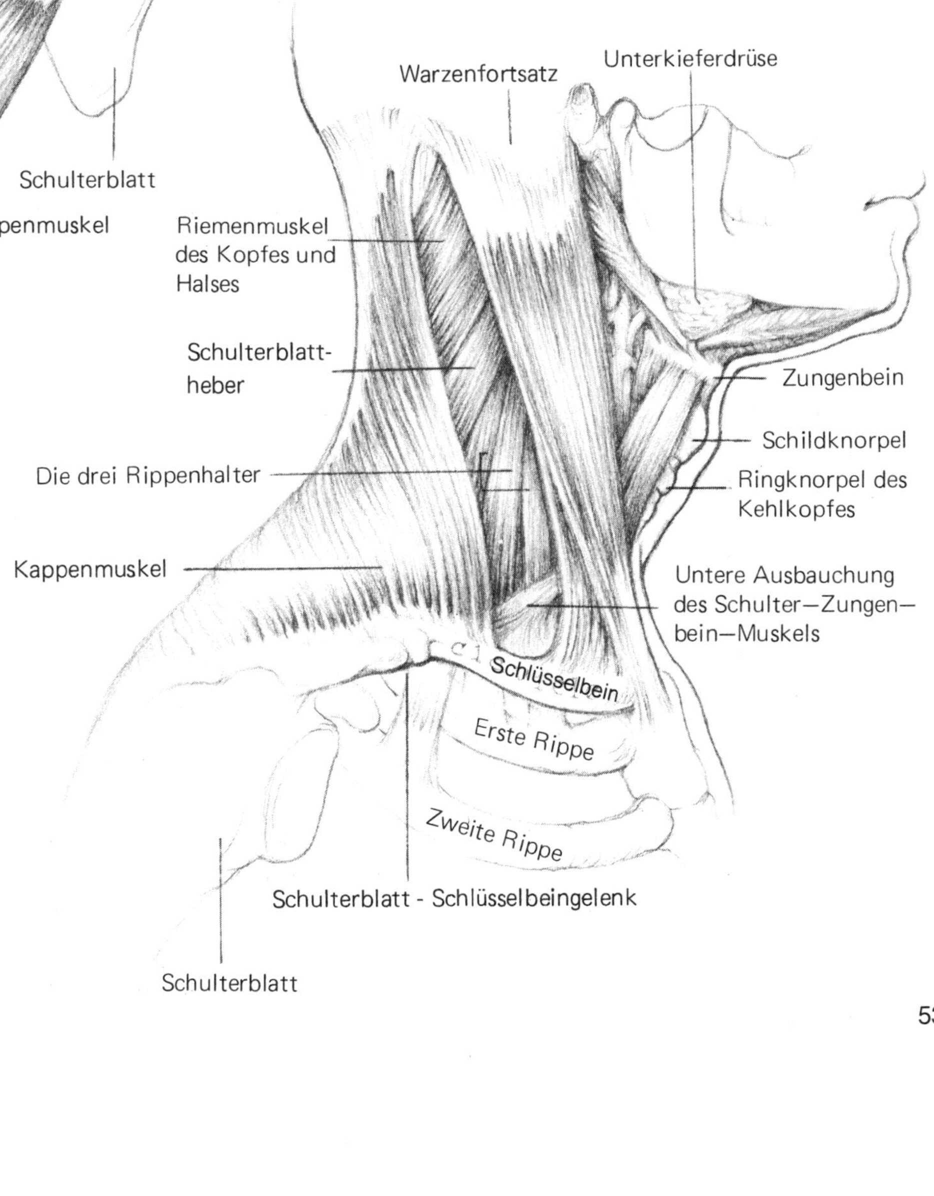

Die Muskeln und die Formen des Halses

Die Muskeln und Merkmale auf der Vorderseite des Halses

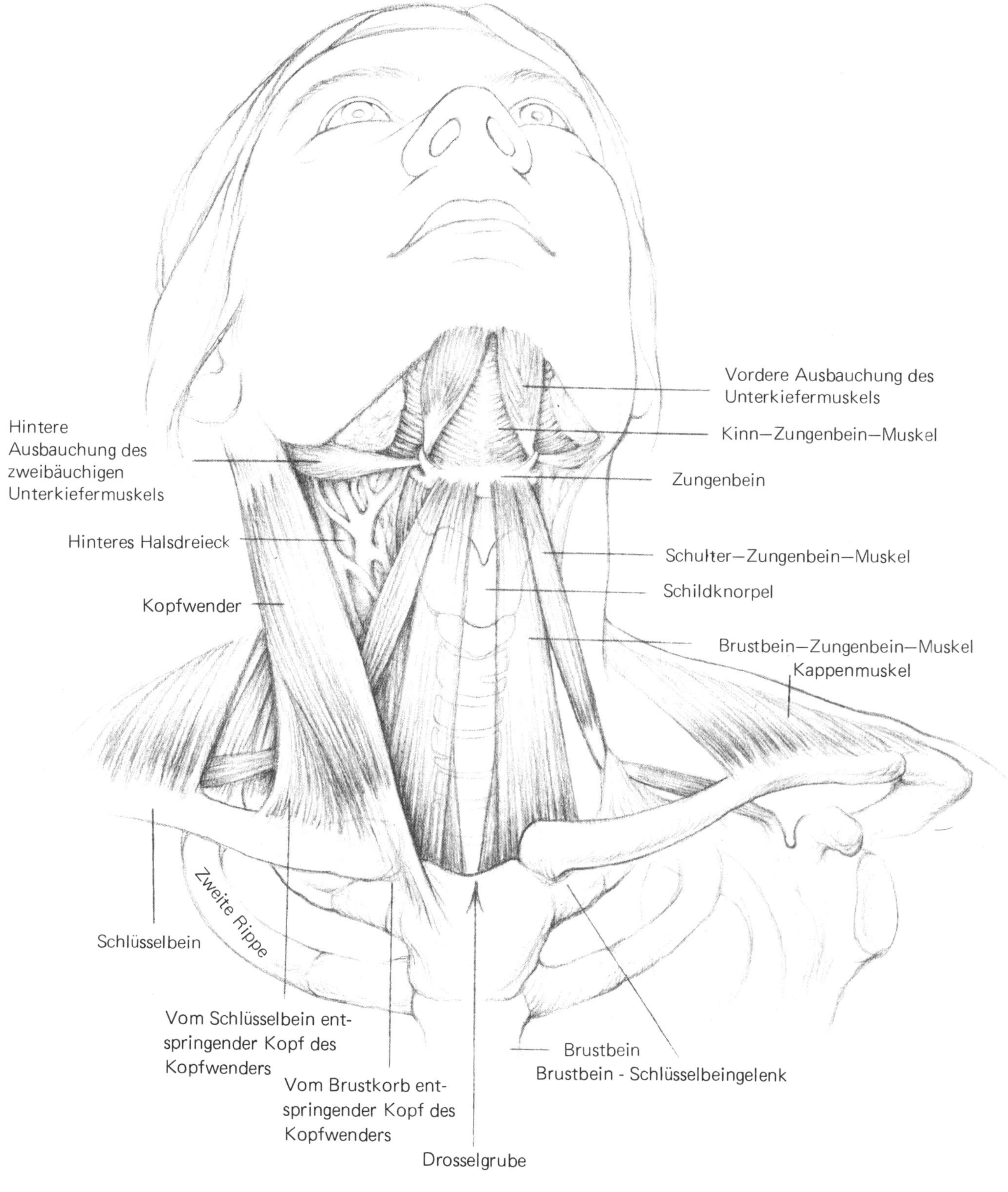

Die Muskeln und die Formen des Halses

Die Form des Schildknorpels und der Luftröhre

Beachten Sie die vorspringende Form des Schildknorpels und auch, wie sich die Luftröhre nach rückwärts und nach unten neigt und wie sie sich dabei in die rechten und die linken Bronchien der Lunge teilt.

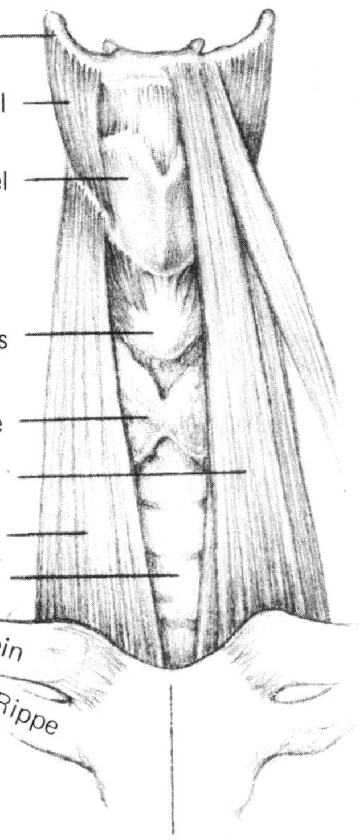

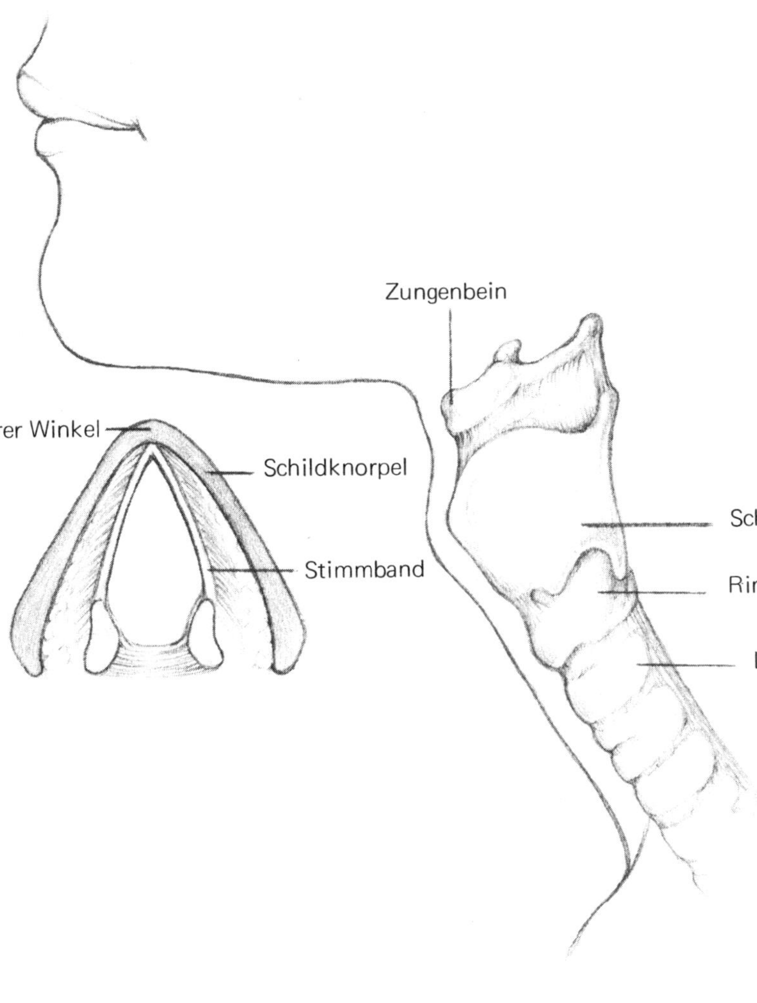

Die Muskeln und die Formen des Halses

Der Hals ist eine Säule,
die den Kopf trägt

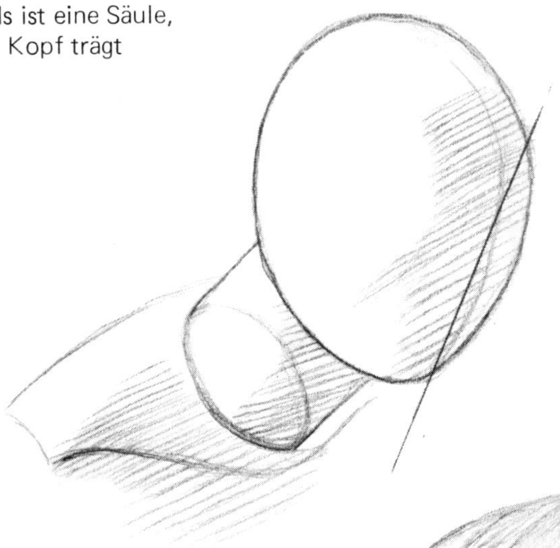

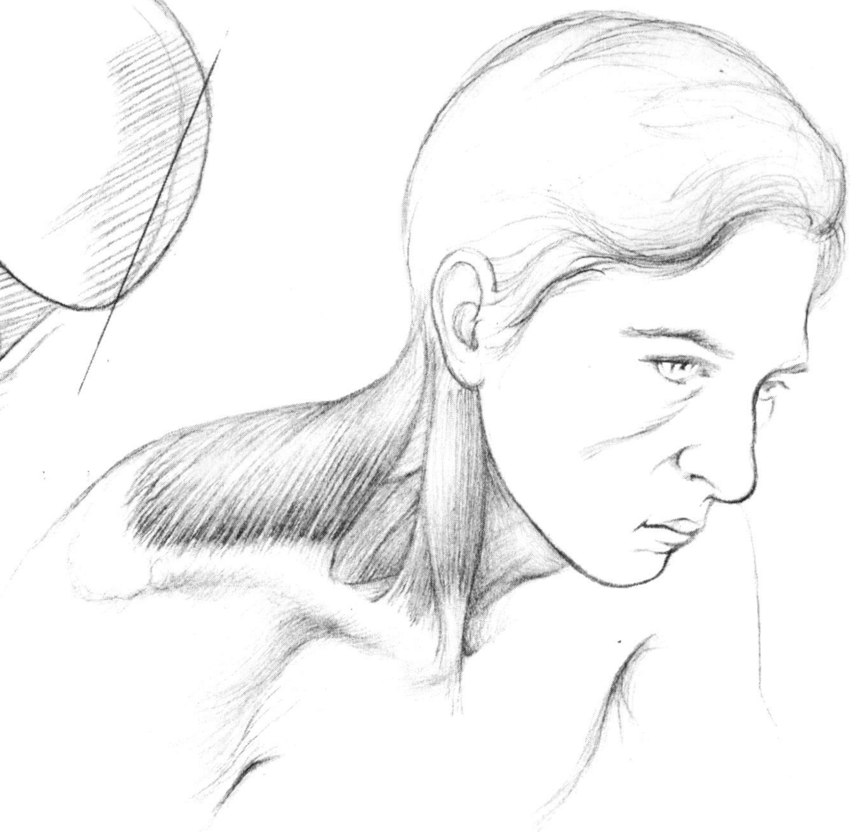

und sitzt auf den Schultern.

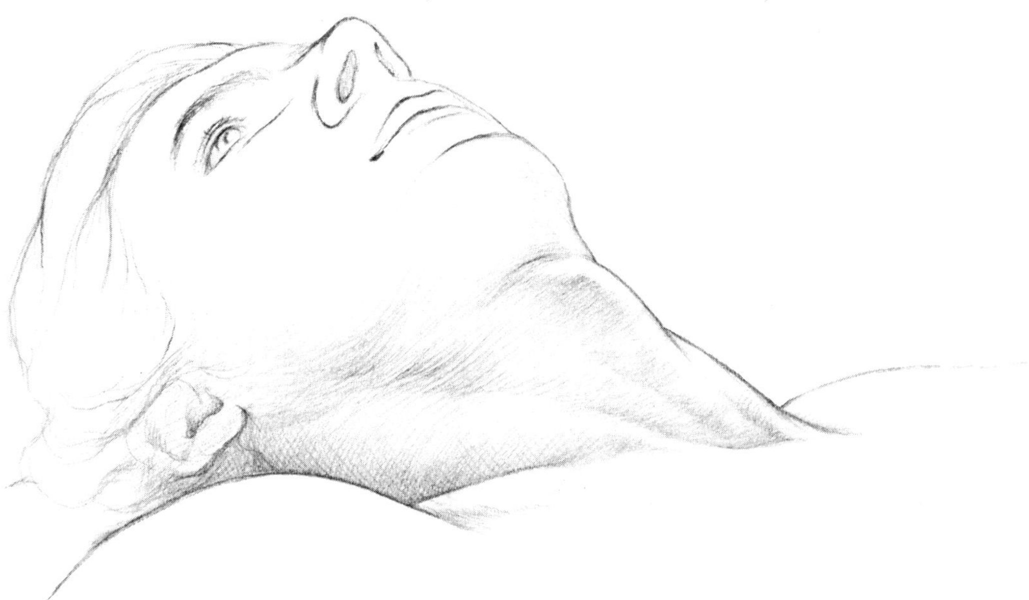

Die Muskeln und die Formen des Halses

Die Kopfwender

Die Kopfwender sind entspannt und nach unten gegen die Schulter zu zusammengedrängt.

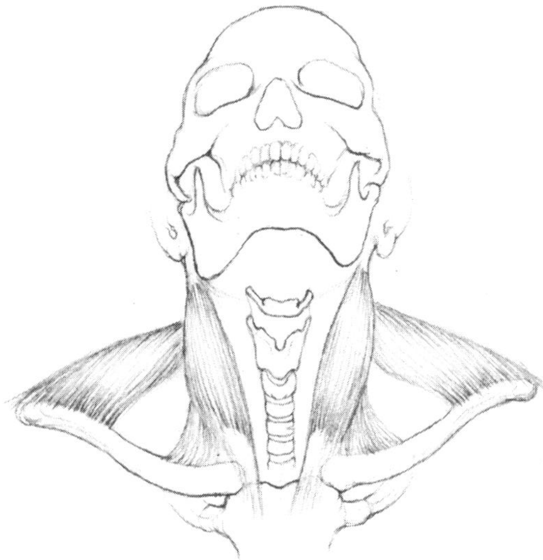

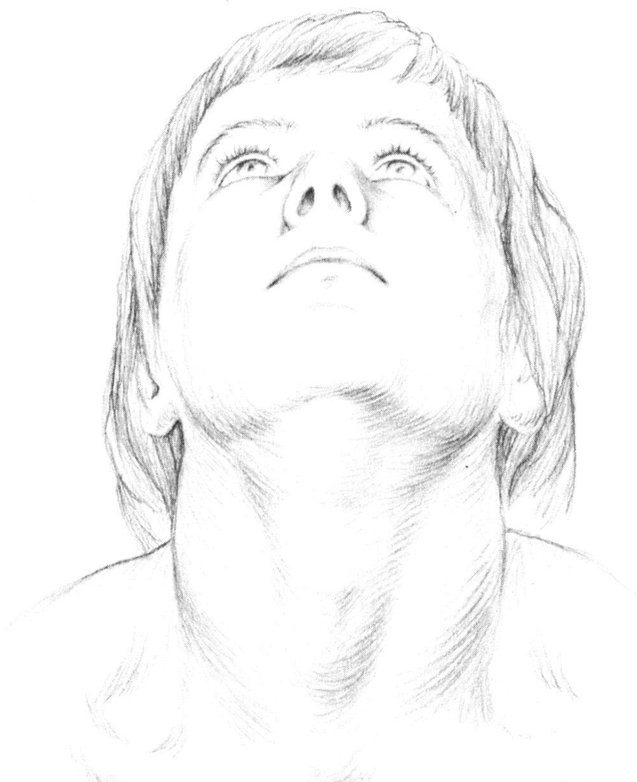

Nur der vordere Teil des Muskels wird gestreckt.

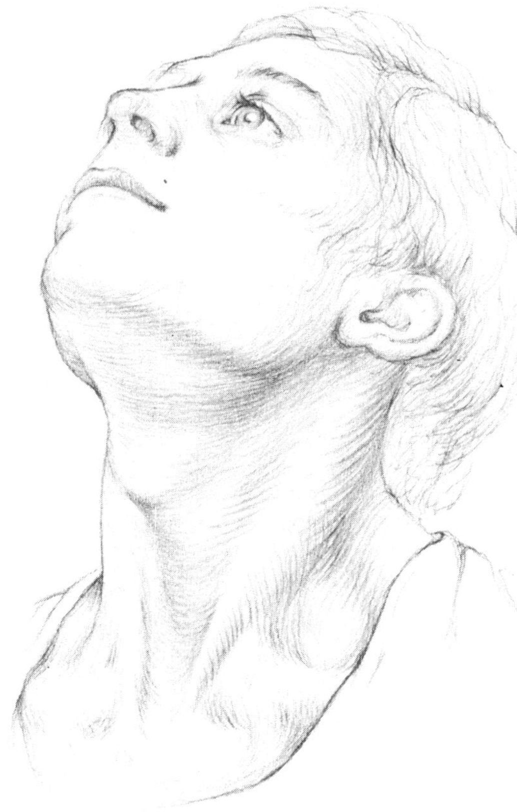

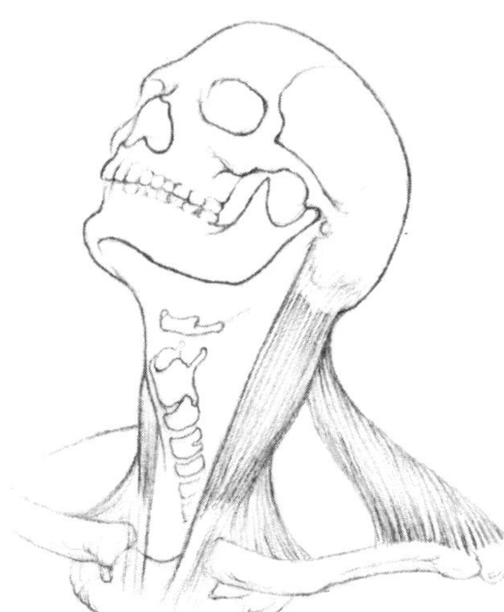

Die ersten Schritte beim Zeichnen

Diese Vorschläge verbinden die grundlegende Eiform und die grundlegende Schachtelform mit gewissen Ideen, die sich für andere Anfänger als nützlich erwiesen haben. Mit zunehmendem Fortschritt werden viele der Schritte, die man anfangs sehr bewußt ausführt, zur „zweiten Natur". Gewachsenes Selbstvertrauen und geschärfte Beobachtungsfähigkeit werden dem Zeichner zu schnellerer Einschätzung und Beurteilung des zu zeichnenden Portraits verhelfen. Die Person, die Sie zeichnen, stellt niemals nur ein technisches Problem dar, und es ist zu hoffen, daß Sie diesen Grundsatz nie aus den Augen verlieren werden. Wenn man dann sehr frei arbeitet, können diese Schritte möglicherweise als eine Methode zur Überprüfung dienen, so daß Sie ein Mittel haben, die Ursache herauszufinden, wenn an der Zeichnung etwas nicht richtig aussieht oder Ihrer Meinung nach nicht ganz richtig "sitzt".

Zur Erläuterung der Fachausdrücke die im folgenden benutzt werden: Schädel bedeutet alle Knochen des Kopfes; Kopf bedeutet der Kopf als Ganzes mit seinen zwei Teilen: dem Gesicht mit seinen Gesichtszügen und dem Schädeldeckenteil (der übrige Teil des Kopfes).

Die einzelnen Schritte:
1. Um den Neigungswinkel des Kopfes zu bekommen, halten Sie einen Bleistift mit ausgestrecktem Arm vor sich, so daß der Bleistift parallel zu Ihrem Gesicht steht (in der gleichen Ebene wie Ihr Gesicht). Visieren Sie dabei entlang der Linie, die die Mitte des Kinns mit dem Punkt in der Mitte zwischen den Augen verbindet. Schwenken Sie Ihren Bleistift nach vorn und zurück, bis Sie sicher sind. Er muß immer parallel gehalten werden. Nehmen Sie sich Zeit, diesen Winkel zu betrachten. Er ist sehr wichtig, da er die Grundlinie bestimmt, nach der die Gestaltung des ganzen Kopfes aufgebaut wird.

In den folgenden vier Abbildungen, die einige der Schritte zeigen, verläuft die Neigungslinie von der oberen linken zur unteren rechten Seite. Wenn Sie dann sicher sind, den richtigen Winkel festgestellt zu haben, legen Sie Ihren Bleistift, ohne den gewählten Winkel zu verändern auf Ihre Zeichenfläche. Dies wird anfangs etwas schwierig sein. Nun zeichnen Sie diese Schräge dünn aufs Papier.

2. Dann skizzieren Sie ungefähr die Ei-Form des Kopfes um diese Linie herum.

3. Deuten Sie hierauf die drei Flächenwechsel an, und zwar die von der Vorderseite des Gesichtes zur Oberseite des Kopfes, die von der Vorderseite des Gesichtes zur Seite des Kopfes und die von der Oberseite zur Seite des Kopfes. Dies wird Ihnen helfen, das Gefühl zu entwickeln, daß Sie es mit einem festen Körper zu tun haben, der drei Dimensionen hat.

4. Danach visieren Sie eine Linie an, die die äußeren Augenwinkel verbindet, indem Sie den Bleistift wieder mit ausgestrecktem Arm und immer parallel zu Ihrem Gesicht halten. Diese Linie kann waagerecht oder geneigt sein. Bringen Sie den Bleistift im gewählten Winkel zum Zeichenpapier und zeichnen Sie die Linie ganz leicht ein.

5. Daraufhin deuten Sie mit einer leichten Linie an, wo das Kinn im Verhältnis zur Augenlinie zu liegen kommen könnte.

6. Nun können Sie damit beginnen, Proportionsmessungen vorzunehmen. Messen Sie den Abstand zwischen der Augenlinie und der Kinnlinie, wobei Sie den Bleistift

senkrecht halten. Dieses Maß verwenden Sie dann, um zu kontrollieren, ob dieser Abstand mit demjenigen von der Augenlinie zum Scheitel des Kopfes übereinstimmt oder um wieviel er größer bzw. kleiner ist. In der Abbildung ist er ungefähr eineinhalbmal so groß. Dann können Sie die Linie, wo der Scheitel des Kopfes sein wird, dicker einzeichnen, nachdem nun die zwei Abmessungen in ihrem Verhältnis zueinander korrekt sind. In gleicher Weise werden Sie auch den ganzen Kopf abschätzen, sobald Sie die Neigungslinie der Nase eingezeichnet haben.

7. Als nächstes visieren Sie entlang Ihres Bleistiftes die Nasenneigung an, indem Sie den Bleistift parallel zu Ihrem Gesicht halten. Übertragen Sie diesen Winkel aufs Papier und zeichnen Sie ihn dünn ein. Diese Linie wird sich mit der ersten Neigungslinie an der Augenlinie schneiden. Der Bleistift muß jedesmal mit ausgestrecktem Arm gehalten werden.

8. Nun können Sie die übrigen Beziehungen abmessen. Im folgenden Beispiel für Relationen entspricht die Entfernung zwischen den äußeren Teilen der Augen der Länge der Nase, von einem Punkt in der Mitte zwischen den Augen zur Nasenspitze gemessen. Sobald Sie beides, nämlich den Winkel und die Position der Nasenspitze, festgelegt haben, können Sie freier arbeiten. Die Breite der Nase an den Nasenflügeln stimmt überein mit der senkrechten Entfernung vom Kinn zum Rand der Oberlippe. Die Linie, auf der Sie den Mund aufbauen werden, liegt parallel zur Augenlinie und verläuft durch die beiden äußeren Mundwinkel. Die senkrechte Entfernung von der Oberlippe zum Nasenflügel entspricht der waagerechten Länge des rechten Auges.

Die waagerechte Länge des rechten Auges ist ungefähr die gleiche wie die Breite der Nase an den Nasenflügeln und die Breite des Mundes. Sehen Sie nach oben, wenn Sie die Nasenflügel einzeichnen und kontrollieren Sie die Beziehung zum Auge. Wenn Sie die Mundwinkel einzeichnen, überprüfen Sie auch deren Beziehung zum Auge. Dies ist eine doppelte Kontrolle der Relationsmessung.

9. Beachten Sie die darunterliegende Knochenstruktur. Zeichnen Sie schwach die Backenknochen ein und führen Sie diese dann aus. Sehen Sie sich den Unterkiefer an und stellen Sie fest, ob er lang oder kurz aussieht und skizzieren Sie ihn, vom Kinnpunkt ausgehend, ein. Seinen Winkel können Sie mittels der Neigungslinie-Methode, die Sie für die Mittellinie des Kopfes verwendet haben, bestimmen. Beachten Sie, was von den Knochenrändern der Augenhöhlen bemerkbar ist. Prüfen Sie, ob der knochige Teil der Nase eine besondere Gestalt hervorruft.

Dies ist ein methodischer Weg, der es Ihnen ermöglicht, die Formen frei zu entwickeln. Die aufgeführten Schritte stellen nur Vorschläge dar. Sie werden vielleicht einige davon auslassen und eigene Ideen hinzufügen, um sich zu helfen. Möglicherweise wird das spontane Zeichnen hierdurch für einige Zeit eingeschränkt; aber schließlich werden Formbildung und Strukturierung gleichzeitig erfolgen und Ihr freies Zeichnen wird mehr Richtigkeit und Sicherheit bekommen.

Noch zwei Gedanken zur Erwägung. Ein Großteil der Schädeldeckenfläche wird sichtbar, wenn der Kopf hinuntergeneigt wird oder von Ihnen weg geneigt ist. Sie dürfen nicht kleinlich sein, wenn Sie diese Fläche einzeichnen. Ich habe viele Zeichnungen gesehen, wo nur halbe Schädeldecken eingezeichnet waren, die nur ein winzig kleines Gehirn beherbergen könnten. Und zweitens: Wenn Sie damit beginnen, die Formen mittels Tönung aufzubauen, und auch wenn Sie mit geraden schrägen Linien beginnen, dürfen Sie das Gefühl in Ihren Fingerspitzen, daß sich die Formen nach hinten und nach vorne erstrecken und schließlich zu einem Ganzen zusammenfließen, nie verlieren.

Zur Beachtung: Mit der "Greif"-Methode, wie sie im Buch beschrieben ist, können die Abmessungen vielleicht etwas schneller vorgenommen werden.
Dagegen sind Abmessungen nach der Bleistift-Methode, die in den meisten Kunstakademien gelehrt wird, eventuell etwas genauer.

Die ersten Schritte beim Zeichnen

Zwei Meßmethoden

Die Bleistift-Methode

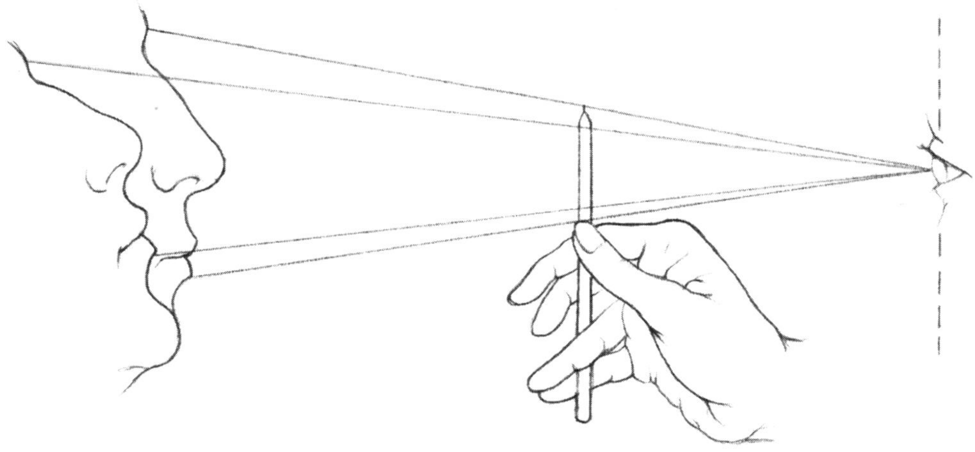

Der Arm wird mit durchgedrücktem Ellenbogen nach vorne gehalten.

Der Bleistift oder die imaginäre Greif—Linie zwischen Daumen und Zeigefinger wird in Kopfhöhe parallel zu Ihrem Gesicht und Ihren Augen gehalten.

Die Greif-Methode

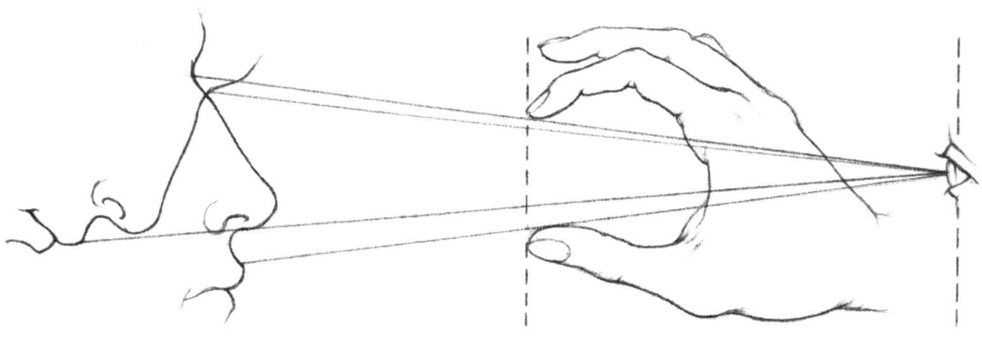

Die ersten Schritte beim Zeichnen

Ein Beispiel dafür, wie man mit dem Zeichnen des Kopfes beginnt und wie Messungen vorgenommen werden

Die Proportionsmessungen gelten nur für diesen Kopf, aber die Methode kann für jeden Kopf benutzt werden. Jeder Kopf ist mit seinen Proportionen einzigartig.

Übungslinien

Strichtechniken und Übungslinien

Es werden nun einige Beispiele für die verschiedenen Linien angeführt, die beim Zeichnen verwendet werden, um durch Tönungsflächen Formen darzustellen. Probieren Sie normale Graphitbleistifte von B bis 4B aus, damit Sie herausfinden, welcher Ihnen den größten Tönungsbereich zwischen Weiß und Schwarz bietet. Die Linien müssen klar sein. Wenn Ihre Linien verschmiert und zu schwarz erscheinen, so deshalb, weil Sie einen zu weichen Bleistift benutzen. Ihr Bleistift soll gut gespitzt sein und eine lange Spitze haben. Er soll kurz sein (ungefähr 65 mm lang), so daß Sie ihn unter Ihrer Hand halten können. Er wird zwischen Ihrem Daumen und Ihren ersten drei Fingern liegen. Verwenden Sie eher die Seite der Spitze als ihr Ende, so wie dies beim Schreiben der Fall ist.

Um den 'freien' Strich zu erlernen und doch Kontrolle über Richtung und Strichstärke zu behalten, arbeiten Sie am besten stehend, indem Sie Ihr Papier mit Klebestreifen an der Wand befestigen, oder Sie befestigen das Papier auf einem Tisch und beugen sich darüber. Dies kann Ihnen helfen, die richtige Schulterbewegung zu entwickeln, die für das Zeichnen grundlegend ist. Wenn Sie aber sitzend zeichnen, sollte das Papier mit Reißnägeln auf einem festen Zeichenbrett befestigt sein, das weit genug von Ihnen entfernt gehalten werden muß, damit die Hand nicht auf dem Papier liegt. Die Bewegung geht nur von der Schulter aus, die Finger, das Handgelenk und der Ellbogen haben keine Eigenbewegung. Beginnen Sie im großen und verringern Sie stufenweise die Größe der Zeichnung, wenn Sie mehr Übung im regelmäßigen Zeichnen der Linien bekommen haben. Diese Methode wird Ihnen dazu verhelfen, eine 'freifließende' Linie zu entwickeln, die Sie niemals mit einer auf die Finger beschränkten Bewegung erreichen können. Die behutsamen Handgelenk- und Fingerbewegungen werden, wenn erforderlich, nur für feine Einzelheiten benutzt.

Für die meisten Leute ist es am leichtesten, mit der geraden Linie anzufangen. Sie ist auch die wichtigste Linie zum Ausfüllen von großen Tönungsflächen, um so die Einheitlichkeit eines ganzen Kopfes rasch herzustellen.

Die gekrümmte Linie hat jedoch einen besseren Rhythmus und Fluß. In welcher Weise Sie schließlich diese Linien kombinieren werden oder mit welcher Stärke Sie zeichnen werden, wird nur von Ihnen abhängen. Ich kann Ihnen nur raten, viel zu experimentieren und alle Linien auszuprobieren.

Noch ein Hinweis: Es wird für Sie von großem Nutzen sein, Ihr eigenes Gesicht oder Teile davon in Ton oder Plastilin zu modellieren, denn Sie werden dabei gezwungen sein, genauer hinzusehen. Gerade beim Zeichnen hängt viel davon ab, daß man die Fähigkeit entwickelt, präzise zu beobachten. Durch derartige Übungen werden Sie allmählich ein ausgeprägtes Gefühl für die dreidimensionale Form von Körpern bekommen.

Für viele, die zeichnen oder es erlernen wollen, besteht der Reiz gerade darin, diese Illusion eines plastischen Körpers auf einem flachen Blatt Papier entstehen zu lassen.

Die gerade Linie mit gleichbleibender Strichstärke

Schräge Linien — Senkrechte Linien — Waagrechte Linien — Kreuzweise schraffierte Linien

Die gerade Linie mit wechselnder Strichstärke

Die gerade Linie mit wechselnder Strichstärke, von hell bis dunkel und von dunkel bis hell gezeichnet.

Strichtechniken und Übungslinien

Die tastende Linie

Einfache Kurve

Kreuzweise schraffiert

Zwei Richtungen, die vom Hellen ins Dunkle und wieder ins Helle gehen

Kreuzweise schraffiert

Einfache Kurve, die vom Hellen ins Dunkle und wieder ins Helle geht

Die schräge gerade Linie mit gleichbleibender Strichstärke und die gekrümmte Linie kreuzweise schraffiert

Übungslinien

Entwicklung der tastenden Linie

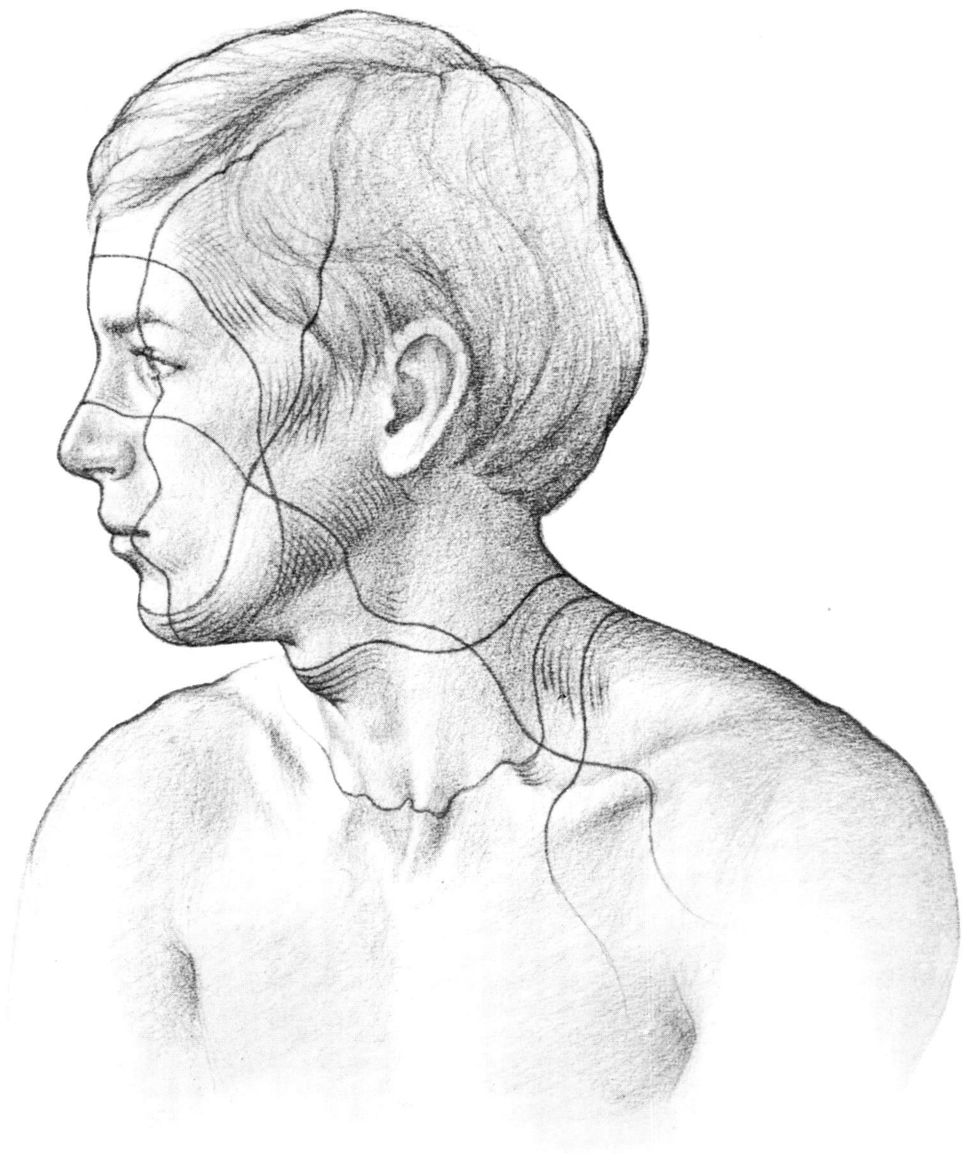

Die hier im Gesicht und am Hals eingezeichneten Linien sind nur einige der Wege, über die sich meine Finger bewegen würden, wenn sie über das Gesicht strichen, um seine Form zu fühlen. Jeder von Ihnen würde andere Linien finden. Dadurch, daß man sich vorstellt, wie und in welcher Richtung diese Wege über die Form verlaufen, oder indem man (wenn die Möglichkeit dazu besteht) die Form durch Ertasten tatsächlich fühlt, kann man lernen, die Schattierungsflächen mittels dieser Linien aufzubauen. Die Schattierungsflächen entstehen dort, wo die Form von der Lichtquelle abgewandt ist. Die Richtung des Weges wird mit separaten Strichen festgelegt, oder es werden zwei oder drei Richtungslinien, kreuzweise schraffiert, verwendet.

Dies ist eine der Methoden, eine einheitliche Schattierung zu erreichen.

Entwicklung der tastenden Linie

Vergrößerte Zeichnung zur Verdeutlichung der tastenden Linie

Übungslinien

Entwicklung der tastenden Linie

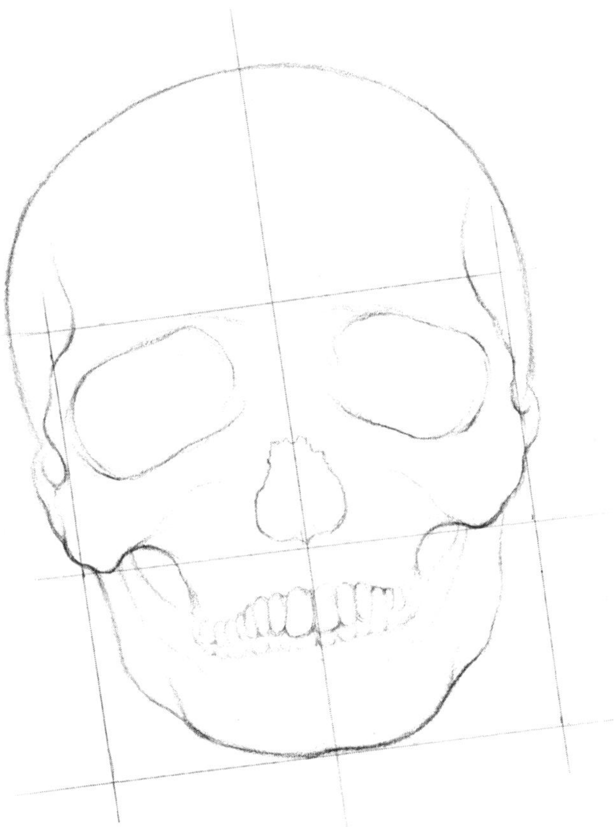

Wenn für Sie, nachdem Sie die geneigte Mittellinie eingezeichnet haben, ein Gesicht quadratisch aussieht, werden Sie die Proportionsmessungen quer über die Breite des Gesichtes vornehmen und dann kontrollieren Sie, welcher Teil des Gesichtes ebenso lang ist wie die Breite. Bei diesem Kopf ist es die Entfernung ganz unten am Kinn bis zur Augenbrauenlinie. Zeichnen Sie das Quadrat dünn ein und fahren Sie mit den anderen Proportionsmessungen fort. Z.B. ist in diesem Falle die Entfernung von der Augenbrauenlinie zu einer Linie zwischen den Lippen die gleiche wie die Entfernung zwischen den äußeren Augenwinkeln. Anfangs werden Sie ein wenig nach gleichen oder doppelten oder halben etc. Entfernungswerten suchen müssen, aber dies wird Ihnen helfen, Ihre Augen zu trainieren, und Sie werden immer weniger von den vorgeschlagenen Schritten abhängig sein.

4 B-Bleistift auf Zeichenpapier

Übungslinien

Darstellung durch gerade Linien mit wechselnden und gleichbleibenden Strichstärken

Vergrößerte Zeichnung zur Verdeutlichung der geraden Linie mit wechselnder Strichstärke.

Darstellung durch gerade Linien mit wechselnden und gleichbleibenden Strichstärken

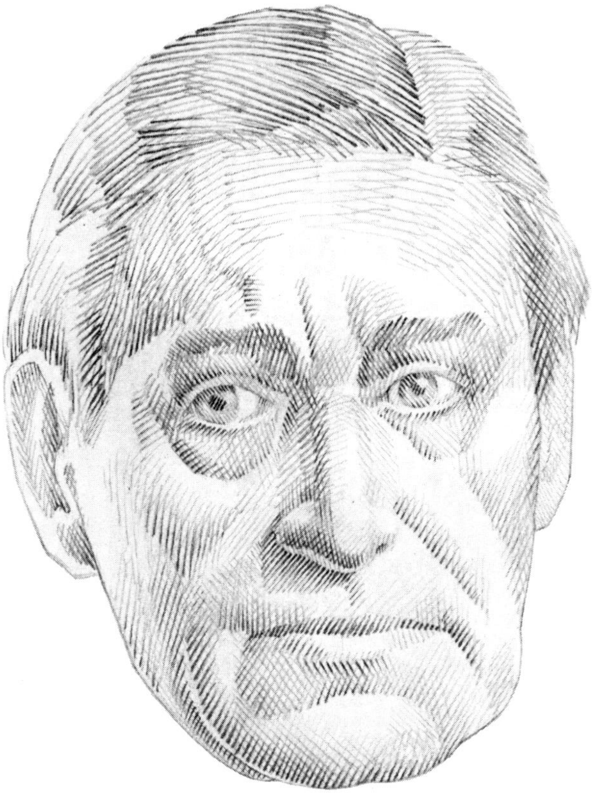

Übungslinien

Die gerade schräge Linie mit wechselnder Strichstärke

Bei dieser Übung soll das Gesicht so gezeichnet werden, daß die Zeichnung als Vorlage zur Herstellung einer Maske verwendet werden könnte. Dadurch lernen Sie, die dominierenden Formen und wichtigsten Flächenwechsel zu erfassen (Betty Maxey, Illustratorin).

Übungslinien

Die Flächen des Kopfes

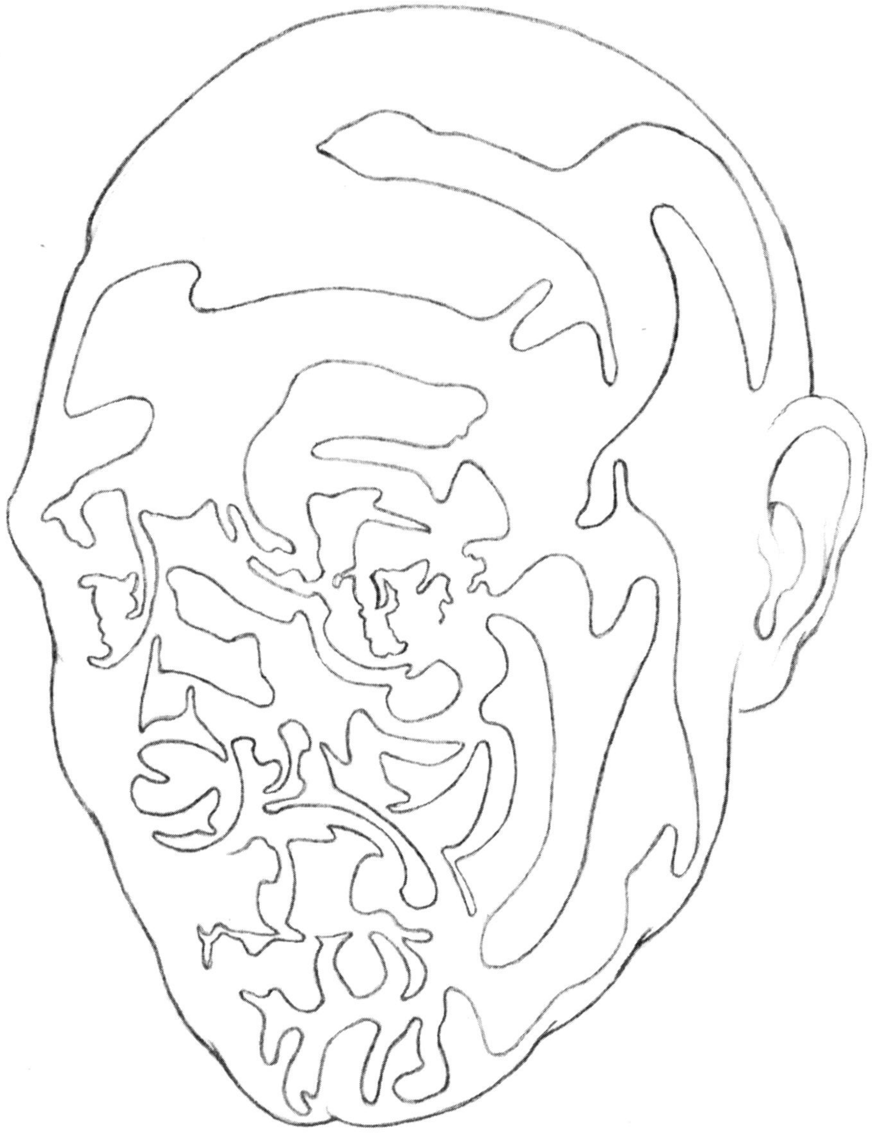

Diese Übung kann Ihnen dazu verhelfen, daß Sie die Formen des Gesichtes besser kennenlernen. Sie beginnen mit Ihrem Bleistift an einer beliebigen Stelle und zeichnen eine kontinuierliche Linie über die Formen, indem Sie diese mit zwei oder drei Richtungen darstellen. Dies entwickelt Ihr Wahrnehmungsvermögen und Ihre tastende Linie. Für diese Übung, die jedesmal zu einem anderen Resultat führen wird, können Sie auch Ihr eigenes Gesicht benutzen.

Übungslinien

Die Flächen des Kopfes

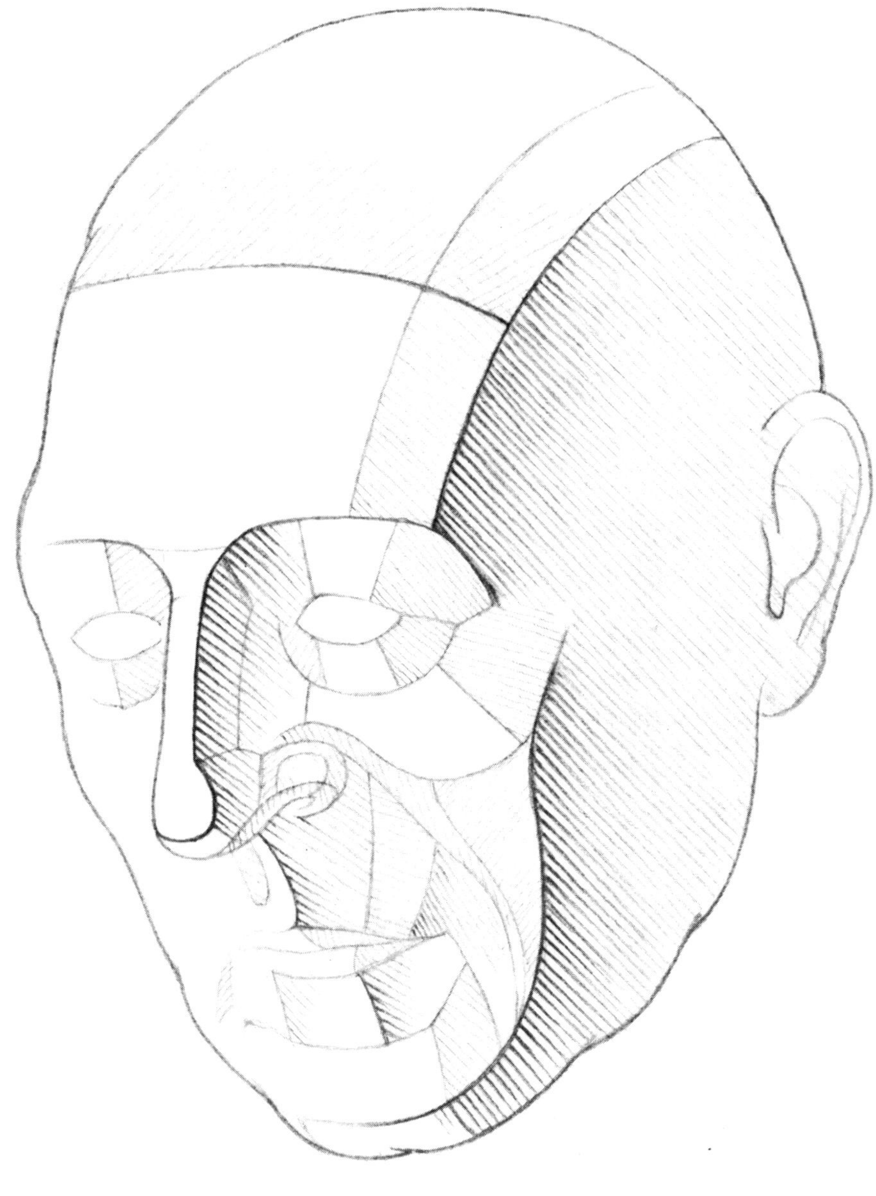

Fläche bedeutet eigentlich eine ebene und glatte Oberfläche. Obwohl Flächen in diesem Sinne am Kopf nicht vorkommen, denken wir doch beim Zeichnen an die Flächen des Gesichts, die Scheitelfläche, die Seitenflächen und an alle übrigen kleineren Flächen, in die sich die Gesamtform einteilen läßt. Ein Kopf kann durch diese Flächen und deren Ränder aufgebaut werden, und man kann dadurch ein besseres Verständnis für das Volumen und die Dimensionen gewinnen. Der Ort oder der Rand, wo sich eine Fläche mit einer anderen schneidet ist da, wo ein Richtungswechsel der Formen eintritt. Das Beispiel zeigt einige der Flächen dieses bestimmten Kopfes und hebt besonders die größeren davon hervor. Das Licht fällt hier von vorne ein.

Übungslinien

Die Flächen des Kopfes

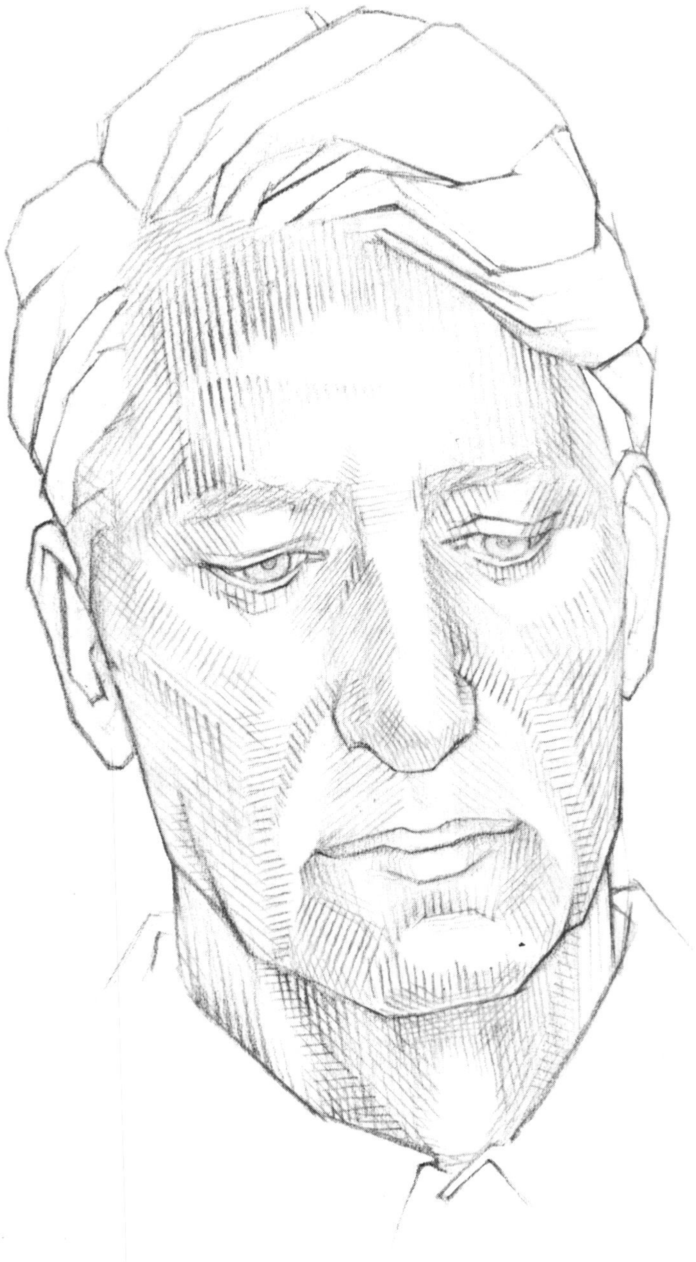

Einige Flächen dieses Gesichtes. Die Konturen sind hier durch deutliche Flächenwechsel markiert.

Wenn Lichtstrahlen auf einen Kopf fallen, z.B. von vorne, so werden Flächen, die nach vorne gerichtet sind, die Lichtstrahlen reflektieren. Dies ergibt die Lichtflächen, die Sie auf dem Gesicht sehen. Sie werden auf Ihrem Zeichenpapier weiß dargestellt. Die anderen Flächen, die zerstreute Lichtstrahlen auffangen, nicht jene, die direkt von der Lichtquelle kommen, werden im Schatten erscheinen und werden durch Schattierung dargestellt. Die verschiedenen Tönungen stellen bildlich die verschiedenen Beleuchtungsgrade dar. Zunahme an dunklen Tönen bedeutet Abnahme an Beleuchtung. Eine Form, die vollständig von der Lichtquelle abgewendet ist, wird schwarz erscheinen. Der Zeichner kann die feinen Formveränderungen durch Schattierung darstellen, und wenn er sich der Flächenänderungen einer Form bewußt ist, kann er anfangen, die verschiedenen Tönungen zu sehen. Die größeren Flächen des Gesichtes, der Scheitel des Kopfes und die Seiten des Kopfes sind die wichtigsten, da sie den Kopf als eine Gesamtheit bildlich darstellen. Wenn Sie mit dem Zeichnen anfangen, wird es Ihnen helfen, an erster Stelle an diese Gesamtheit zu denken und vorerst die größeren Schattierungs-Flächen einzuzeichnen. Dies verhindert, daß Ihre Zeichnung fleckig und zersplittert wirkt. Dann bauen Sie von diesem grundlegenden Farbton ausgehend die kleineren Formen, die Sie hervorheben wollen, ein.

Wenn Sie mit Schattierungen arbeiten, um einen plastischen Ausdruck zu erzielen, hilft es manchmal, sich den Kopf als eine Landschaft vorzustellen, in der die nähergelegenen Teile im Blickpunkt liegen, die Tönungen differenzierter und die weißen und schwarzen Flächen sehr deutlich sind. Der am weitesten entferntliegende Teil einer Landschaft erscheint blasser und unscharfer durch die Lichtstreuung. Wenn Sie wollen, können Sie dieses Prinzip auch für das Zeichnen des Kopfes anwenden, indem Sie den Teil, der Ihnen am nächsten ist, mit vielen verschieden starken Schattierungen schärfer herausarbeiten, damit diese Formen mehr zum Ausdruck kommen. Die am weitesten von Ihnen entfernten Teile werden weniger differenziert und scharf eingezeichnet. Es lohnt sich, damit zu experimentieren, da dies Ihrer Zeichnung eine gewisse Klarheit geben und bei der Entscheidung helfen kann, wo Ihrer Meinung nach der Schwerpunkt zu liegen hat.

Reflektiertes Licht

An der Unterseite einer Fläche sowie auch am Rand einer Form, wo diese gerade aus dem Blickfeld verschwindet, sind häufig Lichtschimmer zu beobachten. Diese werden durch reflektiertes Licht hervorgerufen. Reflektiertes Licht am Kopf ist das Resultat von Lichtstrahlen, die am Kopf oder einem Teil des Kopfes vorbeigehen und auf eine dahinterliegende Fläche fallen, von der sie zurückgeworfen werden. Dieses Licht besitzt nicht die Leuchtkraft wie das direkte Licht; es erscheint daher auf der Zeichnung nicht als ganz weiß, sondern als ein heller Ton. Man sieht es manchmal unter dem Kinn, wenn die Lichtstrahlen am Kinn vorbeigegangen sind und die Brust treffen, von der sie zur Unterkante des Kinns reflektiert werden. Ebenso geschieht dies auch unterhalb der Nase, wenn dort Lichtstrahlen, die auf die Oberlippe fallen, reflektiert werden. Beachten Sie solche Erscheinungen, da sie sehr wesentlich für die genaue Wiedergabe der Gesichtsformen sind.

Schattierungen und Licht

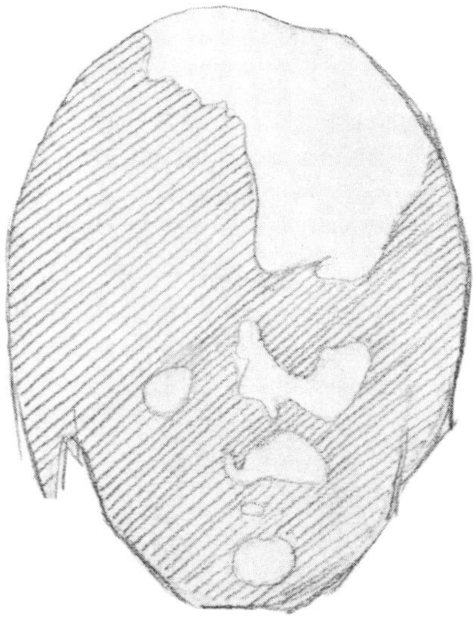

Der erste Schritt besteht darin, den Kopf als eine Gesamtheit zu betrachten, um die Stellen herauszufinden, auf die das Licht fällt.

Der Kopf als Gesamtheit gesehen; die großen Schattierungsflächen sind eingezeichnet.

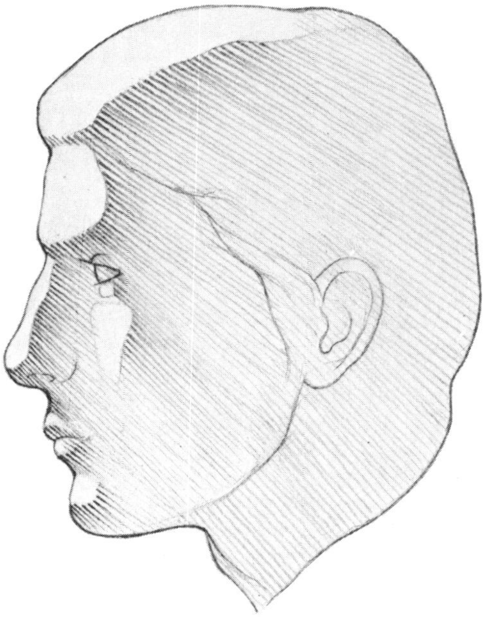

Licht wird von der Wange auf Bereiche unter den Augenbrauen reflektiert, wie auch von der Oberlippe unter die Nase und von der Kleidung unter das Kinn. In diesen Bereichen ist ein hellerer Farbton sichtbar.

Schattierungen und Licht

Das Licht fällt auf die Seitenflächen des Kopfes und die Frontfläche liegt im Schatten. Der Lichtrand auf der Nase und der rechten Gesichtsseite wird durch von hinten einfallendes Licht verursacht.

Die großen Schattierungsflächen des Kopfes werden angelegt.

Ausarbeiten einer differenzierten Schattierung an den im Vordergrund gelegenen Gesichtsteilen

Schattierungen und Licht

Unvollendetes Porträt, Bleistift auf Zeichenpapier

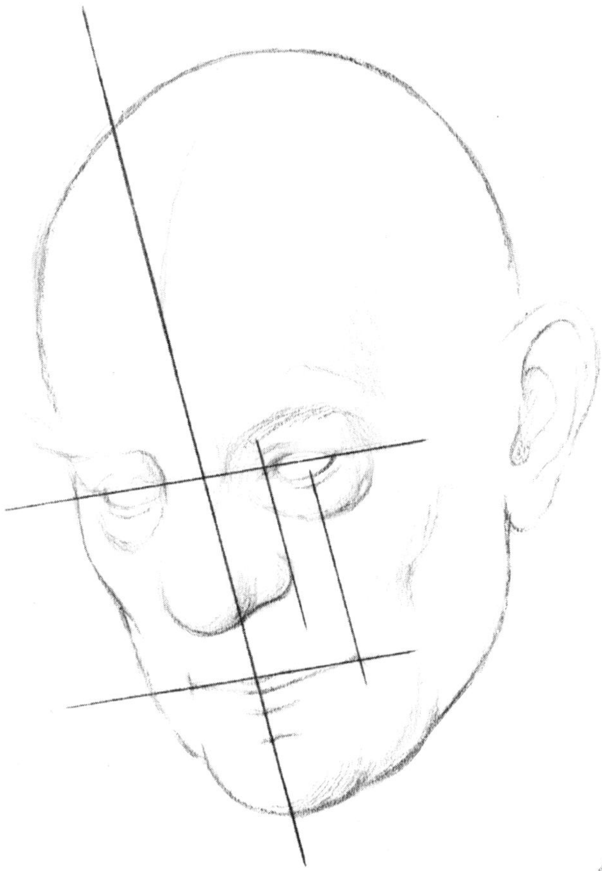

Man zeichnet die Führungslinien ganz leicht ein, mißt die Proportionen und deutet die Gesichtszüge und die knochigen Merkmale an (Augenhöhlen, Kiefer, Seitenfläche der Stirn, Backenknochen). Danach werden die Beziehungen von Nasenflügel und Mundwinkel zum Auge nochmals kontrolliert.

Die Schattierungsflächen für den gesamten Kopf werden mit schrägen Strichen mit einem Holzkohlestift eingetragen. Die besonders starken Striche deuten den Flächenwechsel an der Seite des Gesichtes und an der Nasenseite an.

Schattierungen und Licht

Holzkohlestift und 2 B-Bleistift auf Zeichenpapier

Durch verschiedene Schattierungstiefen können unterschiedliche Stimmungen ausgedrückt werden.

Holzkohlestift und weißer Kreidestift auf Zeichenpapier

Perspektivische Darstellung

Diese Abbildung zeigt die Vorderansicht und die Seitenprojektion eines Gesichtes bei paralleler Lage zu Ihrem eigenen Gesicht. Die senkrechte Entfernung zwischen bestimmten Punkten ist mit a, b und c bezeichnet.

Schattierungen und Licht

Perspektivische Darstellung

Diese Abbildung zeigt die Vorder– und Seitenansicht des Gesichtes bei zurückgeneigtem Kopf. Vergleichen Sie diese mit der vorhergehenden Abbildung. Die senkrechte Entfernung a ist fast gleichgeblieben, weil hier die Neigung nach rückwärts nur gering ist. Die mit b bezeichnete Entfernung hat sich relativ stark verringert, die mit c bezeichnete Entfernung am stärksten. Der Grund hierfür liegt darin, daß sich die Gesichtsteile in den mit b und c bezeichneten Abschnitten immer weiter von der senkrechten Ebene Ihres eigenen Gesichtes entfernt haben.

Perspektivische Darstellung

Beim Zeichnen des nach rückwärts geneigten Kopfes ist es besonders wichtig, sowohl auf den Neigungsgrad des Kopfes zu achten (dort, wo die Mittellinie verläuft) als auch auf den Punkt, wo die Nasenspitze im Verhältnis zu den Augen liegt. Er liegt sehr oft über den Augen, obwohl man versucht ist, ihn weiter unten anzubringen.

Dieser Punkt muß sorgfältig überprüft werden, da seine Lage für die Proportionsmessungen zur Anordnung von Mund und Kinn entscheidend ist. Der perspektivisch richtig und nach genauen Proportionsmessungen gezeichnete Kopf muß zusammengedrückt erscheinen, da die Gesichtszüge viel enger beieinander liegen. Dieselben Prinzipien gelten auch für das Zeichnen des nach vorne geneigten Kopfes. Kontrollieren Sie in diesem Falle die Lage der Nasenspitze im Verhältnis zur Oberlippe.

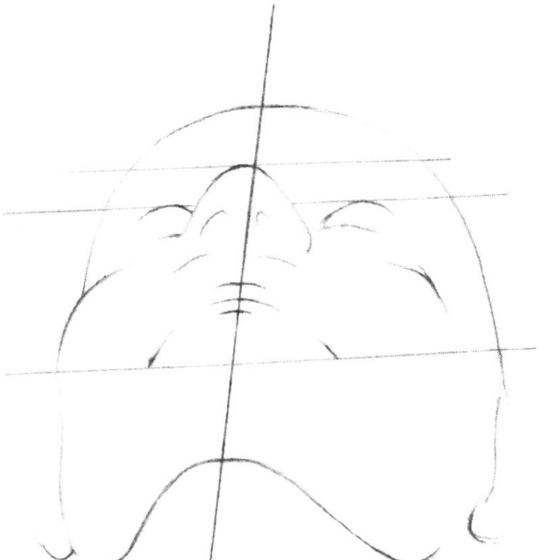

Schattierungen und Licht

Die Formelemente und knochigen Merkmale des nach rückwärts geneigten Kopfes

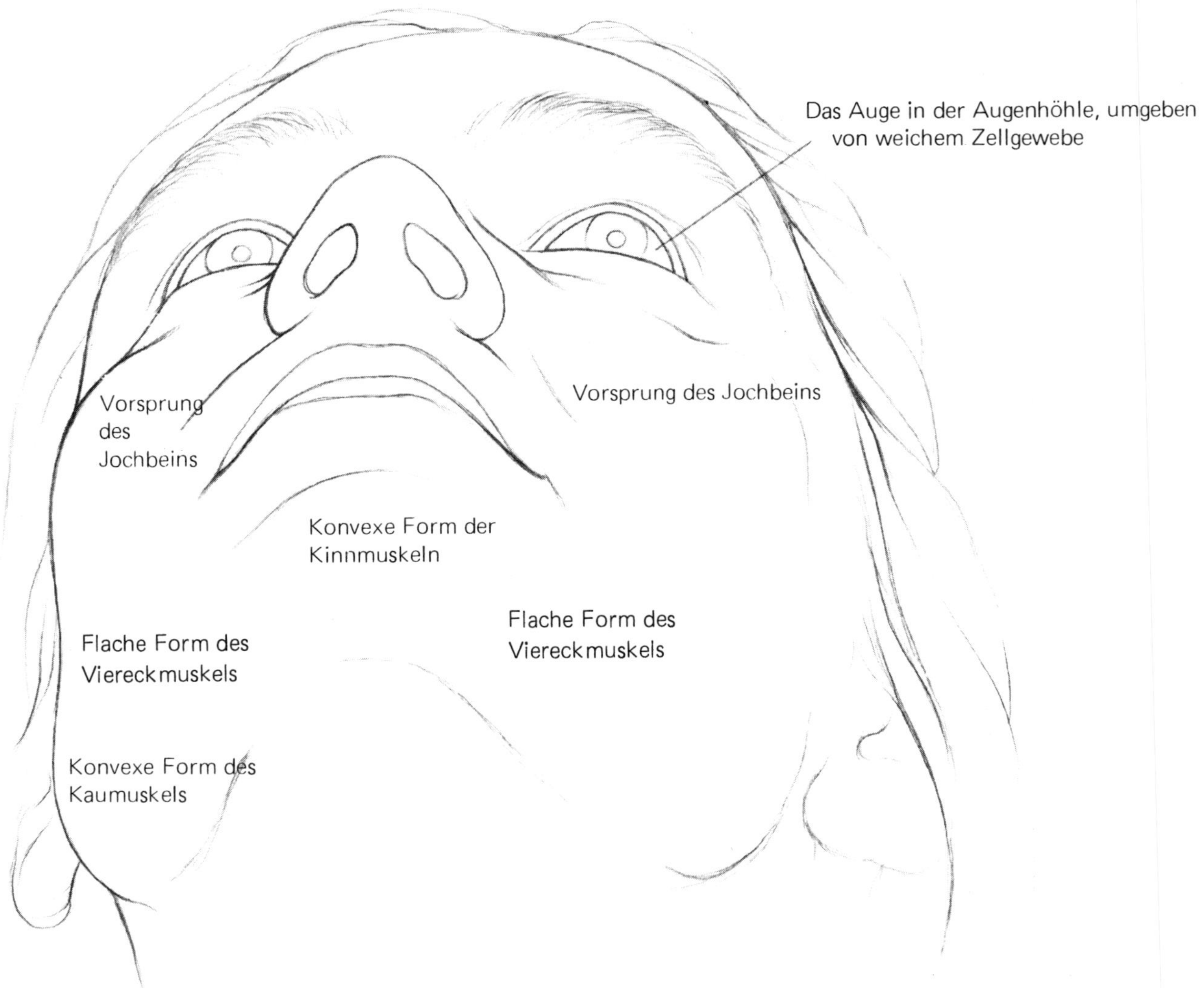

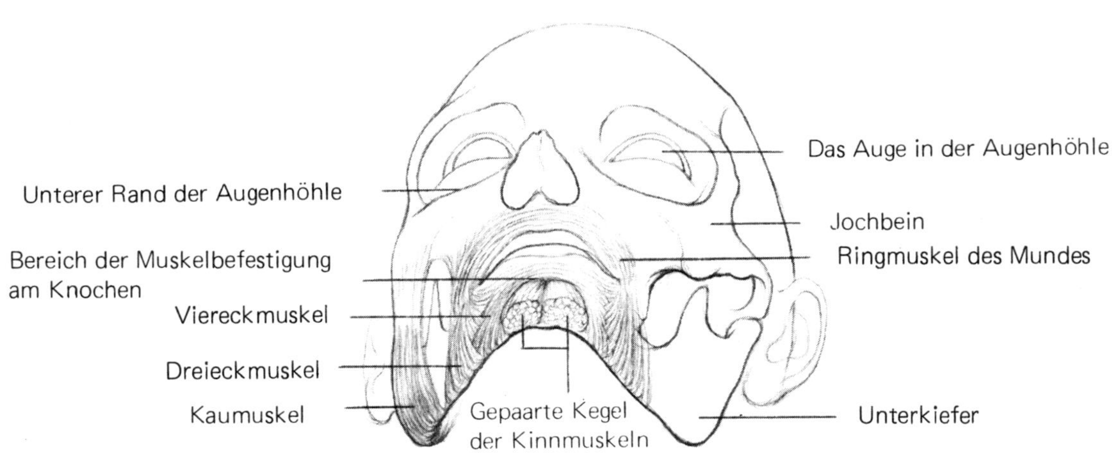

Vier Arten von Linien zum Zeichnen der Konturen

Linie mit gleichbleibender Strichstärke

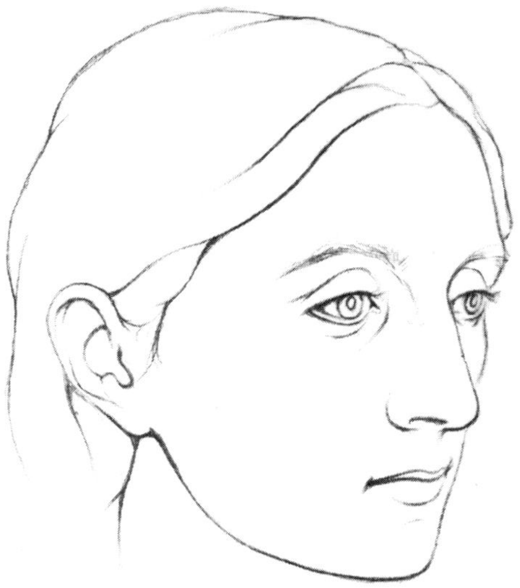

Linie mit wechselnder Strichstärke

Gerade Linie zur Betonung der Flächenwechsel

Tastende Linie zur Betonung der plastischen Formen

Schattierungen und Licht

Die Entwicklung der Kontur – 2 B-Bleistift auf steifer Pappe

Linien werden nicht nur ausschließlich vom äußeren Umriß des Kopfes hergeleitet, sondern auch von den Formen im Gesicht. Wo diese Formen im Schatten liegen, kann dieser Schatten dargestellt werden. Die Konturlinie kann zur Verdeutlichung der Formen, und auch um der Zeichnung mehr Lebendigkeit zu verleihen, nach innen geführt werden. Dies verstärkt den richtigen Eindruck, daß sich die Form auch innerhalb der Außenlinie fortsetzt, so wie das bei den sich überschneidenden Linien in der Gegend des Kinns der Fall ist. Mit dieser Methode steigert man die plastische Wirkung.

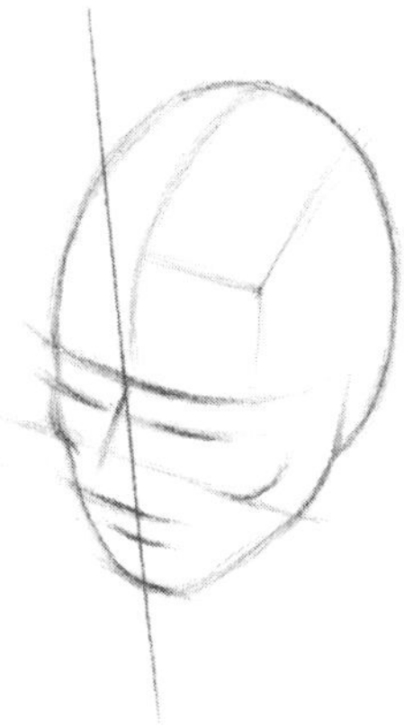

Die Strukturen in dem Bereich, der dem Betrachter am nächsten liegt, sind ein wenig stärker ausgeführt, um die Perspektive besser zur Geltung kommen zu lassen.

Beachten Sie in diesen Abbildungen die Größe des Schädels verglichen mit der Größe des Gesichtes.

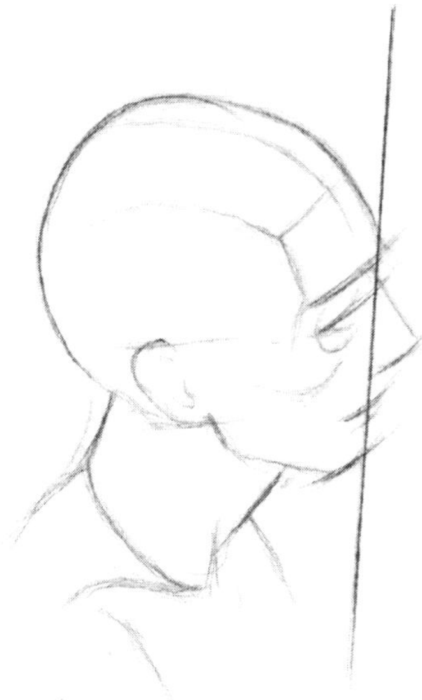

Beachten Sie, wie niedrig das Ohr hier und wie hoch es in der unteren Abbildung liegt.

Bei einem vom Betrachter abgewandten Kopf erscheint die Augenfläche außerordentlich klein. Zeichnen Sie das Auge im vorderen Teil der Augenhöhle ein.

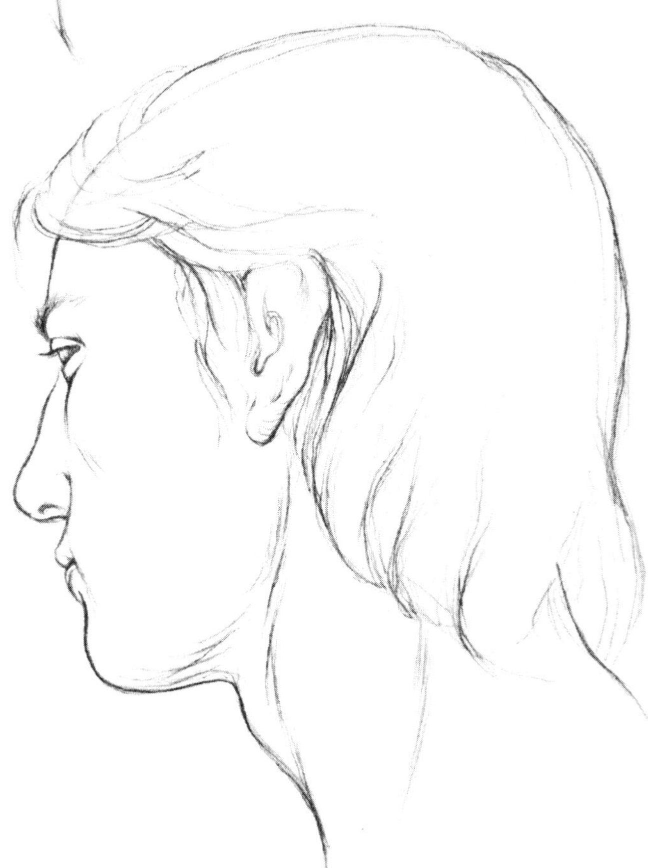

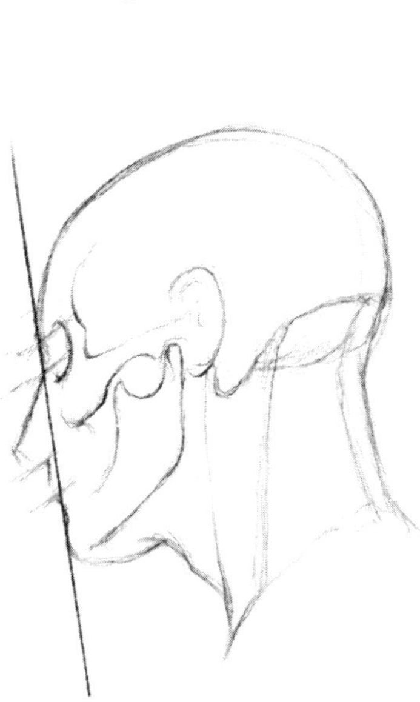

Das gealterte Gesicht

Die Schwerkraft bewirkt, daß die weichen Gewebe nach unten gezogen werden, wie im älteren und bejahrten Gesicht sehr deutlich zu sehen ist.

Das verwitterte Gesicht

Eine gute Übung besteht darin, einige der Formen überbetont zu zeichnen, weil Sie dadurch gezwungen werden, schärfer zu beobachten und sich nicht mit einem oberflächlichen Eindruck zufrieden zu geben. Sie werden dadurch auch besser beurteilen lernen, welche der Formen einzuzeichnen und welche besser wegzulassen sind. Ganz gleich, ob Sie es nun Stil, Talent oder Geschmack nennen – davon, wie Sie den Weizen von der Spreu trennen, hängt es ab, bis zu welcher Vollkommenheit Sie Ihre Zeichnung bringen werden.

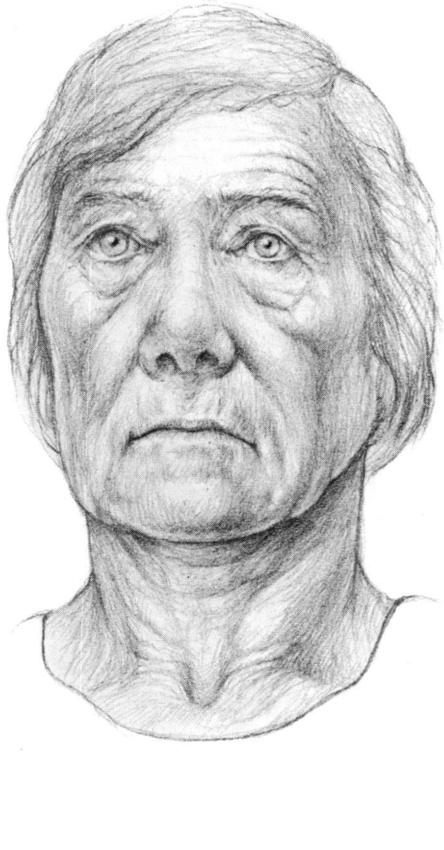

Schattierungen und Licht

Erzbischof Wareham, gezeichnet von Holbein

Das genaue Erkennen der Wechselwirkung zwischen der Knochenstruktur und den darüberliegenden weichen Geweben, wie es in dieser Zeichnung mit großem Scharfblick ausgedrückt ist, ergibt eine eindrucksvolle Gesamtwirkung.

Feder und Tinte auf Zeichenpapier

Dünner Filzschreiber auf Wasserfarbenpapier

Schattierungen und Licht

Feder und Tinte auf Zeichenpapier

Dünner Filzschreiber auf Wasserfarbenpapier

Schwarze Tusche auf Zeichenpapier

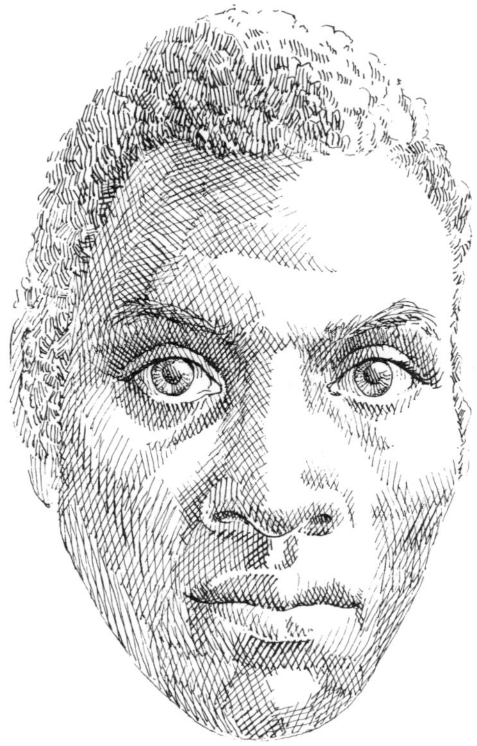

Schattierungen und Licht

Karikaturen. Tuschefüller auf Zeichenpapier

Eine Karikatur entsteht durch die überbetonte Darstellung der Hauptstrukturen des Kopfes.

Schattierungen und Licht

Das Gesicht eines Kleinkindes

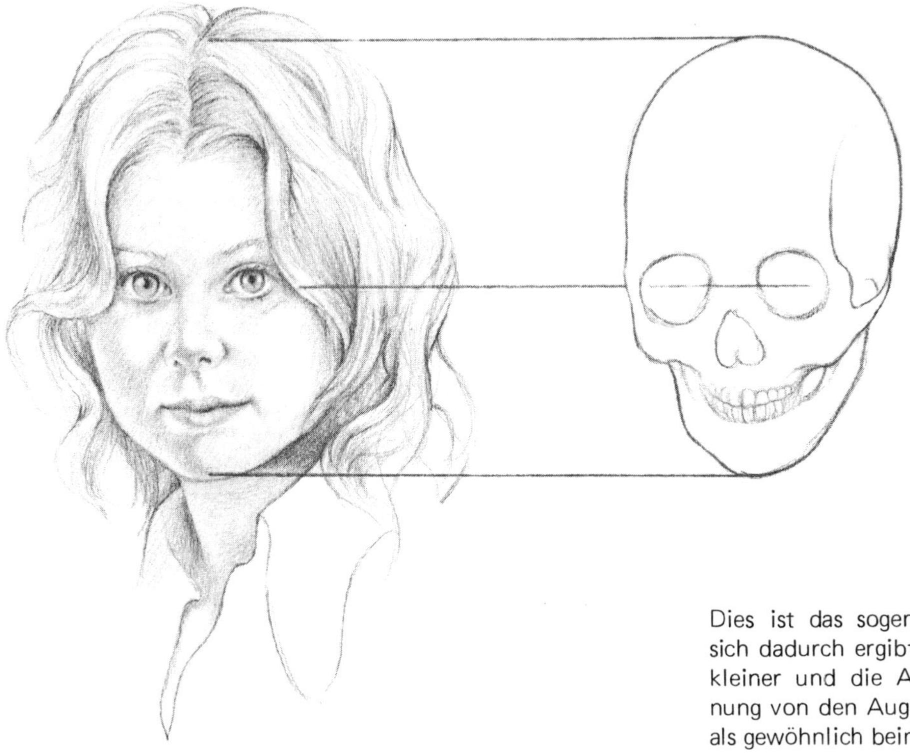

Dies ist das sogenannte Baby—Puppen—Aussehen, das sich dadurch ergibt, daß Ober— und Unterkieferknochen kleiner und die Augenhöhlen runder sind. Die Entfernung von den Augen zur Unterseite des Kinns ist kürzer als gewöhnlich beim Erwachsenen.

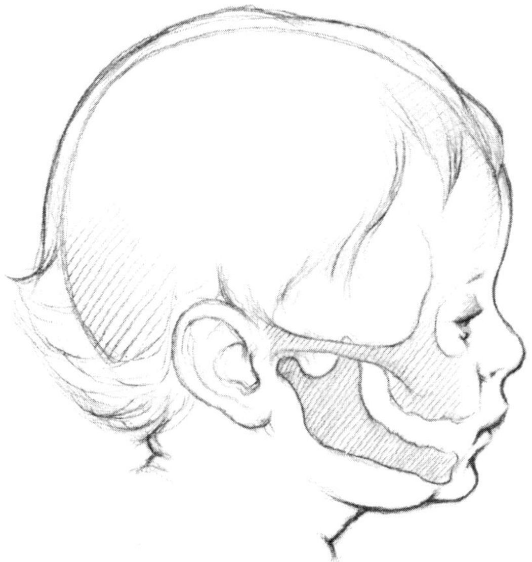

Beim Baby ist das Gesicht im Verhältnis zum gesamten Kopf klein, was zurückzuführen ist auf die nur langsam fortschreitende Entwicklung des Ober— und Unterkiefers einerseits, sowie andererseits auf die rasche Zunahme der Schädelgröße, die sich dem schnell wachsenden Gehirn anpaßt.

Schattierungen und Licht

Das Gesicht eines Kleinkindes

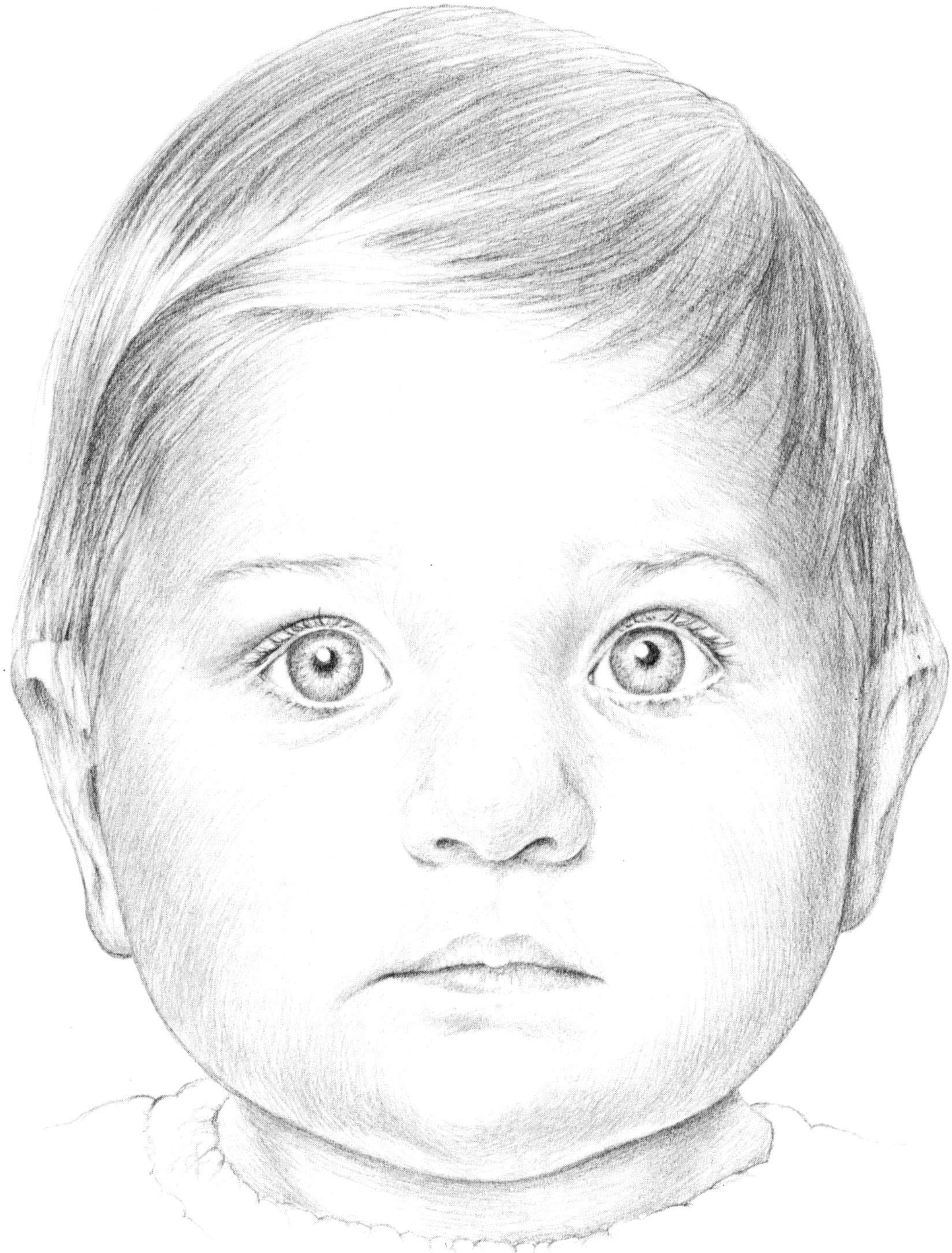

Brauner Kreidestaub und schwarzer Kreidestift

Die Hautfalte über dem oberen Augenlid ist in den inneren Augenwinkel hineingezogen. Die Nase ist abgeflacht.

Schattierungen und Licht

2 B-Bleistift auf Zeichenkarton

Die gerade Linie mit wechselnder Strichstärke,
B-Bleistift auf Zeichenkarton

Schattierungen und Licht

Wasserfarbe auf Zeichenkarton und 2 B-Bleistift

Gouache auf Zeichenkarton

Vereinfachte Anwendung der tastenden Linie
Brauner Kreidestift auf dickem Zeichenpapier

Schattierungen und Licht

Holzkohlestift auf Zeichenpapier, mit schrägen Strichen gezeichnet und zur Entwicklung der Formen mit einem weichen Tuch überwischt; 4 B-Bleistift für die Ausführung der Details

Brauner und schwarzer Kreidestift, auf Sandpapier zu Staub gemahlen und getrennt aufgetragen; 4 B-Bleistift für Details auf Zeichenkarton

Stichwortverzeichnis

Stichwortverzeichnis